高等学校公共基础课“十三五”规划教材

计算机基础案例教程

主　编　贾延明
副主编　路晓亚　杨花雨　邱秀荣

西安电子科技大学出版社

内容简介

计算机操作技能是当代大学生毕业后使用最多的一项基本技能。本书讲解了计算机相关的基础理论知识，并结合计算机二级等级考试的考试要求，重点讲解了 Word、Excel、PowerPoint 等办公自动化软件的使用技巧。

本书的特点是结构清晰、重点突出、实践性强，在办公自动化软件讲解部分采用“任务驱动”的行文方式，注重学以致用，锻炼和培养学生的计算机实际操作能力。

本书可以作为高等学校非计算机专业本、专科的计算机基础教材，也可以作为计算机等级考试二级 MS Office 高级应用的学习教材或参考书。

图书在版编目(CIP)数据

计算机基础案例教程/贾延明主编. —西安：西安电子科技大学出版社，2016.9(2020.8 重印)
ISBN 978-7-5606-4272-7

Ⅰ. ① 计…　Ⅱ. ① 贾…　Ⅲ. ① 电子计算机—教材　Ⅳ. ① TP3

中国版本图书馆 CIP 数据核字(2016)第 203958 号

策　　划　刘小莉
责任编辑　曹　超　毛红兵
出版发行　西安电子科技大学出版社(西安市太白南路 2 号)
电　　话　(029)88242885　88201467　　邮　　编　710071
网　　址　www.xduph.com　　电子邮箱　xdupfxb001@163.com
经　　销　新华书店
印刷单位　陕西天意印务有限责任公司
版　　次　2016 年 9 月第 1 版　2020 年 8 月第 2 次印刷
开　　本　787 毫米×1092 毫米　1/16　印张 15.5
字　　数　364 千字
印　　数　2001～3500 册
定　　价　34.00 元
ISBN 978-7-5606-4272-7/TP

XDUP　4564001-2

前　言

随着信息技术的飞速发展，计算机的应用技能已经成为当代大学生的一项必备技能，也是学生在毕业之后使用最多的技能之一。因此，各专业对学生的计算机应用能力提出了更高的要求。为了适应这种新发展，许多学校修订了计算机基础课程的教学大纲，以使课程内容可以不断地推陈出新。我们根据教育部计算机基础教学指导委员会公布的《高等学校非计算机专业计算机基础课程教学基本要求》以及《全国计算机等级考试二级 MS Office 考试大纲》编写了本书。

“大学计算机基础”是非计算机专业高等教育的公共必修课程，是学习其他计算机相关技术课程的前导和基础课程。本书编写的目的是使读者较全面、系统地了解计算机基础知识，具备计算机实际应用能力，并能在各自的专业领域自如地应用计算机进行学习与研究。本书照顾了不同专业、不同层次学生的需要，加入了算法与数据结构，程序设计，软件工程，数据库，计算机软、硬件知识等方面的基础内容，使读者在数据处理和多媒体信息处理等方面的能力得到扩展。

本书采用“任务驱动”的行文方式，在讲解三大办公软件（Word、Excel、PowerPoint）时，每个软件都通过案例介绍、相关知识点、案例实现等方式进行剖析，使学生达到“学以致用”的目的。

本书共分四章，第一章主要讲解了计算机相关的基础知识，第二章主要讲解了字处理软件 Word 2010 的使用，第三章主要讲解了电子表格软件 Excel 2010 的使用，第四章主要讲解了演示文稿软件 PowerPoint 2010 的使用。本书第一章由贾延明老师编写，第二章由路晓亚老师编写，第三章由杨花雨老师编写，第四章由邱秀荣老师编写，最后由贾延明老师进行全书统稿。

最后，感谢商丘工学院的领导和同事们对本书的帮助与指导，同时感谢商丘市郎驰培训中心对本书编写提供的大力支持。由于编者水平有限，书中或多或少存在不一些不足之处，欢迎广大读者批评指正。

编　者

2016 年 6 月

目　录

第一章　计算机相关基础知识

1.1　算法与数据结构

1.1.1　算法基础

1. 算法的概念

算法是指对解题方案准确而完整的描述。算法不等于程序，也不等于计算方法，程序的编制不可能优于算法的设计。

例如，我们要判断一个整数n是否为素数(质数)，判断的标准是：如果n只能被1和n两个数整除，则称这个数为素数。这段描述可以称为算法，但是这段描述不能直接在计算机上执行，所以它不是程序。计算方法是让n分别和2到n－1之间的所有整数相除，如果都不能整除才能确定该数是素数，所以算法也不是计算方法。在设计算法时并没有考虑具体计算机的运算速度、计算精度等问题，而在实现具体程序时，必然会受到计算机的限制，所以程序的编制不可能优于算法的设计。

2. 算法的基本特征

(1) 可行性。计算机不是万能的，其实现的功能往往和具体的计算机硬件设备相关联，如你希望实现一个财务管理系统、学生管理系统是可以实现的，但若你希望通过笔记本电脑编写算法实现做饭的功能则是不可行的。在设计算法时，必须要考虑它的可行性，否则是不会得到满意结果的。

(2) 确定性。算法的确定性是指算法中的每一个步骤都必须有明确的意义，不允许有模棱两可的解释，也不允许有多义性。即在计算机执行程序中，任何语句都不能有多种意义，若有多种意义，则计算机在执行时将无所适从。

(3) 有穷性。算法的有穷性是指算法执行次数或执行时间是有限的。当然，若一个算法需要执行上千万年，虽然该算法是有穷的，但也失去了其实用价值。

(4) 拥有足够的情报。拥有足够的情报是指在实现某个具体功能时，必须提供必要的前提条件。如要求两个数的和，必须要提前给定两个加数；若没有提供两个加数，则无法计算。

3. 算法的基本要素

一个算法通常由两个基本要素组成：一是对数据对象的运算和操作，二是算法的控制结构。

1) 运算和操作

在一般的计算机系统中，基本的运算和操作有以下四类：

(1) 算术运算。加、减、乘、除、求余数、取整等运算。

(2) 逻辑运算。与(AND)、或(OR)、非(NOT)运算。

(3) 关系运算。大于、小于、大于等于、小于等于、等于、不等于等运算。

(4) 数据传输。赋值、输入、输出等操作。

2) 控制结构

算法的控制结构有顺序结构、选择结构和循环结构三种。当然，算法也可以是这三种基本控制结构的组合。

4. 算法的复杂度

算法的复杂度主要包括时间复杂度和空间复杂度。

1) 时间复杂度

算法的时间复杂度是指执行算法所需要的计算工作量。通常根据算法在执行过程中所需要的基本执行次数来衡量算法的计算工作量。大家总有一个误区，认为算法的时间复杂度和执行时间有关，实则不然，因为同一个算法在不同的运算设备上运行的时间是不一样的，如对同一个算法在巨型机上可能需要 3 秒钟即可执行完毕，而在普通笔记本电脑上则需要 2 分钟才能执行完毕。因此，是没有办法从时间上衡量算法的时间复杂度的，但是不管是在哪个设备上运行，同一个算法的执行次数是固定不变的。

2) 空间复杂度

算法的空间复杂度是指执行一个算法所需要的内存空间。读者要把算法的空间复杂度和存储算法时所需要占用的存储空间区别开来。

1.1.2 数据结构基础知识

数据结构是指相互有关联的数据元素的集合。

一个数据结构应包含两方面的信息：一是表示数据元素的信息；二是表示各数据元素之间前后件关系的信息。

1. 数据结构的研究内容

数据结构作为计算机的一门学科，主要研究和讨论以下三个方面的问题：

(1) 数据集合中各数据元素之间所固有的逻辑关系，即数据的逻辑结构。数据的逻辑结构可以分为线性结构和非线性结构。

(2) 各数据元素在计算机中的存储关系，即数据的存储结构。常见的存储结构有顺序存储、链式存储等。

(3) 对各种数据结构进行的运算。

2. 数据的逻辑结构

根据数据结构中各数据元素之间的前后件关系的复杂程度，一般将数据的逻辑结构分为两大类型：线性结构与非线性结构。

如果一个非空的数据结构满足以下两个条件：

(1) 有且只有一个根节点；

(2) 每个节点最多有一个前件，也最多有一个后件。

则称该数据结构为线性结构。线性结构又称线性表。如果一个数据结构不是线性结构，则称之为非线性结构。

3. 数据的逻辑结构表示方法

1）二元关系表示法

由前面的叙述可知，数据的逻辑结构有两个要素：一是数据元素的集合，通常记为 D；二是各数据元素之间的关系，它反映了各元素之间的前后件关系，通常记为 R。即一个数据结构可以表示为

B=(D，R)

其中 B 表示数据结构。为了反映 D 中各元素之间的前后件关系，一般用二元组来表示。例如，假设 a 与 b 是 D 中的两个数据，则二元组(a，b)表示 a 是 b 的前件，b 是 a 的后件。这样在 D 中的每两个元素之间的关系都可以用这种二元组来表示。

例 1.1　一年四季的数据结构，可以用以下形式表示。

B=(D，R)
D={春，夏，秋，冬}
R={(春，夏)，(夏，秋)，(秋，冬)}

例 1.2　家庭成员间关系的数据结构，可以用以下形式表示。

B=(D，R)
D={父亲，儿子，女儿}
R={(父亲，儿子)，(父亲，女儿)}

2）图形表示法

在数据结构的图形表示法中，对于数据集合 D 中的每一个数据元素，用中间标有元素值的矩形框表示，称之为数据节点，简称节点；对于数据元素之间的前后件关系 R 中的每一个二元组，用一条有向线段从前件节点指向后件节点。例如，例 1.1 中一年四季数据结构图形表示如图 1.1 所示。

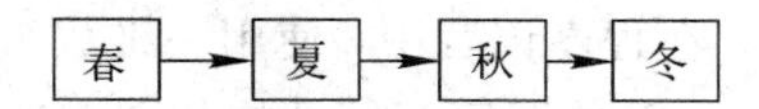

图 1.1　一年四季数据结构的图形表示

例 1.2 中家庭成员间关系的数据结构可以用图 1.2 所示的图形表示。

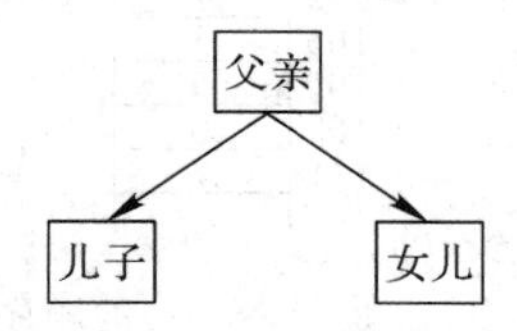

图 1.2　家庭成员间关系数据结构的图形表示

4. 数据的存储结构

存储结构指数据结构在计算机存储空间中的具体实现。

计算机在实际进行数据存储时，被存储的各数据元素总是被存放在计算机的存储空间中，各数据元素在计算机存储空间中的存储位置与它们的逻辑结构不一定是相同的，且一般都是不同的。

通常，一种数据结构可以根据需要表示成一种或多种存储结构。常用的存储结构有顺

序存储结构、链式存储结构、索引存储结构等。

1.1.3 线性表及其存储结构

1. 线性表的逻辑结构

线性表(Linear List)是最简单、最常用的一种数据结构。

一个非空线性表可以表示为(a_1, a_2, …, a_i, …, a_n)。其中，a_i($i=1, 2, …, n$)是属于数据对象的元素，通常也称其为线性表中的一个节点。

线性表是一种线性结构。数据元素在线性表中的位置只取决于它们自己的序号，即数据元素之间的相对位置是线性的。

非空线性表有如下一些结构特征：

(1) 有且只有一个根节点 a_1，它无前件；

(2) 有且只有一个终端节点 a_n，它无后件；

(3) 除根节点与终端节点外，其他所有节点有且只有一个前件，也有且只有一个后件。

线性表中节点的个数 n 称为线性表的长度。当 $n=0$ 时，称为空表。

2. 线性表的顺序存储结构

线性表的顺序存储结构具有以下两个基本特点：

(1) 线性表中所有元素的存储空间是连续的；

(2) 线性表中各数据元素在存储空间中是按逻辑顺序依次存放的。

根据线性表顺序存储结构的特点，假设线性表中的第一个元素的存储地址(首地址)为 $ADR(a_1)$，每一个数据元素占 k 个字节，则线性表中第 i 个元素在计算机存储空间中的存储地址为

$$ADR(a_i)=ADR(a_1)+(i-1)\times k$$

即在顺序存储结构中，线性表中每一个元素在计算机存储空间中的存储地址均由该元素在线性表中的位置序号唯一确定。在程序语言中，使用一维数组实现线性表的顺序存储。

例 1.3 线性表(1, 3, 5, 6, 7)的顺序存储结构如图 1.3 所示。

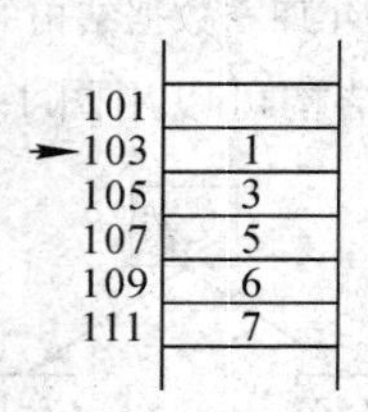

图 1.3 线性表(1, 3, 5, 6, 7)的顺序存储结构图

3. 线性表的链式存储结构

在链式存储结构中，存储数据结构的存储空间可以不连续，各数据节点的存储顺序与数据元素之间的逻辑关系可以不一致，而数据元素之间的逻辑关系是由指针域来确定的。

在线性链表中，用一个专门的指针 HEAD 指向线性链表中第一个数据元素的节点(即存放线性表中第一个数据元素节点的地址)。线性表中最后一个元素没有后件，因此，线性链表中最后一个节点的指针域为空(用 NULL 或 0 表示)，表示链表终止。

为了存储线性表中的每一个元素，一方面要存储数据元素的值，另一方面要存储各数据元素之间的关系。因此，将存储空间中的每一个存储节点分为两部分：一部分用于存储数据元素的值，称为数据域；另一部分用于存放下一个数据元素的存储地址，即指向后件元素，称为指针域。在线性链表中，存储空间的结构如图 1.4 所示。

存储地址	数据域	指针域
ADR(i)	Value(i)	Next(i)

图 1.4　线性链表的存储空间结构图

例 1.4　线性表(1，3，5，6，7)的链式存储结构如图 1.5 所示。

101	3	105
103	7	NULL
105	5	111
HEAD→107	1	101
109		
111	6	103

图 1.5　线性表(1，3，5，6，7)的链式存储结构图

上面讨论的线性链表又称为线性单链表或单向链表。在这种链表中，每一个节点只有一个指针域。根据这个指针只能找到后件节点，不能找到前件节点。若要根据某个元素找到其前件节点，则必须从头指针开始重新查找。

为了弥补单向链表的缺陷，我们可以对线性链表中的每个节点设置两个指针：一个称为左指针(Llink)，用以指向其前件节点；另一个称为右指针(Rlink)，用以指向其后件节点。这样的线性表称为双向链表。

链式存储结构既可用于表示线性结构，也可用于表示非线性结构。

4. 线性表顺序存储结构与链式存储结构比较

1) 占用空间

线性表的顺序存储结构在存储数据时只需要存储数据本身就可以了，而线性表的链式存储结构除了存储数据本身之外，还需要存储一个指针信息用以指向下一个元素的位置。因此，线性表的链式存储结构占用的存储空间较多。

2) 查找速度

在有序线性表的顺序存储结构中，每个元素的存储位置都是固定的，可采用二分查找等查找方法实现快速查找；而线性表的链式存储结构只能通过第一个元素查找第二个元素，通过第二个元素查找第三个元素的顺序查找方法，因此查找速度较慢。

3) 插入与删除

在对线性表进行插入与删除操作时，顺序存储结构需要移动大量元素，而链式存储结构只需要修改相应的指针即可。因此，在实现插入与删除运算时，链式存储结构效率更高。

综上所述，我们并不能简单地说顺序存储结构优于链式存储结构，或链式存储结构优于顺序存储结构。

1.1.4 栈

1. 栈的逻辑结构

栈(Stack)是一种特殊的线性表，是限定在一端进行插入与删除的线性表。

在栈中，允许插入与删除的一端称为栈顶，不允许插入与删除的一端称为栈底。通常用指针 top 来指示栈顶的位置，用指针 bottom 指向栈底的位置。

栈顶元素总是最后被插入的元素，从而也是最先能被删除的元素；栈底元素总是最先被插入的元素，从而也是最后才能被删除的元素。即栈是按照“先进后出”(First In Last Out，FILO)或“后进先出”(Last In First Out，LIFO)的原则组织数据的。栈具有记忆功能。

栈的结构示意图如图 1.6 所示。

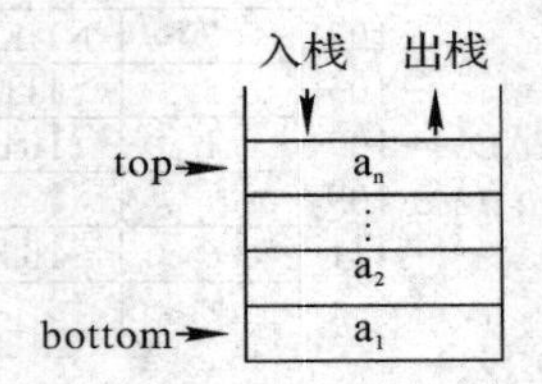

图 1.6 栈的结构示意图

2. 栈的存储结构

与一般的线性表一样，在程序设计语言中，用一维数组 S(1－m)作为栈的顺序存储空间，其中 m 为栈的最大容量。通常，栈底指针指向栈空间的低地址一端(即数组的起始地址这一端)。

3. 栈的运算

1) 入栈运算

往栈中插入一个元素称为入栈运算。这个运算需要两个操作步骤：首先将栈顶指针进一(即 top 加 1)，然后将新元素插入到栈顶指针指向的位置。

当栈顶指针已经指向存储空间的最后一个位置时，说明栈空间已满，不可能再进行入栈操作。这种情况称为栈“上溢”错误。

2) 退栈运算

从栈中删除一个元素并赋给一个指定的变量称为退栈运算。这个运算需要两个操作步骤：首先将栈顶元素(栈顶指针指向的元素)赋给一个指定的变量，然后将栈顶指针退一(即 top 减 1)。

当栈顶指针为 0 时，说明栈空，不可能进行退栈操作。这种情况称为栈“下溢”错误。

3) 读栈顶元素

读栈顶元素是指将栈顶元素赋给一个指定的变量。必须注意，这个运算不删除栈顶元素，只是将它的值赋给一个变量。因此，在这个运算中，不移动栈顶指针。

当栈顶指针为 0 时，说明栈空，读不到栈顶元素。

例 1.5 如果进栈序列为 A，B，C，D，则可能的出栈序列是(　　)。

A. C，A，D，B　　　　B. B，D，C，A

C. C，D，A，B　　　　　　　　D. 任意顺序

答案：B

解析：栈的操作原则为后进先出。选项B中出栈顺序可按“A进，B进，B出，C进，D进，D出，C出，A出”实现。

1.1.5 队列

1. 队列的逻辑结构

队列(Queue)也是一种特殊的线性表，是指允许在一端进行插入，而在另一端进行删除的线性表。允许插入的一端称为队尾，通常用一个尾指针(Rear)的指针指向队尾元素，即尾指针总是指向最后被插入的元素；允许删除的一端称为队头(也称为排头)，通常也用一个头指针(Front)的指针指向排头元素的前一个位置。

在队列中，最先插入的元素将最先被删除，反之，最后插入的元素将最后才能被删除。因此，队列又称为“先进先出”(First In First Out，FIFO)或“后进后出”(Last In Last Out，LILO)的线性表，队列体现了“先来先服务”的原则。

图1.7是具有6个元素的队列示意图。

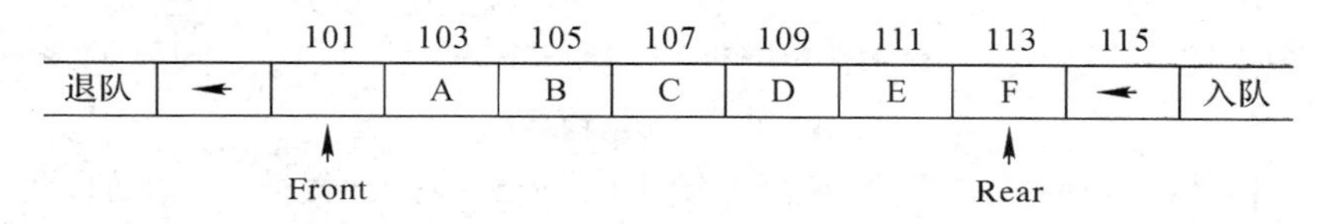

图1.7　具有6个元素的队列示意图

2. 队列的存储结构

与栈类似，在程序设计语言中，用一维数组作为队列的顺序存储结构。

3. 队列的运算

1) 入队运算

入队运算是指在队列的队尾加入一个新元素。这个运算有两个基本操作：首先将队尾指针进一(即 Rear＝Rear＋1)，然后将新元素插入到队尾指针指向的位置。

2) 退队运算

退队运算是指在队列的队头位置退出一个元素并赋给指定的变量。这个运算有两个基本操作：首先将排头指针进一(即 Front＝Front＋1)，然后将队头指针指向的元素赋给指定的变量。

4. 循环队列

在实际应用中，队列的顺序存储结构一般采用循环队列的形式。

所谓循环队列，就是从队列存储空间的最后一个位置绕到第一个位置，形成逻辑上的环状空间，供队列循环使用。

实际上，可以把队列的存储空间在逻辑上看做一个环，当Rear指向存储空间的末端后，就把它重新置于始端。

例1.6　在一个容量为15的循环队列中，若头指针 Front＝6，尾指针 Rear＝9，则该

循环队列的元素个数为(　　)。

A. 2　　B. 3　　C. 4　　D. 12

答案：B

解析：在循环队列中，若 Rear>Front，则队列中元素个数为 Rear－Front；若 Rear<Front，则队列中元素个数为(Rear＋容量)－Front。

1.1.6　树与二叉树

1. 树的概念

树(Tree)是一种简单的非线性结构。树，顾名思义，长得像一棵树，不过通常我们画成一棵倒过来的树，其根在上，叶在下。在树这种数据结构中，所有数据元素之间的关系具有明显的层次特性。下面通过图 1.8 中的例子来观察树形结构。

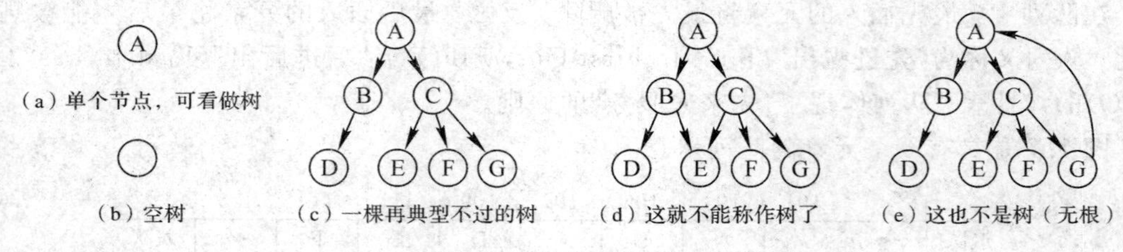

图 1.8　树形结构举例

图 1.9 是树的基本概念示意图，下面结合图 1.9 介绍树这种数据结构中的一些基本概念。

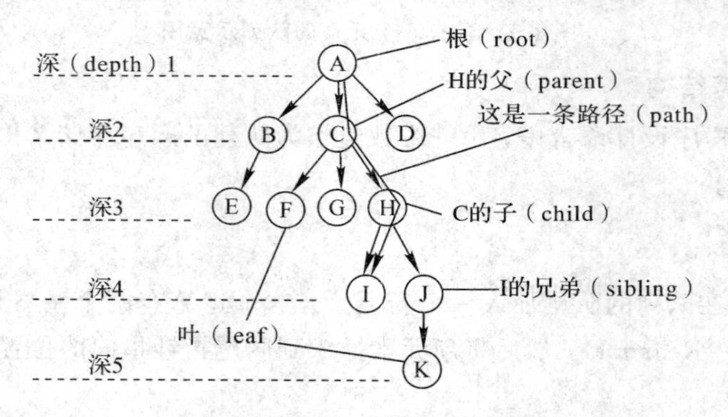

图 1.9　树的基本概念示意图

在树的图形表示中，总是认为在用带箭头的线连接起来的两端节点中，箭头发出的节点是前件，箭头指向的节点是后件。

在树中，没有前件的节点只有一个，称为树的根，在图 1.9 中，节点 A 就是根节点。每个节点只有一个前件，称为该节点的父节点，每个节点可以有多个后件，称为该节点的子节点，如图 1.9 中节点 H 的父节点是 C，其子节点为 I 和 J。没有后件的节点称为叶子节点，在图 1.9 中，节点 E、F、G、I、K、D 都是叶子节点。

在树形结构中，一个节点所拥有的后件个数称为该节点的度，如图 1.9 中，根节点 A 和节点 C 的度为 3，节点 H 的度为 2，节点 B、J 的度为 1，叶子节点 E、F、G、I、K、D 的度为 0。在树中，所有节点中最大的度称为树的度，图 1.9 中的树的度为 3。在树中，树的最大层次称为树的深度，根节点处于第 1 层，图 1.9 中的树的深度为 5。

2. 二叉树的逻辑结构与性质

1）二叉树的逻辑结构

二叉树(Binary Tree)是一种很有用的非线性结构。二叉树不同于前面介绍的树结构，但它与树结构很相似，树形结构的所有基本概念都可以用到二叉树这种数据结构上。

二叉树具有以下两个特点：

(1) 非空二叉树只有一个根节点。

(2) 每一个节点最多有两棵子树，且分别称为该节点的左子树与右子树。

根据二叉树的特点可知，在二叉树中，每一个节点的度最大为 2，即所有子树(即左子树和右子树)也均为二叉树。在二叉树中，一个节点可以只有左子树而没有右子树，也可以只有右子树没有左子树，当一个节点既没有左子树也没有右子树时，该节点即是叶子节点。图 1.10 就是一棵普通的二叉树。

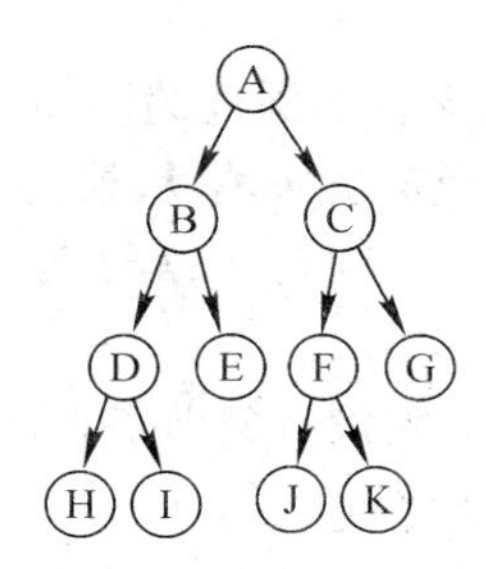

图 1.10　二叉树举例

2）二叉树的性质

根据二叉树的特点，二叉树有以下几个性质：

性质 1：在二叉树的第 m 层上，最多有 2^{m-1}($m\geqslant 1$)个节点。

性质 2：深度为 n 的二叉树最多有 2^n-1 个节点。

性质 3：在任意一棵二叉树中，度为 0（即叶子节点）的节点总是比度为 2 的节点多 1 个。

性质 4：具有 n 个节点的二叉树，其深度至少为[lbn]+1，其中[lbn]表示取 lbn 的整数部分。

关于这几个性质的证明，在此不再一一阐述。

3）满二叉树与完全二叉树

满二叉树和完全二叉树是二叉树的特殊形式。

(1) 满二叉树。

所谓满二叉树是指这样的一种二叉树：除最后一层外，每一层上的所有节点都有两个子节点。这就是说，在满二叉树中，每一层上的节点数都达到最大值，即在满二叉树的第 m 层上有 2^{m-1} 个节点，且深度为 n 的满二叉树有 2^n-1 个节点。如图 1.11(a)就是深度为 3 的满二叉树。

(2) 完全二叉树。

所谓完全二叉树是指这样的二叉树：除最后一层外，每一层上的节点数均达到最大值；在最后一层上只缺少右边的若干节点。

更确切地说，如果从根节点起，对二叉树的节点自上而下、自左至右用自然数进行连续编号，则深度为 n，且有 m 个节点的二叉树，当且仅当其每一个节点都与深度为 n 的满二叉树中编号从 1 到 m 的节点一一对应时，才称之为完全二叉树。如图 1.11(b)就是完全二叉树，而图 1.11(c)就是非完全二叉树。

完全二叉树中度为 1 的节点个数是 1 个或 0 个。

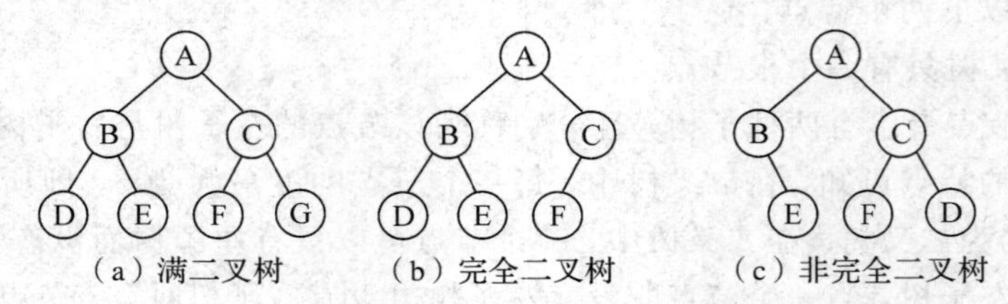

图 1.11 满二叉树和完全二叉树示例

完全二叉树还有以下两个性质：

性质 5：具有 n 个节点的完全二叉树的深度为[lbn]＋1。

性质 6：设完全二叉树共有 m 个节点。如果从根节点开始按层序(每一层从左至右)用自然数 1，2，…，m 给节点进行编号，则对于编号为 k(k＝1，2，…，m)的节点有以下结论：

① 若 k＝1，则该节点为根节点，它没有父节点；若 k＞1，则该节点的父节点的编号为[k/2]，[k/2]表示取 k/2 的整数部分。

② 若 2k≤m，则编号为 k 的节点的左子节点编号为 2k；否则该节点无左子节点(显示也没有右子节点)。

③ 若 2k＋1≤m，则编号为 k 的节点的右子节点编号为 2k＋1；否则该节点无右子节点。

例 1.7 在一棵二叉树中，叶子节点共有 30 个，度为 1 的节点共有 40 个，则该二叉树中的总节点数共有(　　)个。

A. 89　　B. 93　　C. 99　　D. 100

答案：C

解析：根据二叉树性质 3 可知，对任何一棵二叉树，度为 0 的节点(即叶子节点)总是比度为 2 的节点多一个。所以，该二叉树度为 2 的节点有 29 个，故总节点数＝30 个叶子节点＋29 个度为 2 的节点＋40 个度为 1 的节点＝99 个节点。

例 1.8 设一棵满二叉树共有 15 个节点，则在该满二叉树中的叶子节点数为(　　)。

A. 7　　B. 8　　C. 9　　D. 10

答案：B

解析：具有 n 个节点的满二叉树，其非叶子节点数为[n/2]，而叶子节点数等于总节点数减去非叶子节点数。本题 n＝15，故非叶子节点数等于[15/2]＝7，叶子节点数等于 15－7＝8。

例 1.9 在一棵完全二叉树中，节点总个数为 721 个，则该完全二叉树中叶子节点有(　　)个。

A. 360　　B. 361　　C. 250　　D. 100

答案：B

解析：根据完全二叉树的特点，度为 1 的节点个数为 1 个或 0 个；再根据二叉树性质 3，对任何一棵二叉树，度为 0 的节点(即叶子节点)总是比度为 2 的节点多一个。所以假设该完全二叉树度为 1 的节点个数为 1 个，叶子节点的个数为 n 个，则 n+1+n−1=721，解得 n=360.5，可知假设不成立，则该完全二叉树度为 1 的节点个数为 0 个，则 n+n−1=722，解得 n=361，即叶子节点的个数为 361 个。

3. 二叉树的存储结构

在计算机中，二叉树可以采用顺序存储结构，但顺序存储结构浪费存储空间、效率不高，因通常采用双向链表的存储结构存储数据。

与线性链表类似，用于存储二叉树中各元素的存储节点也由数据域与指针域两部分组成。但在二叉树中，由于每一个元素可以有两个后件(即两个子节点)，因此用于存储二叉树的存储节点的指针域有两个：一个用于指向该节点的左子节点的存储地址，称为左指针域；另一个用于指向该节点的右子节点的存储地址，称为右指针域。二叉树节点的存储结构图如图 1.12 所示。

存储地址	指针域	数据域	指针域
ADR(i)	Left(i)	Value(i)	Right(i)

图 1.12　二叉树节点的存储空间结构图

二叉树的链式存储结构如图 1.13 所示。

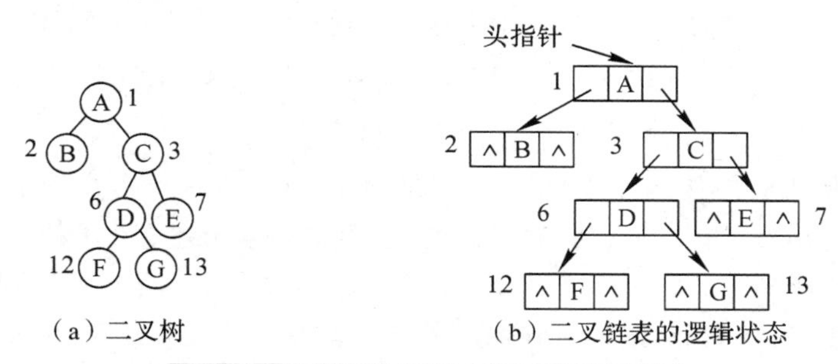

(a) 二叉树　　(b) 二叉链表的逻辑状态

ADR(i)	Left(i)	Value(i)	Right(i)
BT 1	2	A	3
2	0	B	0
3	6	C	7
4			
5			
6	12	D	13
7	0	E	0
8			
9			
10			
11			
12	0	F	0
13	0	G	0

(c) 二叉链表的物理状态

图 1.13　二叉树的链式存储结构

4. 二叉树的运算

二叉树的运算主要是二叉树的遍历运算。二叉树的遍历是指不重复地访问二叉树中的所有节点。

根据访问二叉树根节点的顺序，二叉树的遍历可以分为先根遍历(先序遍历)、中根遍历(中序遍历)和后根遍历(后序遍历)。下面分别介绍这三种遍历方法。

1) 先根遍历

所谓先根遍历，是指在访问根节点、遍历左子树与遍历右子树这三个步骤中，首先访问根节点，然后遍历左子树，最后遍历右子树；并且，在遍历左、右子树时，仍然先访问根节点，然后遍历左子树，最后遍历右子树。因此，先根遍历二叉树的过程是一个递归的过程，即在遍历左右子树时仍然采用先根遍历的方法。

如果对图 1.13(a)中的二叉树进行先根遍历，则遍历结果为 A，B，C，D，F，G，E，我们将其称为该二叉树的先根遍历序列。

2) 中根遍历

所谓中根遍历，是指在访问根节点、遍历左子树与遍历右子树这三个步骤中，首先遍历左子树，然后访问根节点，最后遍历右子树；并且，在遍历左、右子树时，仍然先遍历左子树，然后访问根节点，最后遍历右子树。因此，中根遍历二叉树的过程是一个递归的过程，即在遍历左右子树时仍然采用中根遍历的方法。

如果对图 1.13(a)中的二叉树进行中根遍历，则遍历结果为 B，A，F，D，G，C，E，我们将其称为该二叉树的中根遍历序列。

3) 后根遍历

所谓后根遍历，是指在访问根节点、遍历左子树与遍历右子树这三个步骤中，首先遍历左子树、然后遍历右子树，最后访问根节点；并且，在遍历左、右子树时，仍然先遍历左子树，然后遍历右子树，最后访问根节点。因此，后根遍历二叉树的过程是一个递归的过程，即在遍历左右子树时仍然采用后根遍历的方法。

如果对图 1.13(a)中的二叉树进行后根遍历，则遍历结果为 B，F，G，D，E，C，A，我们将其称为该二叉树的后根遍历序列。

例 1.10 某二叉树如图 1.14 所示，其中序遍历序列是(　　)。

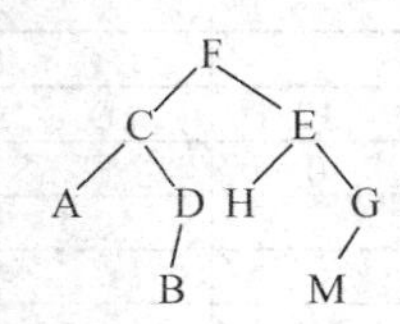

图 1.14 二叉树示例

A. ACBDFHEMG　　　　B. FCADBEHGM

C. ABDCHMGEF　　　　D. ABDCFHMGE

答案：A

解析：中序遍历是先遍历左子树，然后遍历根节点，最后遍历右子树，故排除 B 和 C 选项。在 C 一子树中，C 是根节点，因此应先遍历 A，然后是 C，最后才是 B 和 D，因此，排除D选项。

例1.11　已知二叉树后序遍历序列是CDABE，中序遍历序列是CADEB，它的前序遍历序列是(　　)。

A. ABCDE　　　　B. ECABD

C. EACDB　　　　D. CDEAB

答案：C

解析：由于后序遍历的最后一个元素为E，所以E为根节点，进而可知它的前序遍历的首个元素为E，故排除A和D选项。由于中序遍历中，元素B在元素根节点E的后面，所以B为二叉树的右子树，并且该二叉树右子树只有一个元素，所以前序遍历的最后一个元素应为B，故选项C为正确选项，即该二叉树的前序遍历序列是EACDB。

1.1.7　查找与排序

1. 查找技术

1）顺序查找

顺序查找又称为顺序搜索，即从线性表的第一个元素开始，依次将线性表中的元素与被查元素进行比较，若相等则表示找到(即查找成功)；若线性表中所有的元素都与被查元素不相等，则表示线性表中没有找到要找的元素(即查找失败)。

对于大的线性表来说，顺序查找的效率很低。但是在下列两种情况下也只能采用顺序查找：

(1) 如果线性表为无序表(即表中元素的排列是无序的)，则不管是顺序存储结构还是链式存储结构，都只能用顺序查找。

(2) 即使是有序线性表，如果采用链式存储结构，也只能用顺序查找。

2）折半查找法

折半查找法又称为二分查找法，其只适合于顺序存储的有序表。假如线性表按递增的顺序进行存储，若要查找某个对象，则直接从中间的数据开始查找。若被查找的数据比中间的数据大，则去线性表的后面进行查找；若被查找的数据比中间的数据小，则去线性表的前面进行查找。查找一次即可排除掉一半的数据，从而大大提高查找的效率。

折半查找要比顺序查找的效率高很多。可以证明，对于长度为n的有序线性表，在最坏情况下，折半查找只需要比较lbn次，而顺序查找需要比较n次。

2. 排序技术

排序也是数据处理的重要内容。所谓排序，是指将一个无序序列整理成一个按数值递增顺序排列的有序序列。排序的方法有很多，根据待排序序列的规模以及对数据处理的要求，可采用不同的排序方法。

排序可以在各种不同的存储结构上实现。我们只需掌握在最坏情况下各种排序算法的比较次数(时间复杂度)即可。各种排序算法在最坏情况下的比较次数如表1.1所示。

表 1.1　各种排序算法在最坏情况下的比较次数(时间复杂度)

排序方法类	排序方法	最坏情况下比较次数
交换类排序法	冒泡排序法	n(n−1)/2
	快速排序法	n^2
插入类排序法	简单插入排序法	n(n−1)/2
	希尔排序法	$n^{1.5}$
选择类排序法	简单选择排序法	n(n−1)/2
	堆排序法	nlbn

1.2　程序设计基础

1.2.1　结构化程序设计

1. 程序设计概述

程序设计是一门技术，需要相应的理论、技术、方法和工具来支持。

除了好的程序设计方法之外，程序设计风格也是非常重要的。因为程序设计风格会极大地影响软件的质量和可维护性，良好的程序设计风格可以使程序结构清晰合理，使程序代码便于维护。

程序是由程序员来编写的，为了测试和维护程序，往往还要对其进行阅读和跟踪，因此就程序设计的风格总体而言应该强调简单和清晰，其必须是可以被理解的。著名的“清晰第一，效率第二”的论点已成为当今主导的程序设计风格。

为了能够更好地帮助其他程序员理解程序，可以为程序添加注释，注释一般分为序言性注释和功能性注释。

2. 结构化程序设计的原则与基本结构

1）原则

结构化程序设计方法的主要原则可以概括为自顶向下、逐步求精、模块化、限制使用goto语句等四项。

(1) 自顶向下：程序设计时，应先考虑整体，后考虑细节；先考虑全局目标，后考虑局部目标。

(2) 逐步求精：对复杂问题，应设计一些子目标作为过渡，逐步细化。

(3) 模块化：把一个复杂问题划分为若干个简单的小问题并逐个解决，把每个简单的小问题称为一个模块。

(4) 限制使用goto语句：goto语句的随意使用，容易使程序结构混乱，程序的质量会因goto语句的增多而变低。

2）基本结构

采用结构化程序设计方法编写的程序结构良好、易读、易理解、易维护。1966年，

Boehm和Jacopini证明了程序设计语言仅仅使用顺序、选择和循环三种基本控制结构就可以表达出各种其他形式结构的程序设计方法。

（1）顺序结构：顺序结构是一种简单的程序设计，它是最基本、最常用的结构。

（2）选择结构：选择结构又称为分支结构，它包括单分支选择结构和多分支选择结构。这种结构可以根据设计的条件，判断应该选择哪一条分支来执行相应的语句序列。

（3）循环结构：循环结构又称为重复结构，它根据给定的条件，判断是否需要重复执行某一相同的或类似的程序段，利用循环结构可以简化大量的程序行。循环结构可分为当型循环结构和直到型循环结构。

几种基本控制结构的流程图如图1.15所示。

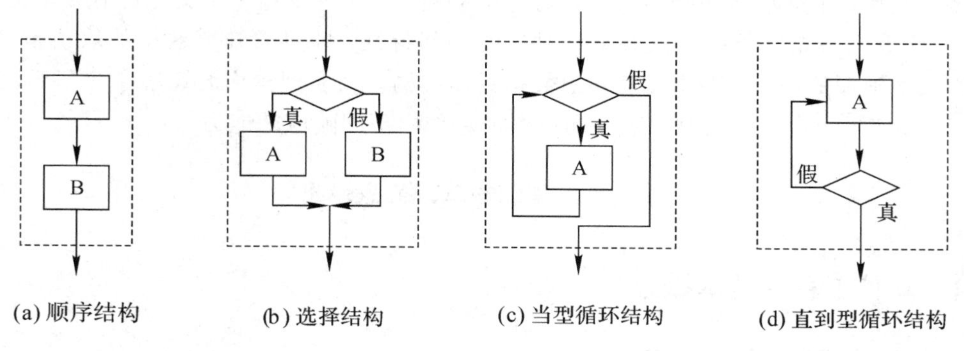

图1.15　几种基本控制结构流程图

1.2.2　面向对象程序设计

目前，面向对象(Object - Oriented)方法已经发展成为主流的软件开发方法。

面向对象的软件开发方法在20世纪60年代后期首次提出。以60年代末挪威奥斯陆大学和挪威计算中心共同研制的SIMULA语言为标志，面向对象方法的基本要点首次在SIMULA语言中得到了表达和实现。

在面向对象程序设计中，我们需要掌握以下基本概念。

1）对象

对象是系统中用来描述客观事物的一个实体，是构成系统的一个基本单位，由一组表示其静态特征的属性和它可执行的一组操作组成。属性即对象所包含的信息；操作描述了对象执行的功能，其也称为方法或服务。

对象具有以下基本特点：

（1）标识唯一性；

（2）分类性；

（3）多态性；

（4）封装性；

（5）模块独立性好。

2）类

类是指具有共同属性、共同方法的对象的集合。所以类是对象的抽象，对象是对应类的一个实例。

3）消息

消息是一个实例与另一个实例之间传递的信息。消息的组成包括：

(1) 接收消息的对象名称；

(2) 消息标识符，也称消息名；

(3) 零个或多个参数。

4）面向对象的三大特性

(1) 继承性：指能够直接获得已有的性质和特征，而不必重复定义它们。继承包括单继承和多重继承，单继承指一个类只允许有一个父类；多重继承指一个类允许有多个父类。

(2) 封装性：指从外面看只能看到对象的外部特性，即只需知道数据的取值范围和可以对该数据施加的操作，根本无需知道数据具体结构以及实现操作的算法。

(3) 多态性：指不同的对象对于同一个消息作出不同响应的能力。

1.3 软件工程基础

1.3.1 软件工程的基本概念

1. 软件的定义与基本特点

计算机软件(Software)是计算机系统中与硬件相互依存的另一部分，是包括程序、数据及相关文档的集合。

计算机软件具有以下特点：

(1) 软件是一种逻辑实体，而不是物理实体，具有抽象性；

(2) 软件的生产过程与硬件不同，它没有明显的制作过程；

(3) 软件在运行、使用期间不存在磨损、老化的问题；

(4) 软件的开发、运行对计算机系统具有依赖性，受计算机系统的限制；

(5) 软件的复杂性高、成本昂贵；

(6) 软件的开发涉及诸多社会因素。

2. 软件危机

软件工程概念的出现源自软件危机。

20世纪60年代末以后，“软件危机”这个词频繁出现。所谓软件危机是泛指在计算机软件的开发和维护过程中所遇到的一系列严重问题。实际上，几乎所有的软件都不同程度的存在软件危机。

总而言之，可以将软件危机归结为成本、质量、生产率等问题。

3. 软件的生命周期

通常，将软件产品从提出、实现、使用维护到停止使用退役的过程称为软件的生命周期。可以将软件的生命周期分为软件定义、软件开发和软件运行维护三个阶段。软件生命周期的主要活动如图1.16所示。

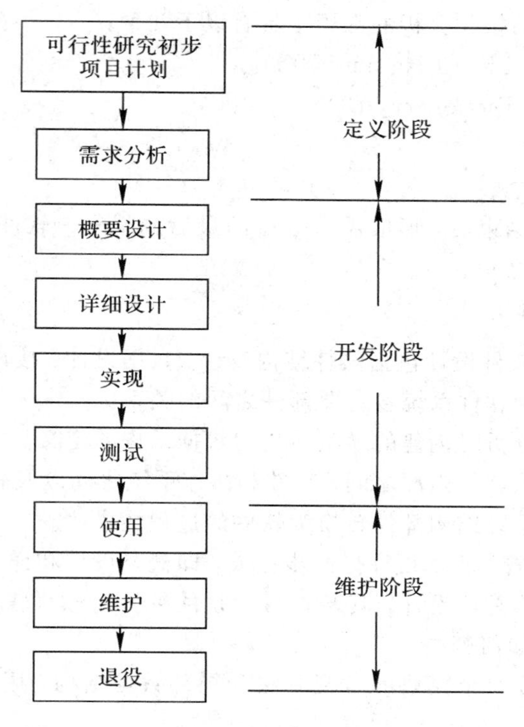

图 1.16　软件生命周期

生命周期的主要活动阶段有：可行性研究与计划制订、需求分析、软件设计、软件实施、软件测试及运行与维护。

(1) 可行性研究与计划制订。确定待开发软件系统的开发目标和总体要求，给出它的功能、性能、可靠性以及接口等方面的可能方案，制订完成开发任务的实施计划。

(2) 需求分析。对待开发的软件提出的需求进行分析并给出详细定义。编写软件规格说明书及初步的用户手册，提交评审。

(3) 软件设计。系统设计人员和程序设计人员应该在反复理解软件需求的基础上，给出软件的结构、模块的划分、功能的分配以及处理流程。在系统比较复杂的情况下，设计阶段可分解成概要设计阶段和详细设计阶段。编写概要设计说明书、详细设计说明书和测试计划初稿，提交评审。

(4) 软件实现。把软件设计转换成计算机可以接受的程序代码，即完成源程序的编码、编写用户手册、操作手册等面向用户的文档，编写单元测试计划。

(5) 软件测试。在设计测试的基础上，检验软件的各个组成部分，编写测试分析报告。

(6) 运行和维护。将已交付的软件投入运行，并在运行使用中不断地维护，根据新提出的需求进行必要而且可能的扩充和删改。

1.3.2　结构化分析与设计方法

1. 结构化分析的常用工具

结构化分析方法是结构化程序设计理论在软件需求分析阶段的运用。它是 20 世纪 70 年代中期倡导的基于功能分解的分析方法，其目的是帮助开发者弄清用户对软件的需求。

在需求分析阶段，结构化分析的常用工具有以下几种：

(1) 数据流图(Data Flow Diagram，DFD)；

(2) 数据字典(Data Dictionary，DD)；

(3) 判定树；

(4) 判定表。

软件需求分析工作结束后，形成需求分析的最后成果——软件需求规格说明书。它是软件开发中的重要文档之一。

2. 软件设计的构成

从技术观点来看，软件设计包括软件结构设计、数据设计、接口设计和过程设计。

(1) 结构设计：定义软件系统各主要部件之间的关系。

(2) 数据设计：将分析时创建的模型转化为数据结构的定义。

(3) 接口设计：描述软件内部之间、软件和协作系统之间以及软件与人之间如何通信。

(4) 过程设计：把系统结构部件转换为软件的过程性描述。

从工程管理角度来看，软件设计分两步完成，即概要设计和详细设计。

(1) 概要设计：也称总体设计，其基本目标是能够针对软件需求分析中提出的一系列软件问题，概要地回答如何解决。

(2) 详细设计：确立每个模块的实现算法和局部数据结构，用适当方法表示算法和数据结构的细节。

3. 软件设计的基本原理

(1) 抽象：软件设计中考虑模块化解决方案时，可以定出多个抽象级别。抽象的层次从概要设计到详细设计逐步降低。

(2) 模块化：模块是指把一个待开发的软件分解成若干个简单的小部分。模块化是指解决一个复杂问题时，自顶向下、逐层地把软件系统划分成若干模块的过程。

(3) 信息隐蔽：信息隐蔽是指在一个模块内所包含的信息(过程或数据)，对于不需要这些信息的其他模块来说是不能访问的。

(4) 模块独立性：模块独立性是指每个模块只完成系统要求的独立子功能，并且与其他模块的联系最少且接口要简单。模块的独立程度是评价设计好坏的重要衡量标准。衡量软件的模块独立性使用耦合性和内聚性两个定性的度量标准。内聚性是信息隐蔽和局部化概念的自然扩展。一个模块的内聚性越强，则该模块的模块独立性越强；一个模块与其他模块的耦合性越强，则该模块的模块独立性越弱。

内聚性是度量模块功能强度的一个相对指标。内聚是从功能角度来衡量模块的联系，它描述的是模块内的功能联系。

耦合性是对模块之间互相连接的紧密程度的度量。耦合性取决于各个模块之间接口的复杂度、调用方式以及哪些信息通过接口。

在程序结构中，各模块的内聚性越强，则耦合性越弱。一般较优秀的软件设计应尽量做到高内聚、低耦合，即提高模块的内聚性和减弱模块的耦合性都有利于提高模块的独立性。

4. 详细设计

详细设计的任务是为软件结构图中的每个模块确定实现算法和局部数据结构，用某种选定的表达方式表示工具算法和数据结构的细节。

详细过程设计的常用工具有：

（1）图形工具：程序流程图，N－S，PAD，HIPO。

（2）表格工具：判定表。

（3）语言工具：PDL（伪码）。

1）程序流程图

程序流程图是一种传统的、应用广泛的软件过程设计表示工具，通常也称为程序框图。程序流程图表达直观、清晰、易于学习掌握，且独立于任何一种程序设计语言。如判断某个数是否为素数的程序流程图如图 1.17 所示。

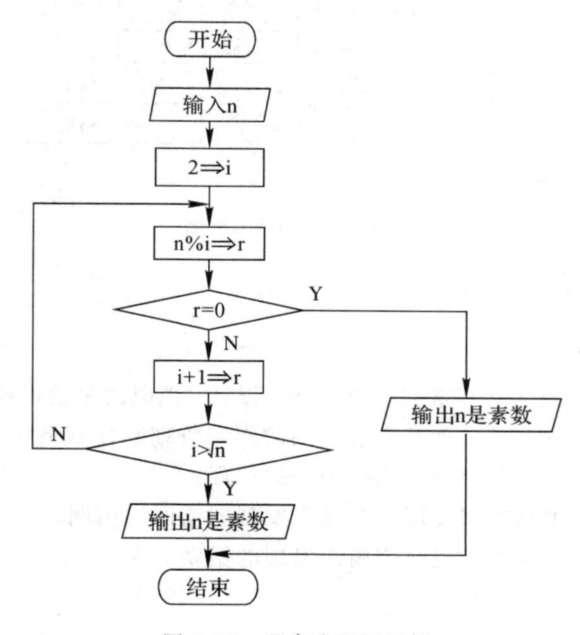

图 1.17　程序流程图示例

2）N－S 图

为了避免流程图在描述程序逻辑时的随意性与灵活性，1973 年 Nossi 和 Shneiderman 提出了用方框图来代替传统的程序流程图，通常把这种图称为 N－S 图。如上例中判断某个数是否为素数的对应 N－S 图如图 1.18 所示。

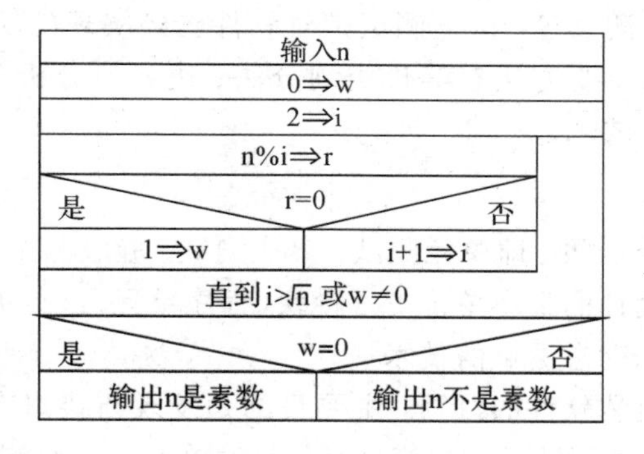

图 1.18　N－S 图示例

3）PAD图

PAD图是问题分析图(Problem Analysis Diagram)的英文缩写。它是继程序流程图和方框图之后，提出的又一种主要用于描述软件详细设计的图形表示工具。如判断某个三角形类型的PAD图如图1.19所示。

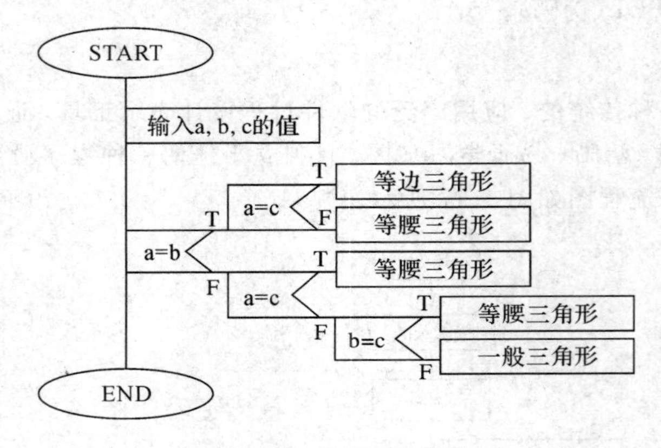

图1.19　PAD图示例

1.3.3　软件测试与程序调试

1. 软件测试目的

软件测试是在软件投入运行前对软件需求、设计、编码的最后审核。其工作量、成本占总工作量、总成本的40%以上，而且具有较高的组织管理和技术难度。其目的如下：

(1) 软件测试是为了发现错误而执行程序的过程。

(2) 一个好的测试用例能够发现至今尚未发现的错误的用例。

(3) 一个成功的测试能够发现至今尚未发现的错误的测试。

2. 软件测试方法

软件测试的方法和技术是多种多样的。若从是否需要执行被测软件的角度，可以分为静态测试和动态测试方法；若按照功能划分，可以分为白盒测试和黑盒测试。

静态测试不实际运行软件，主要通过人工进行；动态测试是基于计算机的测试，是为了发现错误而执行程序的过程。白盒测试和黑盒测试就是两种典型的动态测试方法。

白盒测试是在程序内部进行，主要用于完成软件内部操作的验证。白盒测试的主要方法有逻辑覆盖、基本路径测试等。黑盒测试是对软件已经实现的功能是否满足需求进行的测试和验证。黑盒测试的主要方法有等价类划分法、边界值分析法、错误推测法、因果图等，主要用于软件确认测试。

3. 软件测试的实施

软件测试过程分四个步骤，即单元测试、集成测试、验收测试和系统测试。

单元测试是对软件设计的最小单位——模块(程序单元)进行的正确性检验测试。单元测试可以采用静态分析和动态测试的技术。

集成测试是测试和组装软件的过程，主要目的是发现与接口有关的错误，主要依据是概要设计说明书。集成测试所涉及的内容包括：软件单元的接口测试、全局数据结构测试、边界条件和非法输入的测试等。集成测试时将模块组装成程序，通常采用两种方式：非增量方式组装和增量方式组装。

确认测试的任务是验证软件的功能和性能，以及其他特性是否满足需求规格说明中确定的各种需求，包括软件配置是否完全、正确。确认测试的实施首先运用黑盒测试方法对软件进行有效性测试，即验证被测软件是否满足需求规格说明中确定的标准。

系统测试是通过测试确认软件，作为整个基于计算机系统的一个元素，与计算机硬件、外设、支撑软件、数据和人员等其他系统元素组合在一起，在实际运行(使用)环境下对计算机系统进行一系列的集成测试和确认测试。

系统测试的具体实施一般包括功能测试、性能测试、操作测试、配置测试、外部接口测试、安全性测试等。

4. 程序调试

程序调试的任务是诊断和改正程序中的错误。

程序经调试改错后还应进行再测试，因为经调试后有可能产生新的错误，因此测试贯穿了程序生命周期的整个过程。

程序调试活动由两部分组成：一是根据错误的迹象确定程序中错误的确切性质、原因和位置；二是对程序进行修改，排除这个错误。

常用的程序调试方法有强行排错法、回溯法、原因排除法等。

5. 软件测试与程序调试的区别

软件测试是尽可能多地发现软件中的错误，而程序调试的任务是诊断和改正程序中的错误。软件测试贯穿整个软件生命周期，调试主要在开发阶段。

1.4　数据库基础

1.4.1　数据库系统基础

1. 数据库系统的基本概念

数据是数据库中存储的基本对象，是描述事物的符号记录。

数据库是长期储存在计算机内，有组织、可共享的大量数据的集合，它具有统一的结构形式并存放于统一的存储介质内，是多种应用数据的集成，并可被各个应用程序所共享。

数据库管理系统(Database Management System，DBMS)是数据库的机构，它是一种系统软件，负责数据库中的数据组织，数据操作，数据维护、控制及保护和数据服务等。数据库管理系统是数据库系统的核心，主要有如下功能：数据模式定义、数据存取的物理构建、数据操纵、数据的完整性、安全性定义和检查、数据库的并发控制与故障恢复、数据的服务。数据库管理系统是运行在操作系统之上的一种系统软件。

数据库管理系统的功能是减少数据冗余。为完成数据库管理系统的功能，数据库管理系统提供相应的数据语言，即数据定义语言、数据操纵语言和数据控制语言。

数据库管理员的主要工作包括数据库设计、数据库维护、改善系统性能、提高系统效率。

数据系统发展至今经历了三个阶段：人工管理阶段、文件系统阶段和数据库系统阶段。关系型数据库系统出现于20世纪70年代，是目前最常用的数据库系统。

2. 数据库系统的内部结构体系

数据库系统在其内部具有三级模式及二级映射，三级模式分别是概念模式、外模式与内模式，二级映射则分别是概念模式到内模式的映射和外模式到概念模式的映射。

(1) 概念模式：也称逻辑模式，是对数据库系统中全局数据逻辑结构的描述，是全体用户(应用)公共数据视图。一个数据库只有一个概念模式。

(2) 外模式：也称子模式，它是对数据库用户能够看见和使用的局部数据的逻辑结构和特征的描述，它是由概念模式推导出来的，是数据库用户的数据视图，是与某一应用有关的数据的逻辑表示。一个概念模式可以有若干个外模式。

(3) 内模式：又称物理模式，它给出了数据库物理存储结构与物理存取方法。

内模式处于最底层，它反映了数据在计算机物理结构中的实际存储形式；概念模式处于中间层，它反映了设计者的数据全局逻辑要求；而外模式处于最外层，它反映了用户对数据的要求。

1.4.2 数据模型

1. 数据模型的基本概念

数据库中的数据模型可以将复杂的现实世界要求反映到计算机数据库中的物理世界，这种反映是一个逐步转化的过程，即由现实世界开始，经历信息世界而至计算机世界，从而完成转换。

数据模型用来抽象、表示和处理现实世界中的数据和信息。分为两个阶段：把现实世界中的客观对象抽象为概念模型；把概念模型转换为某一数据库管理系统(DBMS)支持的数据模型。

数据模型所描述的内容有三个部分，即数据结构、数据操作与数据约束。

2. E-R 模型

目前，广泛使用的概念模型是 E-R 模型(Entity-Relationship Model，实体联系模型)，它于 1976 年由 Peter Chen 首先提出。该模型将现实世界的要求转化成实体、联系、属性等几个基本概念，以及它们间的两种基本连接关系，并且可以用 E-R 图直观地表示出来。

1) E-R 模型的基本概念

(1) 实体：现实世界中的事物可以抽象成为实体，实体是概念世界中的基本单位，它们是客观存在的且又能相互区别的事物。

(2) 属性：现实世界中事物均有一些特性，这些特性可以用属性来表示。

(3) 联系：在现实世界中事物间的关联。

2) E-R 模型的图示法

E-R 模型用 E-R 图来表示，它是一种非常直观的图形表示形式。在 E-R 图中分别使用不同的几何图形表示 E-R 模型中的三个概念和两个实体间的连接关系。

(1) 实体的表示：在 E-R 图中用矩形表示实体集，在矩形内写上该实体集的名字。

(2) 属性的表示：在 E-R 图中用椭圆形表示属性，在椭圆形内写上该属性的名称。

(3) 联系的表示：在 E-R 图中用菱形表示联系，在菱形内写上联系名。

图 1.20 所示是一个表示酒店管理系统示例的 E-R 图。

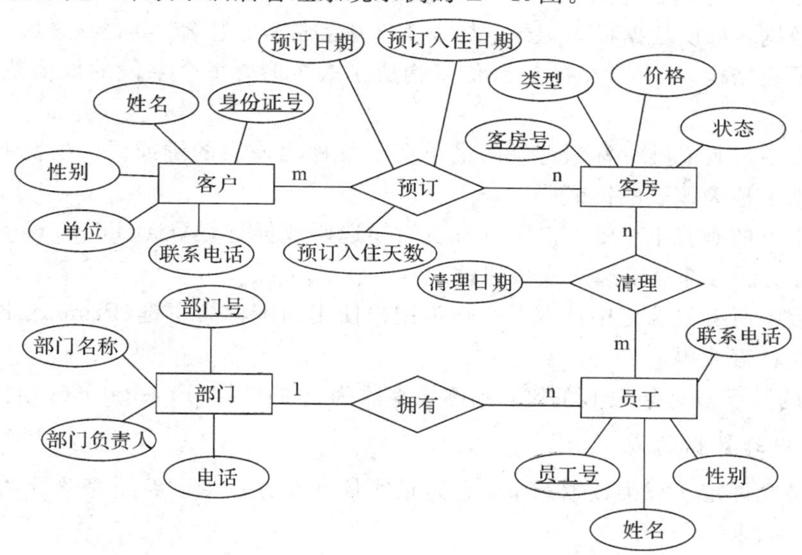

图 1.20 酒店管理系统示例的 E-R 图

3. 实体间的联系

实体间的联系的个数可以是单个也可以是多个。如工人和设备之间有操作联系，另外还可以有维修联系。两个实体间的联系实际上是实体间的函数关系，这种函数关系可以有下面几种：

(1) 一对一(One to One)的联系，简记为 1∶1。这种函数关系是常见的函数关系之一，如学校与校长间的联系，一个学校只有一名校长，一名校长也只能管理一所学校。

(2) 一对多(One to Many)或多对一(Many to One)联系，简记为 1∶M(1∶m)或 M∶1(m∶1)。这两种函数关系实际上是一种函数关系，如辅导员与大学生的联系就是一对多联系。

(3) 多对多(Many to Many)联系，简记为 M∶N 或 m∶n。如学生与选修课的关系，一名学生可以选修多门选修课，一门选修课也可以被多名学生选修。这是一种较为复杂的函数关系。

4. 关系模型

1) 关系模型的相关概念

关系模型采用二维表来表示，简称表，即一个二维表就是一个关系。二维表由表结构(Frame)和表内容(Tuple)组成。表 1.2 给出了有关学生信息二维表的一个示例。

表 1.2 学生信息二维表示例

学 号	姓 名	年 龄	爱 好	身份证号
2016001	周杰杰	21	耍双节棍	411025199506271574
2016002	张靓靓	17	唱歌	412027199903151575
2016003	老徐徐	18	写博客	413085199804261576
2016004	丁俊俊	22	打斯诺克	414025199407081577

表结构由 n 个命名的字段组成，每个字段有一个取值范围，称为值域。在表结构中按行可以存放数据，每行数据称为记录。如表 1.2 中，学号、姓名、年龄、爱好、身份证号 5 个字段构成了表结构，4 名学生的记录信息构成了表内容，每个字段的取值范围就构成了值域。

在二维表中凡是能唯一标识记录的最小字段集称为该表的键或码。在表 1.2 中，学号和身份证号都可称为该表的键或码。

二维表中可能有若干个键，它称为该表的候选码或候选键(Candidate Key)。在表 1.2 中，学号和身份证号都是候选码或候选键。

从二维表中所有候选键中选取一个作为用户使用的键称为主键(Primary Key)或主码，一般主键也简称键或码。

表 A 中的某字段是某表 B 的键，则称该字段为 A 的外键(Foreign Key)或外码。

2) 关系中的数据约束

关系模型允许定义三类数据约束，它们是实体完整性约束、参照完整性约束以及用户自定义完整性约束。

(1) 实体完整性约束。该约束要求关系的主键中字段值不能为空值，这是数据库完整性的最基本要求。因为主键是唯一决定记录的，如为空值则其唯一性就无法保证。

(2) 参照完整性约束。该约束是关系之间相关联的基本约束，它不允许关系引用不存在的记录。

(3) 用户自定义完整性约束。该约束是针对具体数据环境与应用环境由用户具体设置的约束，它反映了具体应用中数据的语义要求。

1.4.3 关系运算

1. 并运算

关系 R 与 S 经并运算后所得到的关系是由那些包含在 R 中或包含在 S 中不重复的记录的集合，记为 R∪S。R∪S 举例如图 1.21 所示。

R

A	B	C
a_1	b_1	c_1
a_1	b_2	c_2
a_2	b_2	c_1

S

A	B	C
a_1	b_2	c_2
a_1	b_3	c_2
a_2	b_2	c_1

R∪S

A	B	C
a_1	b_1	c_1
a_1	b_2	c_2
a_2	b_2	c_1
a_1	b_3	c_2

图 1.21　R∪S 示例

2. 交运算

关系 R 与 S 经交运算后所得到的关系是由那些既在 R 中又在 S 中的所有记录的集合，记为 R∩S。R∩S 举例如图 1.22 所示。

R

A	B	C
a_1	b_1	c_1
a_1	b_2	c_2
a_2	b_2	c_1

S

A	B	C
a_1	b_2	c_2
a_1	b_3	c_2
a_2	b_2	c_1

R∩S

A	B	C
a_1	b_2	c_2
a_2	b_2	c_1

图 1.22　R∩S示例

3. 差运算

关系R与S经差运算后所得到的关系是由那些包含在R中却不包含在S中的所有记录的集合，记为R－S。R－S举例如图1.23所示。

R

A	B	C
a_1	b_1	c_1
a_1	b_2	c_2
a_2	b_2	c_1

S

A	B	C
a_1	b_2	c_2
a_1	b_3	c_2
a_2	b_2	c_1

R-S

A	B	C
a1	b1	c1

图 1.23　R－S示例

4. 选择运算

选择运算是在关系R中选择满足给定条件的记录。选择运算是从行的角度进行的运算。例如，查看表1.2学生信息表中年龄超过20的学生信息，即为选择运算，运算结果如表1.3所示。

表 1.3　选择运算示例

学号	姓名	年龄	爱好	身份证号
2016001	周杰杰	21	耍双节棍	411025199506271574
2016004	丁俊俊	22	打斯诺克	414025199407081577

5. 投影运算

投影运算是在关系R中选择出若干字段列组成新的关系。投影运算主要是从列的角度进行运算。例如，查看表1.2学生信息表中所有学生的姓名、年龄和爱好，即为投影运算，运算结果如表1.4所示。

表 1.4　投影运算示例

姓名	年龄	爱好
周杰杰	21	耍双节棍
张靓靓	17	唱歌
老徐徐	18	写博客
丁俊俊	22	打斯诺克

6. 连接与自然连接运算

连接运算是关系R与其有联系(有相同字段)的关系S的连接运算。通过相同字段的相等值进行连接，即等值连接，如图1.24所示，关系T为R与S的连接结果。自然连接是在连接的基础上将重复字段去掉，如图1.25所示，关系T为R与S的自然连接结果。

R

A	B
k1	f1
k2	r1

S

B	C
f1	3
r1	2

T

A	R.B	S.B	C
k1	f1	f1	3
k2	r1	r1	2

图1.24　R与S的连接结果

R

A	B
k1	f1
k2	r1

S

B	C
f1	3
r1	2

T

A	B	C
k1	f1	3
k2	r1	2

图1.25　R与S的自然连接结果

7. 笛卡尔积运算

笛卡尔积运算是对两个任意关系的合并操作。如图1.26所示是关系R与S的笛卡尔积运算结果。

R

A	B
k1	f1
k2	r1

S

C	D
m1	3
n2	2
o2	4

T

A	B	C	D
k1	f1	m1	3
k1	f1	n2	2
k1	f1	o2	4
k2	r1	m1	3
k2	r1	n2	2
k2	r1	o2	4

图1.26　R与S的笛卡尔积运算结果

例1.12　对关系S和关系R进行集合运算，结果中既包含关系S中的所有元组，也包含关系R中的所有元组，这样的集合运算称为(　　)。

A. 并运算　　B. 交运算　　C. 差运算　　D. 除运算

答案：A

解析：关系的并运算是指由结构相同的两个关系合并，形成一个新的关系，其中包含两个关系中的所有元组。

例1.13　在下列关系运算中，不改变关系表中的属性个数但能减少元组个数的是(　　)。

A. 并　　B. 交　　C. 投影　　D. 除

答案：B

解析：关系 R 与 S 经交运算后所得到的关系是由那些既在 R 内又在 S 内的有序组所组成的，记为 R∩S。交运算和选择运算不改变关系表中的属性个数，但能减少元组个数。

1.5　计算机软、硬件基础

1.5.1　计算机的发展

计算机俗称电脑，是一种能高速运算、具有内部存储能力，并能自动进行信息处理的设备，其操作过程由程序控制。

1. 计算机的诞生

1946 年，美国宾夕法尼亚大学成功研制出了电子数字积分计算机(Electronic Numerical Integrator and Computer，ENIAC)，如图 1.27 所示。

图 1.27　工作人员在操作 ENIAC

ENIAC 长 30.48 米，宽 1 米，有 30 个操作台，占地面积约 170 平方米，大约相当于 10 间普通房间的大小。其重达 30 吨，耗电量 150 千瓦，造价高达 48 万美元。同时，它包含了 17 468 个真空管、7200 个水晶二极管、70 000 个电阻器、1500 个继电器、6000 多个开关，每秒可执行 5000 次加法或 400 次乘法，速度是继电器计算机的 1000 倍，是手工计算的 20 万倍。

2. 冯·诺依曼型计算机的特点

在 ENIAC 的研制过程中，数学家冯·诺依曼对计算机的特点进行了总结，并归纳出以下三点，且沿用至今。

(1) 采用二进制。计算机内部的程序和数据采用二进制代码表示。

(2) 存储程序控制。程序和数据存放在存储器中，即程序存储的概念。计算机执行程序时无需人工干预，能自动、连续地执行程序，并可得到预期的结果。

(3) 计算机由运算器、控制器、存储器、输入设备和输出设备五个基本部件组成。

3. 计算机发展的四个阶段

根据计算机所采用的物理器件，将计算机的发展分为四个阶段，如表 1.5 所示。

表 1.5　计算机发展的四个阶段

年代 部件	第一阶段 （1946—1959 年）	第二阶段 （1959—1964 年）	第三阶段 （1964—1972 年）	第四阶段 （1972 年至今）
主机电子器件	电子管	晶体管	中小规模集成电路	大规模、超大规模集成电路
内存	汞延迟线	磁芯存储器	半导体存储器	半导体存储器
外存储器	穿孔卡片	磁带	磁带、磁盘	磁盘、磁带、光盘等大容量存储器
处理速度 （每秒指令数）	几千条	几万至几十万条	几十万条至几百万条	上千万至万亿条

4. 计算机的辅助功能

目前，常见的计算机辅助功能有计算机辅助设计(CAD)、计算机辅助教学(CAI)、计算机辅助制造(CAM)、计算机辅助测试(CAT)等。

1.5.2　计算机系统组成与主要性能指标

计算机系统由硬件系统和软件系统两大部分组成。硬件是计算机的物质基础，其主要包括中央处理器(CPU)、存储器、外部设备等。硬件系统也称裸机，裸机只能识别 0 和 1 组成的机器代码。软件是一种按照特定顺序组织的计算机数据和指令的集合，没有软件系统的计算机是无法正常工作的，充其量只是一台机器。计算机系统结构图如图 1.28 所示。

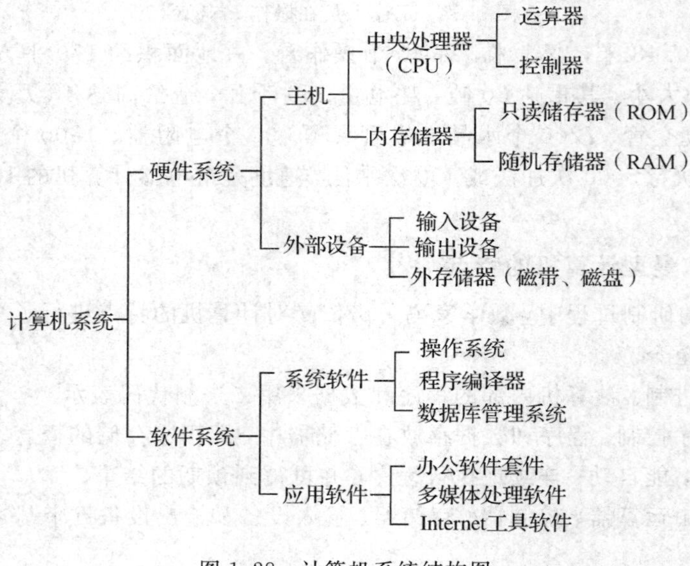

图 1.28　计算机系统结构图

1. 硬件系统

尽管计算机的发展经历了这么多年，但其基本结构仍然遵循冯·诺依曼型体系结构，即计算机的硬件至今依旧由运算器、控制器、存储器、输入设备和输出设备五个基本部件组成。

1）运算器

运算器(Arithmetic and Logic，ALU)是计算机处理数据、形成信息的加工厂，它的主要功能是对二进制数进行算术运算或逻辑运算。运算器由算术逻辑单元、累加器、状态寄存器、通用寄存器等部件组成。

运算器包括寄存器、执行部件和控制电路三个部分。

与运算器相关的性能指标包括字长和运算速度。

(1) 字长。字长指计算机运行部件一次能同时处理的二进制数据的位数。

(2) 运算速度。计算机的运算速度通常是指其每秒钟所能执行的加法指令的数目，常用百万次/秒(Million Instructions Per Second，MIPS)来表示。这个指标能直观地反映机器的速度。

2）控制器

控制器(Control Unit，CU)是计算机的心脏，由它指挥全机各个部件自动、协调地工作。

控制器由指令寄存器、指令译码器、操作控制器和程序计数器四个部件组成。

与控制器相关的性能指标主要是时钟主频。时钟主频指 CPU 的时钟频率，简称主频，是计算机性能的一个重要指标，它的高低一定程度地决定了计算机速度的高低。主频以吉赫兹(GHz)为单位，一般来说，主频越高，计算机速度越快。

3）存储器

存储器(Memory)是存储程序和数据的部件，它可以自动完成程序的存取，是计算机系统中的记忆设备。

存储器分为内存(又称主存)和外存(又称辅存)两大类。内存是主板上的存储部件，用来存储当前正在执行的数据、程序和结果。内存容量小，存取速度快，但断电后 RAM 中的信息会全部丢失。外存是磁性存储介质或光盘等部件，用来存放各种数据文件和程序文件等需要长期保存的信息。外存容量大，存储速度慢，但断电后所保存内容不会丢失。

CPU 不能像访问内存那样直接访问外存，当需要某一程序或数据时，首先应将其从外存调入内存，然后进行运行。

(1) 内存。

内存储器按功能可分为随机存储器(Random Access Memory，RAM)和只读存储器(Read Only Memory，ROM)。

通常所说的计算机内存容量均指 RAM 存储器容量，即计算机的主存。RAM 有两个特点：其一是可读写性，也就是说对 RAM 既可以读操作，又可以写操作，其二是易失性，即断电时，RAM 中的信息会立即丢失。

CPU 对 ROM 只取不存，里面存放的信息一般由计算机制造厂商写入并固化处理，用户无法修改。即使断电，ROM 中的信息也不会丢失。

高速缓冲存储器(Cache)主要是为了解决CPU和主存速度不匹配而设计的。Cache按功能通常分为两类：CPU内部的Cache和CPU外部的Cache。CPU内部的Cache称为一级Cache；CPU外部的Cache是二级Cache。少数高端处理器还集成了三级Cache。

内存储器的主要性能指标有两个：存储容量和存取速度。

存储容量：指一个存储器包含的存储单元总数，这一概念反映了存储空间的大小。

存储速度：一般用存储周期(也称读写周期)来表示。存储周期就是CPU从内存储器中存取数据所需要的时间(读出或写入)存储器之间的最小时间间隔，单位为纳秒(ns)。

(2) 外存。

由于内存造价高、存储容量有限，这就需要另外一类存储器配合，即外存。外存可以存放大量程序和数据，且断电后数据不会丢失。常见的外存储器有硬盘、固态硬盘、U盘、存储卡和光盘等。

硬盘(Hard Disk)是微型机上主要的外部存储设备，它由磁盘片、读写控制电路和驱动机构组成。其内部结构示意图如图1.29所示。

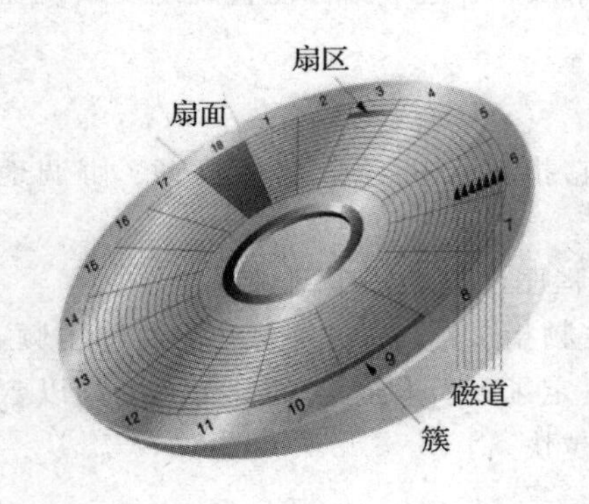

(a) 硬盘单盘片结构示意图

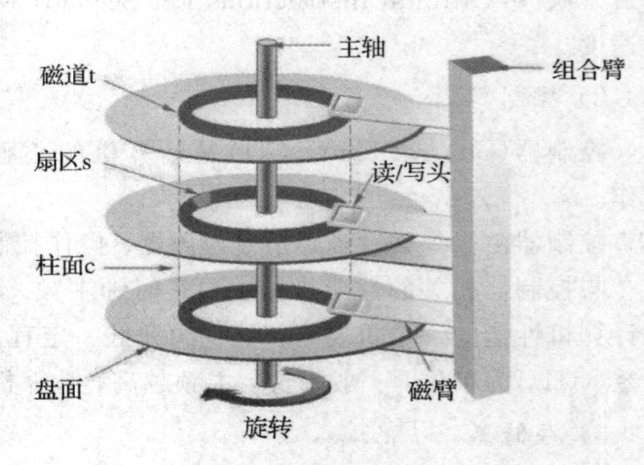

(b) 硬盘整体结构示意图

图1.29　硬盘内部结构示意图

一个硬盘的容量是由以下几个参数决定的，即磁头数(Heads)、柱面数(Cylinders)、每个磁道的扇区数(Sectors)和每个扇区的字节数(Bytes)。将以上几个参数相乘，乘积就是硬盘的容量，即

硬盘总容量＝磁头数(H)×柱面数(C)×磁道扇区数(S)×每扇区字节数(B)

硬盘与主板的连接部分就是硬盘接口，常见的有高级技术附件(Advanced Technology Attachment，ATA)、串行高级技术附件(Serial ATA，SATA)和小型计算机系统接口(Small Computer System Interface，SCSI)。ATA和SATA接口的硬盘主要应用在个人电脑上，SCSI接口的硬盘主要应用于高、中端服务器和工作站中。

硬盘转速单位为r/min(Revolution Per Minute)，即转/分。普通硬盘的转速有5400 r/min和7200 r/min两种。7200 r/min一般应用于台式电脑，5400 r/min一般应用于笔记本电脑。

U盘也称快闪存储器(Flash Memory)，是一种新型非易失性半导体存储器。U盘通过USB接口与计算机进行连接，USB接口的传输率：USB1.1为12 Mb/s，USB2.0为480 Mb/s，USB3.0为5.0 Gb/s。

光盘(Optical Disc)是以光信息作为存储物的载体来存储数据的。现在市场上常见的CD光盘容量约为700 MB；DVD盘片单面容量约为4.7 GB、双面约为8.5 GB；蓝光单面单层约为25 GB、双面约为50 GB。光盘需要使用光盘驱动器读取其中的信息，衡量光盘驱动器传输速率的指标叫倍速，光驱的读取速度以150 kb/s数据传输率的单倍速为基准。

(3) 存储器的层次结构。前面叙述的几种存储结构，可以用金字塔的形式来表示其层次结构，如图1.30所示。

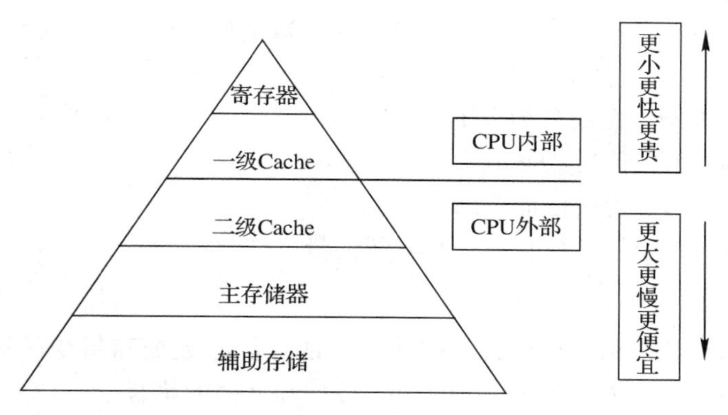

图1.30　存储器系统层次结构

4) 输入/输出设备

输入设备是用来向计算机输入数据和信息的设备。其主要作用是把人们可读的信息(命令、程序、数据、文本、图形、图像、音频和视频等)转换为计算机能识别的二进制代码，并输入计算机进行处理，是人与计算机系统之间进行信息交换的主要装置之一。

目前常用的输入设备有键盘、鼠标、触摸屏、摄像头、扫描仪、光笔、手写输入板、游戏杆、语音输入装置等。

输出设备是将各种计算结果数据或信息以数字、字符、图像、声音等形式表示出来。其主要功能是将计算机处理后的各种内部格式的信息转换为人们能识别的形式(如文字、图形、图像、声音等)，并表达出来。

常见的输出设备有显示器、打印机、绘图仪、影像输出设备、语音输出设备、磁记录设备等。

常用的输出设备显示器的主要性能指标如下：

(1) 像素(Pixel)与点距(Pitch)。屏幕上图像的分辨率或清晰度，取决于能在屏幕上独立显示点的直径，这种独立显示的点称作像素，屏幕上两个像素之间的距离叫点距。像素与点距直接影响显示效果。

(2) 分辨率。每帧的线数和每线的点数的乘积(整个屏幕上像素的数目，即列×行)就是显示器的分辨率。这个乘积越大，分辨率就越高。它是衡量显示器的一个常用指标。

(3) 显存。显存与系统内存一样，显存越大，可以存储的图像数据就越多，支持的分辨率与颜色数也就越高。计算显存容量与分辨率关系的公式如下：

$$\text{所需显存}=\text{图形分辨率}\times\frac{\text{色彩深度}}{8}$$

而有些设备既是输入设备又是输出设备，如调制解调器、光盘刻录机、磁盘等。

5）计算机的结构

计算机硬件系统的五大组成部件并不是孤立存在的，它们在处理信息的过程中需要相互连接以传输数据。

（1）直接连接。最早的计算机基本上采用直接连接的方式，在五大部件之间基本上都有单独的连接线路。这样的结构可以获得最高的连接速度，但不易扩展。

（2）总线结构。现代计算机普遍采用总线结构。所谓总线（Bus）就是系统部件之间传送信息的公共通道，各部件由总线连接并通过它传递数据控制信号。总线经常被比喻为“高速公路”。

按照信号性质划分，总线分为以下三类。

（1）数据总线：用于传送数据信息。

（2）地址总线：用于传送地址信息。

（3）控制总线：用于传送控制信号和时序信号。

2. 软件系统

软件（Software）是一系列按照特定顺序组成的计算机数据和指令的集合。软件也是为运行、管理和维护计算机而编制的各种程序、数据和文档的集合。

1）程序

程序是按照一定顺序执行的，能够完成某一任务的指令的集合。程序是对计算机的处理对象和处理规则的描述，必须装入机器内部才能工作。程序控制着计算机的工作流程，实现一定的逻辑功能，完成特定的设计任务。

2）程序设计语言

想要与计算机进行交流，那么必须使用一种人和计算机都能够读懂的语言，那就是程序设计语言。

程序设计语言主要有以下几种类型：

（1）机器语言。机器语言是唯一能被计算机硬件系统直接理解和执行的语言。因此，机器语言的执行效率最高，执行速度最快，且无需“翻译”。但机器语言的编写、调试、修改、移植和维护都非常繁琐，程序员需要记忆很多二进制指令，限制了计算机的发展。

（2）汇编语言。汇编语言采用助记符号来编写程序，比机器语言的二进制代码要方便些，在一定程度上简化了编程过程。但使用汇编语言编写的程序，机器不能直接识别，需要使用汇编程序将汇编语言翻译成机器语言。

（3）高级语言。高级语言的表示方法比低级语言更接近于人类的自然语言，语法相对简单，与计算机的硬件结构及指令系统无关。它有更强的表达能力，可以方便地表示数据的运算和程序的控制结构，但也需要编译器将高级语言翻译成机器语言。

3）进程与线程

进程，顾名思义，是指进行中的程序。当一个程序正在执行时，进程把该程序加载到内存空间，系统就会创建一个进程，但执行结束后，该进程也就消失了。进程是动态的，程序是静态的，进程有一定的生命周期，而程序可以一直保存；一个程序可以对应多个进程，而一个进程只能对应一个程序。

线程是进程的一个实体，是CPU调度和分派的基本单位。在引入线程的操作系统中，通常都是把进程作为分配资源的基本单位，而把线程作为独立运行和独立调度的基本单位。程序包含了若干进程，每个进程又包含了一个或多个要执行的线程。如果一个程序只有一个进程就可以处理所有的任务，那么它就是单线程；如果一个程序可以被分解为多个进程共同完成程序的任务，那么就称之为多线程。

4）系统软件与应用软件

一般来讲，软件被划分为系统软件和应用软件。

(1) 系统软件：主要包括操作系统、程序编译器、数据管理系统等。

(2) 应用软件：常用的应用软件有办公软件套件、多媒体处理软件、Internet工具软件等。

1.5.3　数据的表示与存储

1. 数据与信息

数据是对客观事物的符号表示。数值、字符、声音、图像、动画等都是不同形式的数据。

信息是对各种事物变化和特征的反映，是经过加工处理并对人类客观行为产生影响的数据表现形式。数据是信息的载体，信息是对人类有用的数据。

数据与信息的区别：数据处理之后产生的结果为信息，与数据相比，信息具有针对性、时效性。

2. 数制

虽然计算机能极快地进行运算，但其内部并不使用人类在实际生活中使用的十进制，而是使用只包含0和1两个数码的二进制。当然，人们输入计算机的十进制被转换成二进制进行计算，得到的结果又由二进制转换成十进制，这些都由操作系统自动完成，并不需要人们手工去做。

数值的大小常用一组数码及其相应的进位规则来表示，这种数值的表示方法称为数制。不同的数制由不同的一组数码构成且进位规则不同。日常生活最常用的是十进制、七进制(星期)等。数字电路中使用的是二进制和十六进制。本书主要介绍十进制、二进制、八进制和十六进制。

数制通常由数码符号、计数规则、基数和位权组成。常用的数制对照表如表1.6所示。

表1.6　常用数制对照表

常用进制	英文符号	数码符号	计数规则	基数	位权
二进制	B	0、1	逢二进一	2	2的幂
八进制	O	0～7	逢八进一	8	8的幂
十进制	D	0～9	逢十进一	10	10的幂
十六进制	H	0～9、A～F	逢十六进一	16	16的幂

（1）数码符号。表示该数制可以包含的数码符号的集合。如八进制只能包含0、1、2、3、4、5、6、7八个数码。

（2）计数规则。表示数时，仅用一位数码往往不够用，必须用进位计数的方法组成多位数码。多位数码每一位的构成以及从低位到高位的进位规则称为进位计数制，简称进位制。如八进制就是逢八进一。

（3）基数。进位制的基数，就是在该进位制中可能用到的数码个数，是进位制中单位代码所能表达的最大数加1，即进位制中的逢几进一。

（4）位权。在某一进位制的数中，每一位的大小都对应着该位上的数码乘一个固定的数，这个固定的数就是这一位的权数。权数是一个幂。

3. 常用数制间的转换

各种数制之间的数据是可以相互转换的。常用数制取值对照表如表1.7所示。

表1.7 常用数制取值对照表

二进制	八进制	十进制	十六进制
0	0	0	0
1	1	1	1
10	2	2	2
11	3	3	3
100	4	4	4
101	5	5	5
110	6	6	6
111	7	7	7
1000	10	8	8
1001	11	9	9
1010	12	10	A
1011	13	11	B
1100	14	12	C
1101	15	13	D
1110	16	14	E
1111	17	15	F

1）十进制转换为二进制

十进制转换为二进制分为整数部分的转换和小数部分的转换。整数部分的转换采用除基取余法，小数部分的转换采用乘基取整法。

(1) 除基取余法。用目标数制的基数(二进制数基数为2)去除十进制数，第一次相除所得余数为目的数的最低位 K_0，将所得商再除以基数，反复执行上述过程，直到商为“0”，所得余数为目的数的最高位 K_n。

(2) 乘基取整法。小数乘以目标数制的基数(二进制数基数为 2)，第一次相乘结果的整数部分为目的数的最高位 K_{-1}，将其小数部分再乘基数依次记下整数部分，反复进行下去，直到小数部分为“0”，或满足要求的精度为止(即根据设备字长限制，取有限位的近似值)。

例 1.14　将$(157.375)_D$化为二进制数。

解　(1) 整数部分：

除2取余，逆序排列

```
2 |157
2 |78  ……  余1   ↑
2 |39  ……  余0
2 |19  ……  余1
2 |9   ……  余1
2 |4   ……  余1
2 |2   ……  余0
2 |1   ……  余0
   0   ……  余1
```

(2) 小数部分：

乘2取整，顺序排列

```
   0.375
 ×     2
 ---------
   0.75 ……  0   ↓
 ×     2
 ---------
   1.5  ……  1
 ×     2
 ---------
   1.0  ……  1
```

故$(157.375)_D = (10011101.011)_B$。

2) 二进制转换为十进制

将每一位二进制数乘以位权，然后按十进制规则相加，即可得十进制数。

例 1.15　将二进制数 1010.0101 转换成十进制数。

解

$$\begin{aligned}(1010.0101)_B &= 1\times2^3+0\times2^2+1\times2^1+0\times2^0+0\times2^{-1}\\&\quad+1\times2^{-2}+0\times2^{-3}+1\times2^{-4}\\&=(10.3125)_D\end{aligned}$$

3) 二进制与八进制之间的转换

(1) 二进制转换为八进制。从小数点开始，将二进制数的整数和小数部分每三位分为一组，不足三位的分别在整数的最高位前和小数的最低位后加“0”补足，然后每组用等值的八进制码替代，即得八进制数。

例 1.16　将二进制数 11010111.0100111 转换为等值的八进制数。

解

$$(11010111.0100111)_B=(327.234)_O$$

(2) 八进制转换为二进制。将八进制数的每一位用等值的 3 位二进制数代替即可。

例 1.17　将八进制数 374.26 转换为等值的二进制数。

解

$$(374.26)_O=(011111100.010110)_B$$

4) 二进制与十六进制之间的转换

(1) 二进制转换为十六进制。从小数点开始，将二进制数的整数和小数部分每四位分为一组，不足四位的分别在整数的最高位前和小数的最低位后加“0”补足，然后每组用等值的十六进制码替代，即得目的数。

例 1.18　将二进制数 111011.10101 转换为等值的十六进制数。

解　$(111011.10101)_B=(3B.A8)_H$

(2) 十六进制转换为二进制。将十六进制数的每一位用等值的 4 位二进制数代替即可。

例 1.19　将十六进制数 AF4.76 转换为等值的二进制数。

解

$$(AF4.76)_H=(101011110100.01110110)_B$$

4. 二进制的加、减法运算

二进制数据按照如下规则进行加、减法运算：

加法规则：0+0=0，0+1=1，1+0=1，1+1=10；

减法规则：0−0=0，1−0=1，1−1=0，10−1=1。

5. 数据单位

计算机内所有的信息均以二进制的形式表示。位(bit，b)是度量数据的最小单位，代码只有0和1，采用多个数码表示一个数，其中一个数码称为1位，字节(Byte，B)是信息组织和存储的基本单位，也是计算机体系结构的基本单位，一个字节由八位二进制位组成。

在计算机内部，一个字节可以表示一个数据，也可以表示一个英文字母或其他特殊字符，两个字节可以表示一个汉字。

计算机中常见的存储单位如表1.8所示。

表1.8 常见的存储单位

单 位	名 称	含 义
b	位	1位代码一个二进制数码
B	字节	1 B=8 b
KB	千字节	1 KB=1024 B=2^{10} B
MB	兆字节	1 MB=1024 KB=2^{20} B
GB	吉字节	1 GB=1024 MB=2^{30} B
TB	太字节	1 TB=1024 GB=2^{40} B

6. 字符的编码

字符包括西文字符(字母、数字和各种符号)和中文字符，即所有不可作算术运算的数据。

字符编码的方法很简单，首先确定需要编码的字符总数，然后将每一个字符按顺序确定序号，序号大小无意义，仅作为识别与使用这些字符的依据。字符形式的多少涉及编码的位数，对于西文与中文字符，由于存储形式不同，使用的编码也不同。

计算机以二进制的形式存储和处理数据，因此，字符必须按特定的规则进行二进制编码才可进入计算机。

1）西文字符的编码

在西文字符的编码中，最常用的字符编码是ASCII(American Standard Code for Information Interchange，美国信息交换标准代码)，为国际标准。

国际通用的ASCII码是七位ASCII码，用七位二进制数表示一个字符的编码，共有2^7=128个不同的编码值，相应可以表示128个不同字符的编码。

计算机用一个字节(八个二进制位)存放一个七位ASCII码，最高位置为0。ASCII码表示的字符如表1.9所示。

表 1.9　七位 ASCII 代码表

符号 $b_3b_2b_1b_0$ \ $b_6b_5b_4$	000	001	010	011	100	101	110	111
0000	NUL	DLE	SP	0	@	P	`	p
0001	SOH	DC1	!	1	A	Q	a	q
0010	STX	DC2	"	2	B	R	b	r
0011	ETX	DC3	#	3	C	S	c	s
0100	EOT	DC4	$	4	D	T	d	t
0101	ENQ	NAK	%	5	E	U	e	u
0110	ACK	SYN	&	6	F	V	f	v
0111	BEL	ETB	´	7	G	W	g	w
1000	BS	CAN	(	8	H	X	h	x
1001	HT	EM	)	9	I	Y	i	y
1010	LE	SUB	*	：	J	Z	j	z
1011	VT	ESC	+	；	K	[	k	{
1100	FF	FS	，	<	L	\	l	|
1101	CR	GS	—	=	M	]	m	}
1110	SO	RS	。	>	N	^	n	~
1111	SI	US	/	?	O	_	o	DEL

2）汉字的处理过程

从汉字编码的角度看，计算机对汉字信息的处理过程实际上是各种汉字编码间的转换过程。转换过程如图 1.31 所示。

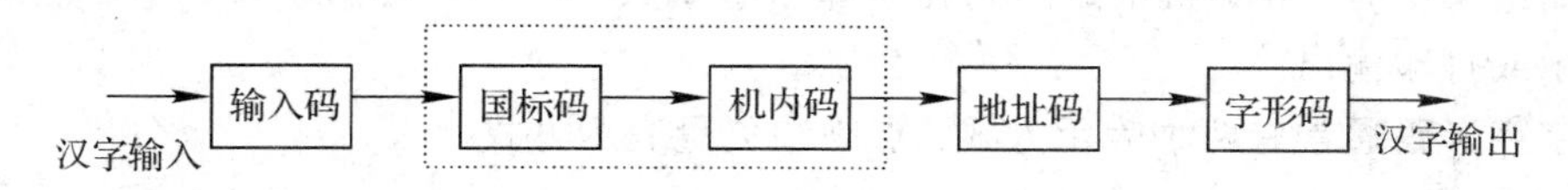

图 1.31　汉字信息处理系统的模型

其一般过程如下：

(1) 通过键盘输入汉字的输入码。

(2) 将输入码转换为相应的国标码，再转换为机内码，就可以在计算机内存储和处理了。

(3) 输出汉字时，将汉字的机内码通过简单的对应关系转换为相应的汉字地址码；通过汉字地址码对汉字库进行访问，从字库中提取汉字的字形码，最后根据字形数据显示和打印出汉字。

3) 汉字的编码

(1) 汉字输入码。

汉字输入码是为将汉字输入计算机，利用计算机标准键盘上按键的不同排列组合来对汉字的输入进行编码，也称外码。

汉字输入码有多种不同的编码方案，大致分为以下几类：

① 音码类：如全拼、双拼、微软拼音、自然码和智能 ABC 等。

② 形码类：如五笔字型法、郑码输入法等。

③ 其他：如语音、手写输入或扫描输入等。

(2) 汉字国标码与区位码。

我国于 1980 年发布了国家汉字编码标准 GB2312—1980，全称是《信息交换用汉字编码字符集 基本集》，简称国标码。国标码收录了 7445 个图形符号和两级常用汉字等内容。

区位码也称为国际区位码，是国际码的一种变形，由 94 个区号和 94 个位号构成。区位码也是一种汉字输入码，其最大的优点是一字一码，即无重码；最大的缺点是难以记忆。

区位码与国标码之间的关系是：国标码＝区位码＋2020H。

(3) 汉字内码。

汉字内码是为在计算机内部对汉字进行处理、存储和传输而编制的汉字编码。

在计算机内部，为了能够区分是汉字还是 ASCII 码，将国标码每个字节的最高位由 0 变为 1(即汉字内码的每个字节都大于 128)。

汉字国标码与其内码的关系是：内码＝国标码＋8080H。

(4) 汉字地址码。

汉字地址码是汉字库(汉字字形的点阵式字模库)中存储汉字字形信息的逻辑地址码。

输出设备输出汉字时，必须通过地址码来进行。字形信息是按一定顺序连续存放在存储介质上，所以汉字地址码大多是连续且有序的，与汉字内码间有着简单的对应关系，以简化汉字内码到汉字地址码的转换。

(5) 汉字字形码。

汉字字形码是指存放汉字字形信息的编码，与汉字内码一一对应。每个汉字的字形码预先存放在计算机内，常称为汉字库。

当输出汉字时，计算机根据内码在字库中查到其字形码，得知字形信息，然后就可以将其显示或打印输出。

汉字字形码通常有两种表示方式：点阵和矢量表示方式。

1.5.4 多媒体技术

1. 多媒体的概念与特征

多媒体(Multimedia)是指能够同时对两种或两种以上媒体(文字、音频、视频、图形、动画等)进行采集、操作、编辑、存储等综合处理的技术。它是一门跨学科的综合技术。

多媒体具有如下特征。

(1) 交互性：具有人机交互功能。

(2) 集成性：集成多种媒体技术及获取、存储等。

(3) 多样性：媒体传播、展示手段等的多样化。

(4) 实时性：声音和活动的视频图像等是强实时的。

2. 多媒体的数字化

在计算机通信领域，最基本的三种媒体是声音、图像和文本。

1) 声音的数字化

计算机系统通过输入设备输入声音信号，通过采样、量化将其转换成数字信息，然后通过编码输出到输出设备上。其一般过程如图 1.32 所示。

图 1.32　声音信号数字化的一般过程

(1) 采样。

为了记录声音信号，需要每隔一定的时间间隔获取声音信号的幅度值，而后记录下来，并以固定的时间间隔对模拟波型的幅度值进行抽取，把时间上的连续信号变成时间上的离散信号。该时间间隔称为采样周期，其倒数称为采样频率。

(2) 量化。

将一定范围内的模拟量变成某一最小数量单位的整数倍。表示采样点幅值的二进制位数称为量化位数，量化位数越大，则样本精度越高，声音的质量也就越高。

(3) 编码。

经过采样、量化后，还需要进行编码，即将量化后的数值转换成二进制码组。编码是将量化的结果用二进制数的形式表示。有时也将量化和编码过程统称量化。

编码后的音频数据量按照以下公式计算：

音频数据量(B)＝采样时间(s)×采样频率(Hz)×量化位数(b)×声道数÷8

例 1.20　计算 3 分钟双声道、16 位量化位数、44.1 kHz 采样频率声音的不压缩数据。

解　　音频数据量＝180×44 100×16×2÷8＝31 752 000 B≈30.28 MB

常见的声音文件格式有如下几种：

① WAV(.wav) 文件；

② MPEG(.mp1/.mp2/.mp3)文件；

③ MIDI(.mid)文件；

④ MOD 文件；

⑤ RealAudio 文件。

2) 图像的分类

图像有黑白、灰度、彩色、摄影图像等。图像是自然界中的客观景物通过某种系统的映射，使人们产生的视觉感受。图像分为静态图像和动态图像。

静态图像分为矢量图形和点位图图像两种。

动态图像又分为视频和动画。通常将摄像机拍摄得到的动态图像称为视频；计算机或绘画方法生成的动态图像称为动画。

常见图像文件格式有如下几种：

① BMP(.bmp，标准 Windows 图像格式)；

② GIF(.gif，使用 LZW 压缩算法，支持多画面循环显示)；

③ TIFF(.tiff，位图图像格式)；

④ PNG(.png，保留 GIF 文件的一些特性，如：流式读/写性能、透明性、无损压缩等，同时增加了一些新特性)；

⑤ WMF(.wmf，剪贴画)。

常见的视频文件格式有如下几种：

① AVI(.avi)文件；

② MOV(.mov)文件；

③ MPG/MPEG(.mpg/.mpeg)文件；

④ DAT(.dat)文件。

3. 多媒体数据的压缩

多媒体信息数字化后，其数据量往往非常庞大。为了存储、处理和传输多媒体信息，人们通常采用压缩的方法来减少数据量。通常是将原始数据压缩后存储在磁盘上，或是以压缩的形式来传输，仅当使用这些数据时才把数据解压还原，以此来满足实际需要。

数据压缩可以分为两种类型：无损压缩和有损压缩。

无损压缩是利用数据的统计冗余进行压缩，可完全恢复原始数据而不引入任何失真，但压缩率受到统计冗余度理论限制，一般为 2∶1 到 5∶1。常用工具有：WinRar、WinZip、ARC 等。

有损压缩即指压缩后的数据不能够完全还原成压缩前的数据，与原始数据不同但是非常接近的压缩方法。有损压缩也称破坏性压缩，以损失文件中某些信息为代价来换取较高的压缩比，其损失的信息多是对视觉和听觉感知不重要的信息，但压缩比通常较高，约为几十到几百。有损压缩常用于音频、图像和视频的压缩。常用工具有：JPEG、MPEG 等。

有损压缩的优点是可以减少内存和磁盘中占用的空间，在屏幕上观看不会对图像的外观产生不利影响；缺点是若把经过有损压缩技术处理的图像用高分辨率的打印机打印出来，则图像会有明显的受损的痕迹。

无损压缩的优点是能够较好地保存原文件的质量、不受信号源的影响、转换方便；缺点是占用空间大、压缩比不高、压缩率较低。

1.5.5 计算机病毒

1. 计算机病毒的概念

在《中华人民共和国计算机信息系统安全保护条例》中对计算机病毒的定义是："计算机病毒，是指编制或者在计算机程序中插入的破坏计算机功能或者破坏数据，影响计算机使用并且能够自我复制的一组计算机指令或者程序代码。"

2. 计算机病毒的特性

计算机病毒的特性如图 1.33 所示。

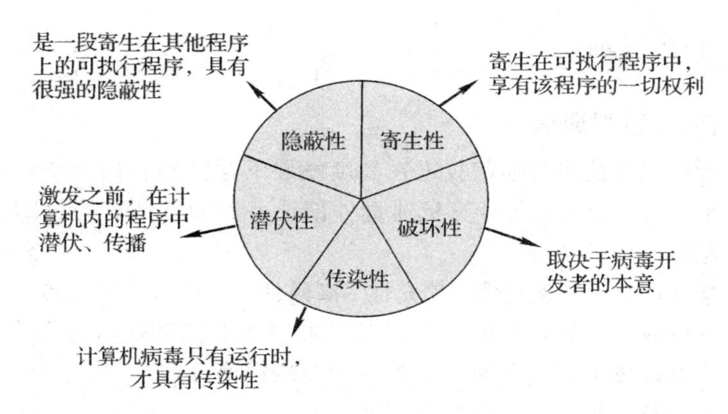

图 1.33　计算机病毒的特性

3. 计算机病毒的类型

计算机病毒的分类方法很多，常见的分类方法有以下几种。

(1) 按照寄生方式分类：可分为文件型病毒、引导扇区型病毒和混合型病毒。

(2) 按照病毒的传播途径分类：可分为单机病毒和网络病毒。

(3) 按照破坏性分类：可分为恶性病毒和良性病毒。

常见的计算机病毒有系统病毒、蠕虫病毒、木马病毒、黑客病毒、脚本病毒、宏病毒、玩笑病毒等。

4. 计算机感染病毒的常见症状

(1) 磁盘文件数目无故增多；

(2) 系统的内存空间明显变小；

(3) 文件的日期/时间值被修改成新近的日期或时间(用户自己并没有修改)；

(4) 可执行文件的长度明显增加；

(5) 正常情况下可以运行的程序却突然因内存区不足而不能装入；

(6) 程序加载时间或程序执行时间明显变长；

(7) 计算机经常出现死机现象或不能正常启动；

(8) 显示器上经常出现些莫名奇妙的信息或异常现象。

5. 计算机病毒的预防

(1) 计算机应定期安装系统补丁。

(2) 安装有效的杀毒软件并根据实际需求进行安全设置。同时，定期升级杀毒软件并经常查毒、杀毒。

(3) 未经检测过是否感染病毒的文件、光盘及 U 盘等移动存储设备在使用前应首先用杀毒软件查毒后再使用。

(4) 尽量使用具有查毒功能的电子邮箱，尽量不要打开陌生的可疑邮件。

(5) 浏览网页、下载文件时要选择正规的网站。

(6) 关注目前流行病毒的感染途径、发作形式及防范方法，做到预先防范、感染后及时查毒，避免遭受更大的损失。

1.5.6 计算机网络基础

1. 计算机网络与数据通信

计算机网路是计算机技术与通信技术在高度发展下紧密结合的产物，是将分布在不同的地理位置、具有独立功能的多台计算机通过外部设备和通信线路连接起来，从而实现资源共享和信息传递的计算机系统。

计算机网络具有可靠性、独立性、扩充性、高效性、易操作性等特点。

数据通信是指在两个计算机或终端之间以二进制的形式进行信息交换、数据传输，它是将通信技术和计算机技术相结合而产生的一种新的通信方式。

下面介绍和数据通信相关的几个概念。

(1) 信道：信道是信息传输的媒介或渠道。常见的信道分为有线信道和无线信道两种。

(2) 数字信号和模拟信号：数字信号是一种离散的脉冲序列，模拟信号是一种连续变化的信号。

(3) 调制与解调：数字脉冲信号转换成模拟信号的过程称为调制(Modulation)；将接收端模拟信号还原成数字脉冲信号的过程称为解调(Demodulation)。将调制和解调两种功能结合在一起的设备称为调制解调器(Modem)。

(4) 带宽与传输速率：带宽是指在给定的范围内，可以用于传输的最高频率与最低频率的差值。数据传输速率是描述数据传输系统性能的重要技术指标之一，它在数值上等于每秒钟传输构成数据代码的二进制比特数，单位为 b/s。

(5) 误码率：误码率是二进制比特在数据传输系统中被传错的概率，是通信系统的可靠性指标。

2. 计算机网络的分类

按照覆盖地理范围和规划进行划分，可以将计算机网络分为三种：局域网、城域网和广域网。

1) 局域网(Local Area Network，LAN)

局域网是一种在有限区域内使用的网络，其传输距离一般在几公里之内，因此适用于一个部门或一个单位组建的网络。

2) 城域网(Metropolitan Area Network，MAN)

城域网是将不同的局域网通过网间连接形成一个覆盖城市或地区范围的网络，局域网的传输可靠、误码率低，结构简单，容易实现。

3) 广域网(Wide Area Network，WAN)

广域网又称远程网，覆盖的地理范围要比局域网大得多，从几十公里到几千公里。它是将分布在不同地区的计算机系统互连起来，达到资源共享的目的。因特网(Internet)是一种典型的广域网。

3. 网络的拓扑结构

计算机网络拓扑将构成网络的节点和连接节点的线路抽象成点和线，用几何关系表示网络结构，从而反映网络中各实体的结构关系。常见的网络拓扑结构主要有星型、环型、总线型、树型和网状等几种，如图 1.34 所示。

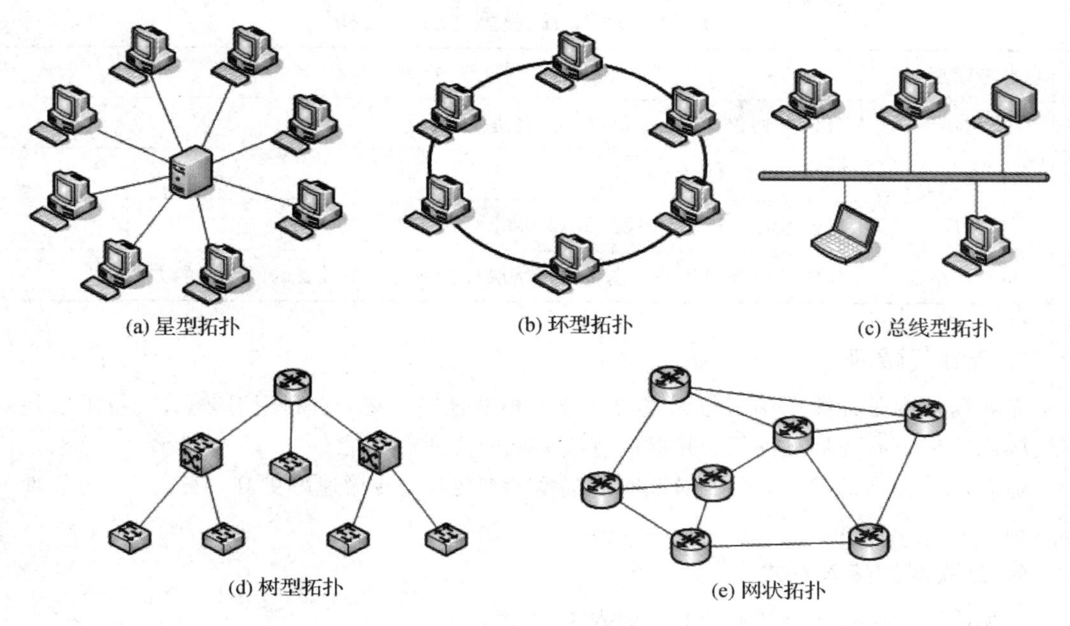

图 1.34　常见网络拓扑结构图

4. 网络硬件与软件

计算机网络系统由网络硬件和软件组成。网络硬件是实现互联网通信的物理设备，常见的网络硬件名称及其说明如表 1.10 所示。

表 1.10　常见网络硬件名称及其说明

名　称	说　　明
网络服务器	网络服务器是网络的核心，是被计算机网络用户访问的计算机系统。其中包括供网络用户使用的各种资源，并负责对这些资源进行管理，协调网络用户对这些资源的访问
传输介质	常见的传输介质有同轴电缆、双绞线、光缆和微波等
网络接口卡	网络接口卡即网卡，是接入互联网的必需设备
集线器	集线器可以看成是一种多端口的中继器，是共享带宽式的，其带宽由它的端口平均分配
交换机	交换机又称为交换式集线器
路由器	路由器是不同网络之间互相连接的枢纽，是实现局域网与广域网互联的主要设备

计算机网络的设计除了要考虑硬件，还必须考虑软件，目前的网络软件都是高度结构化的。为了降低网络设计的复杂性，绝大多数网络都划分层次，每一层都建立在其下一层的基础上，第一层又向上一层提供特定的服务。TCP/IP(协议)模型是是当前最流行的网络

模型，它将计算机网络划分为四个层次。TCP/IP模型的分层结构如表1.11所示。

表1.11 TCP/IP模型的分层结构

参考模型	TCP/IP模型(协议)
应用层	HTTP协议、Telnet协议、FTP协议
传输层	TCP协议、UDP协议
互联层	IPv4协议、ICMP协议、IPv6协议
主机至网络层	规定了数据包从一个设备的网络层传输到另一个设备的网络层的方法

5. 无线局域网

无线局域网是计算机网络与无线通信技术相结合的产物，它利用射频(RF)技术取代双绞线构成的传统有线局域网络，并提供有线局域网的所有功能。

随着协议标准的发展，无线局域网的覆盖范围更广、传输速率更高，安全性、可靠性等也大幅提高。

6. 互联网的接入方式

常见的互联网接入方式有三种，如表1.12所示。

表1.12 常见互联网的接入方式

名　称	说　明
ASDL	ASDL是非对称数字用户线路。由电信服务部门安装话音分离器、ADSL调制解调器和拨号软件
ISP	ISP是Internet服务提供商。ISP提供的功能主要有：分配IP地址和网关及DNS，提供联网软件，提供各种因特网服务、接入服务
无线连接	需要一台无线AP。AP很像有线网络中的集线器或交换机，是无线局域网络中的桥梁

7. IP地址和域名

Internet通过路由器将成千上万个不同类型的物理网络互联在一起，是一个超大规模的网络。为了使信息能够准确地到达Internet上指定的节点，必须给Internet上的每个节点指定一个全局唯一的地址标识。在Internet通信中，可以通过IP地址和域名实现明确的目的地指向。

1) IP地址

为了能够在Internet中成功地访问某个网络节点，那么该节点必须有一个全局唯一的地址标识，这个标识就是IP地址。IP地址由网络标识和主机标识两部分组成，网络标识用来表示一个主机所属的网络；主机标识用来识别处理该网络中的一台主机。

目前，使用的IP协议有IPv4和IPv6。IPv4地址是一个32位二进制数，即由4个字节组成，常采用点分十进制数表示。将每个字节用小数点隔开，便于记忆，每部分的取值范围为0～255。

例 1.21　下列 IP 地址中合法的是(　　)。

A. 202.112.111.1　　　B. 202.2.2.2.2

C. 202.202.1　　　D. 202.257.14.13

答案：A

解析：IP 地址由四部分组成，因此排除 B 和 D，每部分的取值范围为 0～255，因此排除 D 选项。

2）域名

在访问互联网中某个节点时，IP 地址难以记忆，通常使用域名来访问 Internet 中某个节点。域名实质就是用一组由字符组成的名字代替 IP 地址。为了避免重名，域名采用层次结构，各层次的域名之间用圆点隔开，即主机名.….第二级域名.第一级域名。

第一级域名采用通用的标准代码，它分为地理模式和组织机构两类。常见的地址域名有：CN(中国)、JP(日本)、KR(韩国)、UK(英国)等。常见的组织机构域名有：AC(科研院所及科技管理部门)、GOV(国家政府部门)、ORG(各社会团体及民间非营利组织)、NET(互联网络、接入网络的住处和运行中心)、COM(工商和金融等企业)、EDU(教育单位)等。

8. 互联网的典型应用

互联网的应用日益广泛，主要应用于网上冲浪、电子邮箱、FTP 文件传输、电子商务等方面。

1）网上冲浪

在 Internet 互联网上获取各种信息，进行工作、娱乐，在英文中上网是"surfing the internet"，因"surfing"的意思是冲浪，即称为"网上冲浪"，这是一种形象的说法。网上冲浪的主要工具是浏览器，在浏览器的地址栏上输入 URL 地址，在 Web 页面上可以移动鼠标到不同的地方进行浏览，这就是所谓的网上冲浪。

2）电子邮箱

电子邮箱(E－Mall BOX)是通过网络电子邮局为网络客户提供的网络交流的电子信息空间。电子邮箱具有存储和收发电子信息的功能，是因特网中最重要的信息交流工具。电子邮箱可以自动接收任何来自网络中的电子邮件，并能存储规定大小的多种格式的电子文件。电子邮箱具有单独的网络域名，其电子邮局地址在@后标注。

3）FTP 文件传输

文件传输协议 FTP(File Transfer Protocol)使主机间可以共享文件。FTP 使用 TCP 生成一个虚拟连接用于控制信息，然后再生成一个单独的 TCP 连接用于数据传输。控制连接使用类似 TELNET 协议在主机间交换命令和消息。文件传输协议是 TCP/IP 网络上两台计算机传送文件的协议，FTP 是在 TCP/IP 网络和 INTERNET 上最早使用的协议之一，它属于网络协议组的应用层。FTP 客户机可以给服务器发出命令来下载文件、上传文件、创建或改变服务器上的目录。

4）电子商务

电子商务通常是指在全球各地广泛的商业贸易活动中，在因特网开放的网络环境下，基于浏览器/服务器应用方式，买卖双方不谋面地进行各种商贸活动，实现消费者的网上购物、商户之间的网上交易和在线电子支付以及各种商务活动、交易活动、金融活动和相关的综合服务活动的一种新型的商业运营模式。电子商务是利用微电脑技术和网络通讯技术进行的商务活动。各国政府、学者、企业界人士根据自己所处的地位和对电子商务参与的角度和程度的不同，给出了许多不同的定义。电子商务分为：ABC、B2B、B2C、C2C、B2M、M2C、B2A(即B2G)、C2A(即C2G)、O2O电子商务模式等等。

课后练习

单项选择题

1. 下列叙述正确的是(　　)。

A. 栈是“先进先出”的线性表

B. 队列是“先进后出”的线性表

C. 循环队列是非线性结构

D. 有序线性表既可以采用顺序存储结构，也可以采用链式存储结构

2. 支持子程序调用的数据结构是(　　)。

A. 栈　　B. 树　　C. 队列　　D. 二叉树

3. 某二叉树有5个度为2的节点，则该二叉树中的叶子节点的个数是(　　)。

A. 10　　B. 8　　C. 6　　D. 4

4. 下列排序方法中，最坏情况下比较次数最少的是(　　)。

A. 冒泡排序　　B. 简单选择排序

C. 直接插入排序　　D. 堆排序

5. 软件按功能可以分为应用软件、系统软件和支撑软件(或工具软件)。下面属于应用软件的是(　　)。

A. 编译程序　　B. 操作系统

C. 教务管理系统　　D. 汇编程序

6. 下面叙述中错误的是(　　)。

A. 软件测试的目的是发现错误并改正错误

B. 对被调试的程序进行“错误定位”是程序调试的必要步骤

C. 程序调试通常也称为Debug

D. 软件测试应严格执行测试计划，排除测试的随意性

7. 耦合性和内聚性是对模块独立性度量的两个标准。下列叙述中正确的是(　　)。

A. 提高耦合性降低内聚性有利于提高模块的独立性

B. 降低耦合性提高内聚性有利于提高模块的独立性

C. 耦合性是指一个模块内部各个元素间彼此结合的紧密程度

D. 内聚性是指模块间互相连接的紧密程度

8. 数据库应用系统中的核心问题是(　　)。

A. 数据库设计　　B. 数据库系统设计

C. 数据库维护　　D. 数据库管理员培训

9. 有两个关系 R、S 如下：

R

A	B	C
a	3	2
b	0	1
c	2	1

S

A	B
a	3
b	0
c	2

由关系 R 通过运算得到关系 S，则使用的运算为（　　）。

A. 选择　　B. 投影　　C. 插入　　D. 连接

10. 将 E－R 图转换为关系模式时，实体和联系都可以表示为（　　）。

A. 属性　　B. 键　　C. 关系　　D. 域

11. 世界上公认的第一台电子计算机诞生的年代是（　　）。

A. 20 世纪 30 年代　　B. 20 世纪 40 年代

C. 20 世纪 80 年代　　D. 20 世纪 90 年代

12. 在微机中，西文字符所采用的编码是（　　）。

A. EBCDIC 码　　B. ASCII 码

C. 国标码　　D. BCD 码

13. 度量计算机运算速度常用的单位是（　　）。

A. MIPS　　B. MHz　　C. MB/s　　D. Mb/s

14. 计算机系统的主要功能是（　　）。

A. 管理计算机系统的软硬件资源，以充分发挥计算机资源的效率，并为软件提供良好的运行环境

B. 把高级程序设计语言和汇编语言编写的程序翻译成计算机硬件可以直接执行的目标程序，为用户提供良好的软件开发环境

C. 对各类计算机文件进行有效的管理，并将文件提交计算机硬件进行高速处理

D. 为用户提供方便的操作

15. 下列关于计算机病毒的叙述中，错误的是（　　）。

A. 计算机病毒具有潜伏性

B. 计算机病毒具有传染性

C. 感染过计算机病毒的计算机具有对该病毒的免疫性

D. 计算机病毒是一个特殊的寄生程序

16. 在一个非零无符号二进制整数之后添加一个 0，则此数的值为原数的（　　）。

A. 4 倍　　B. 2 倍　　C. 1/2 倍　　D. 1/4 倍

17. 用高级程序设计语言编写的程序的优点是（　　）。

A. 计算机能直接执行

B. 具有良好的可读性和可移植性

C. 执行效率高

D. 依赖于具体机器

18. 以太网的拓扑结构是(　　)。

A. 星型　　B. 总线型　　C. 环型　　D. 树型

19. 组成计算机指令的两部分是(　　)。

A. 数据和字符　　B. 操作码和地址码

C. 运算符和运算数　　D. 运算符和运算结果

20. 上网需要在计算机上安装(　　)。

A. 数据库管理软件　　B. 视频播放软件

C. 浏览器软件　　D. 网络游戏软件

第二章　字处理软件 Word 2010

Microsoft Office 2010 是微软最新推出的智能商务办公软件。Office 2010 具备了全新的安全策略，对密码、权限、邮件线程具有更好的控制。Word 2010 作为全球通用的文字处理软件，适于制作各种文档，如信函、传真、公文、报刊、书刊和简历等。

Word 2010 是目前世界上最流行的文字处理软件，具有功能强大、操作简单、易学易用等特点，适合众多计算机用户、办公人员和专业排版人员使用。利用 Word 2010 可以更加轻松地完成大量的文档编辑和排版工作。本章通过 4 个案例讲解 Word 字处理软件的使用方法和技巧。

2.1　制作会议通知

2.1.1　案例介绍

小刘是应天学院院长办公室的院长助理，负责起草学院的各种会议通知文件。早上 8:00，小刘接到院长的通知，要求他起草一份关于召开“学院运动会组委会的会议通知”文件，要求在今天 12:00 前通知到各个部门。你能完成吗？样文效果如图 2.1 所示。

关于召开 2015 年应天学院运动会组委会会议的通知

校内各有关单位：

2015 年学校运动会组织委员会会议定于 2015 年 10 月 20 日（星期二）上午 10:30 在第一办公楼三会议室召开。

参会人员范围：各系、院部分管学生工作的负责人；各术科教研室主任及各竞赛项目负责人；院办、宣传部、学生处、保卫处、后产处、校医院、信息技术中心、团委、场馆中心负责人。

会议议程：

1、各竞赛项目负责人汇报准备工作情况。

2、通报运动会开、闭幕式等相关事项。

3、学校领导讲话。

请参会人员准时到会。

特此通知。

院长办公室

二〇一五年十月十六日

图 2.1　会议通知效果图

2.1.2 相关知识点

1. Word 2010 的启动与退出

1）Word 2010 的启动

安装好 Microsoft Office 2010 套装软件后，启动 Word 2010 最常用的方法有如下 3 种：

（1）单击"开始"→"所有程序"→"Microsoft Office"→"Microsoft Word 2010"，即可启动 Word 2010。

（2）双击桌面上的"Microsoft Word 2010"快捷图标，即可快速启动 Word。

（3）在"我的电脑"或"资源管理器"窗口中，直接双击已经生成的 Word 文档即可启动 Word 2010，并同时打开该文档。

启动 Word 2010 后，打开操作界面，表示系统已进入 Word 工作环境。

2）Word 2010 的退出

退出 Word 2010 的方法有多种，最常用的方法有如下 4 种：

（1）单击 Word 标题栏右端的"☒"按钮。

（2）选择"文件"→"退出"命令。

（3）使用快捷键 Alt＋F4，快速退出 Word。

（4）双击 Word 2010 窗口左上角的控制菜单图标"W"。

退出 Word 2010 表示结束 Word 程序的运行，这时系统会关闭所有已打开的 Word 文档，如果文档在此之前做了修改而未存盘，则系统会出现的提示对话框，提示用户是否对所修改的文档进行存盘。根据需要选择"保存"或"不保存"，"取消"表示不退出 Word 2010。

2. Word 2010 的操作界面

1）Word 2010 的窗口组成

Word 2010 操作窗口主要由标题栏、功能区、编辑区和状态栏四部分组成，其次还有快速访问工具栏、水平/垂直标尺、分组按钮和水平/垂直滚动条等部分，如图 2.2 所示。

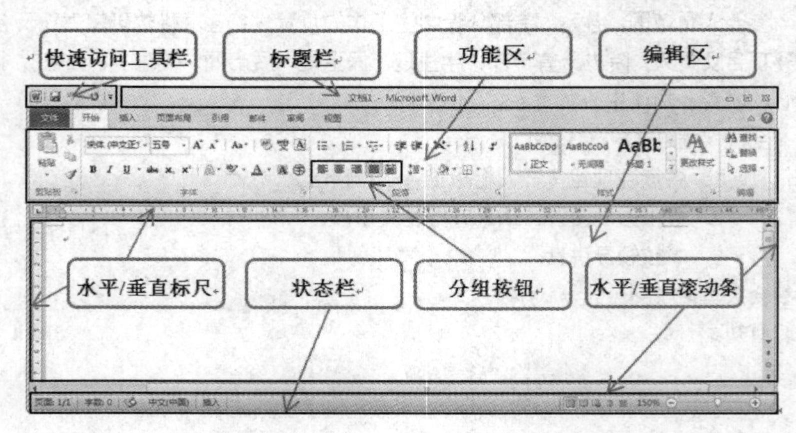

图 2.2 Word 2010 窗口组成

从图 2.2 中可以看出，Word 2010 的操作界面使用"功能区"代替了 2003 以前版本中的"多层菜单"和"工具栏"，分布在选项卡下方的水平区域。在窗口中看起来像菜单的名称其实是功能区的名称或称为选项卡，当单击这些选项卡时并不会打开菜单，而是切换到与之相对应的功能区面板。每个功能区根据功能的不同又分为若干个组。

2）Word 2010 的功能区

“功能区”以选项卡的形式将各相关的命令分组显示在一起，使各种功能按钮直观的显示出来，方便使用。使用“功能区”可以快速地查找相关的命令组，并可以通过单击选项卡来切换显示的相关命令集。

功能区可以被隐藏并根据用户的需要被显示。为了扩大显示区域，Word 2010 允许把功能区隐藏起来，方法为双击任意命令选项卡；若要打开功能区，再次双击任意命令选项卡即可。也可单击功能区右上方的“功能区最小化”按钮“ ”来隐藏和展开功能区。

3）命令选项卡

Word 2010 功能区中的选项卡分别为“开始”、“插入”、“页面布局”、“引用”、“邮件”、“审阅”和“视图”，每个选项卡下面都是相关的操作命令。在功能区的各个命令组中的右下方，大多数包含有“ ”箭头，单击该箭头可以打开一个设置对话框，从而进行相关的命令设置；部分命令按钮的下面或右边有下拉箭头“ ”，单击下拉箭头可以打开下拉菜单，以完成相关的设置。

4）文件菜单

文件菜单和其他选项卡的结构、布局和功能有所不同，有时称为后台视图。单击“文件”菜单，打开如图 2.3 所示的“文件”选项卡的窗口界面。左面窗格为下接菜单命令按钮，右边窗格显示选择不同命令后的结果。利用该选项卡可对文件进行各种操作及设置。

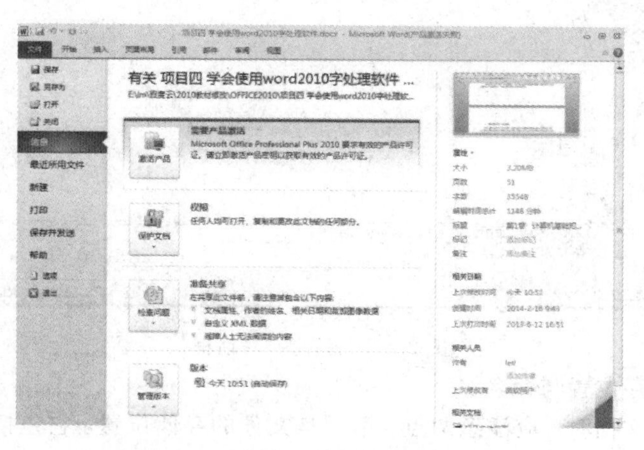

图 2.3　“文件”选项卡的窗口界面

“文件”选项卡中包含“保存”、“另存为”、“打开”、“关闭”、“信息”、“最近所有文件”、“新建”、“打印”、“保存并发送”、“帮助”、“选项”、“退出”等常用命令。

3. 创建、打开、保存和关闭 Word 文档

1）创建空白文档

在 Word 2010 中，用户可以建立和编辑多个文档。创建一个新文档是编辑和处理文档的第一步。Word 2003 启动后，屏幕上将出现一个标题为“文档 1”的空白文档，用户可以立

即在此文档中输入文本、编辑文件，常用的新建文档的方法有如下三种：

(1) 启动 Word 2010，单击“文件”→“新建”→“空白文档”→“创建”，建立空白文档。

(2) 启动 Word 2010，按快捷键 Ctrl＋N，直接建立一个空白文档。

(3) 在电脑桌面的空白位置单击右键，在弹出菜单中选择“新建”→“Microsoft Word 文档”，即可在当前位置建立一个空白文档。

课堂练习：分别用上述三种方法建立一个空白文档。

2) 保存文档

(1) 保存文档的作用。

保存文档的作用是将用 Word 编辑的文档以磁盘文件的形式存放到磁盘上，以便将来能够再次对文件进行编辑、打印等操作。如果文档不存盘，则本次对文档所进行的各种操作将不会被保留。如果要将文字或格式再次用于创建的其他文档，则可将文档保存为 Word 模板。常用的保存文档的方法有“保存”和“另存为”两种。

“保存”和“另存为”命令都可以保存正在编辑的文档或者模板。区别是“保存”命令不进行询问直接将文档保存在它已经存在的位置，“另存为”永远提问要把文档保存在何处。如果新建的文档还没有保存过，那么点击“保存”命令也会显示“另存为”对话框，如图 2.4 所示。

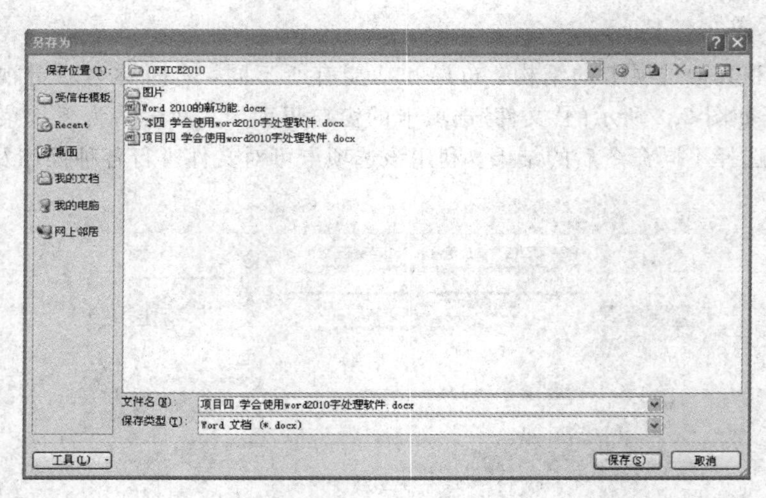

图 2.4 “另存为”对话框

(2) 文档的保存位置与命名。

在保存 Word 文档时，应注意两点：第一是文件的存储位置，它包括磁盘名称、文件夹位置，建议对不同类型的文件建立不同的文件夹，以便对文档归类；第二是文件的存储名称，对文件的命名应能体现文件的主体思想，以便将来对文件进行查找。

(3) 保存。

在 Word 2010 中，对于新建的或修改的文档应使用的保存方法有如下几种：

① 单击“快速访问工具栏”上面的保存按钮“💾”。

② 单击“文件”→“保存”命令。

③ 使用快捷键 Ctrl＋S，快速保存文档。

选择任一种方法之后，如果是新文件的第一次存盘，则会弹出如图 2.4 所示的“另存为”对话框。在对话框中，“保存位置”处设置文件存放的位置；“文件名”处设置文件的名称；“保存类型”处设置文件的保存类型。Word 2010 文件对应的类型为扩展名 .docx。如果文件已经命名，则不会弹出对话框，而是直接将当前内容保存于磁盘中。

(4) 另存为。

如果把当前或以前的文档以新的文件名保存起来应使用如下的方法：

① 打开要另行保存的文档；

② 选择“文件”→“另存为”命令，打开如图 2.4 所示的“另存为”对话框；

③ 如果要将文件保存到不同的驱动器和文件夹中，先找到并打开该文件夹；

④ 在“文件名”文本框中键入文档的新名称；

⑤ 单击“保存类型”下拉列表框，选择文档的属性；

⑥ 单击“保存”按钮，完成操作。

(5) 设置保存选项。

选择“文件”→“选项”命令，在打开的 “Word 选项”窗口左窗格中选择“保存”，打开如图 2.5 所示的“保存”选项的设置对话框，可以完成保存文档的相关设置。

图 2.5 “保存”选项设置对话框

① 在“将文件保存为此格式”下拉列表框中选择保存文件的默认格式，保存时在不修改保存格式的情况下，Word 都会按照设置的格式保存文件。

② 选中“保存自动恢复信息时间间隔”复选框，设置“保存自动恢复信息时间间隔”的时间，机器就会自动按照你设置的时间自动保存文档。一般自动恢复的时间不要设置过长，以免意外丢失数据。

③ 在“自动恢复文件位置”和“默认文件位置”处设置文档自动恢复和存放的位置。

3) 打开文档

所谓“打开文档”就是打开已经存放在磁盘上的文档。利用“打开文档”操作可以浏览与编辑已存盘的文档内容，打开文档的方法有以下四种。

(1) 启动 Word 2010 后打开文档。

启动 Word 2010 后，单击“文件”→“打开”命令，弹出如图 2.6 所示的“打开”对话框，选择要打开的文档即可打开。

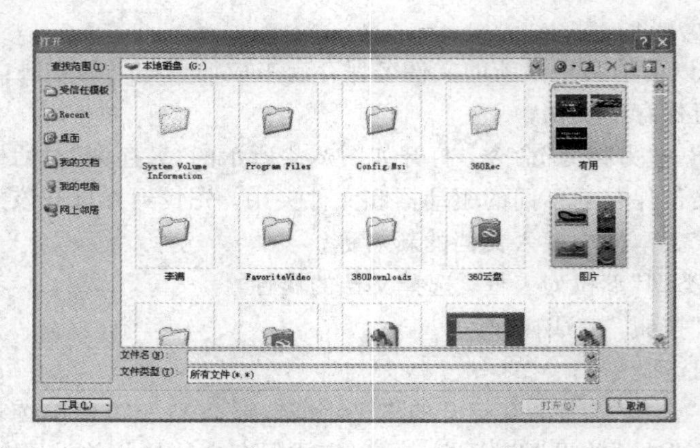

图 2.6 “打开”对话框

(2) 不启动 Word 2010，双击文件名直接打开文档。

对所有已保存在磁盘上的 Word 2010 文档(存盘时文件后缀名为.docx 的文件)，用户可以直接找到所需要的文档，然后用鼠标双击该文档名，在启动 Word 2010 的同时，打开该文档。

(3) 快速打开最近使用过的文档。

在 Word 2010 中默认会显示 20 个最近打开或编辑过的 Word 文档，用户可以通过打开“开始”选项卡里的“最近所有文件”面板，在面板右侧的“最近使用的文档”列表中单击要打开的 Word 文档名称即可。

(4) 使用快捷键 Ctrl+O 快速打开文档。

4) 关闭文档

关闭文档的常用方法有以下几种：

(1) 选择“文件”→“关闭”命令。

(2) 单击窗口左上角 Word 图标，在下拉菜单中单击“关闭”命令。

(3) 单击窗口右上角的“关闭”按钮。

(4) 双击窗口左上角 Word 图标。

4. Word 文档的编辑

使用一个文字处理软件的最基本操作就是输入文本，并对它们进行必要的编辑操作，以保证所输入的文本内容与用户所要求的文稿相一致。

新建一个空白文档后，光标一般自动停留在文档窗口的第一行最左边的位置。输入内容的起始位置也就是光标所在的位置。

1) 中文和英文的输入

(1) 中文字符输入。

选择一种你熟悉的汉字输入方法在定位光标处直接输入即可。需要注意的是：文本输入到一行的末尾时，不需要按回车键换行，在用户输入下一个字符时将自动转到下一行的开头。按一次回车键表示生成了一个新的段落。

(2) 英文字符输入。

在文档中输入英文时，一定要先切换到英文状态下，输入的各种字母、数字、符号即可以本来面目出现在文档中。输入大写英文字母的方法有两种：一是按下键盘上的 Caps Lock 键，键盘右上角的 Caps Lock 灯会亮，此时输入的任何字母都是大写；二是按住 Shift 键的同时再按下输入的字母，此时则键入的字母也是大写的。

2) 自动更正、拼写和语法

(1) "自动更正"功能。

"自动更正"功能即自动检测并更正键入错误或误拼的单词、语法错误和错误的大小写。例如，如果键入"the "及空格，则"自动更正"会将键入内容替换为"the"。还可以使用"自动更正"快速插入文字、图形或符号，例如，可通过键入"(c)"来插入"©"，或通过键入"ac"来插入"Acme Corporation"。

若要使用"自动更正"功能，则先添加"自动更正"条目，步骤如下：

① 单击 "插入"→ "符号"命令组中的"符号"按钮"Ω"，在打开的下拉列表中选择"其他符号"命令，打开"符号"对话框；

② 单击"自动更正"按钮，打开 "自动更正"对话框，如图 2.7 所示；

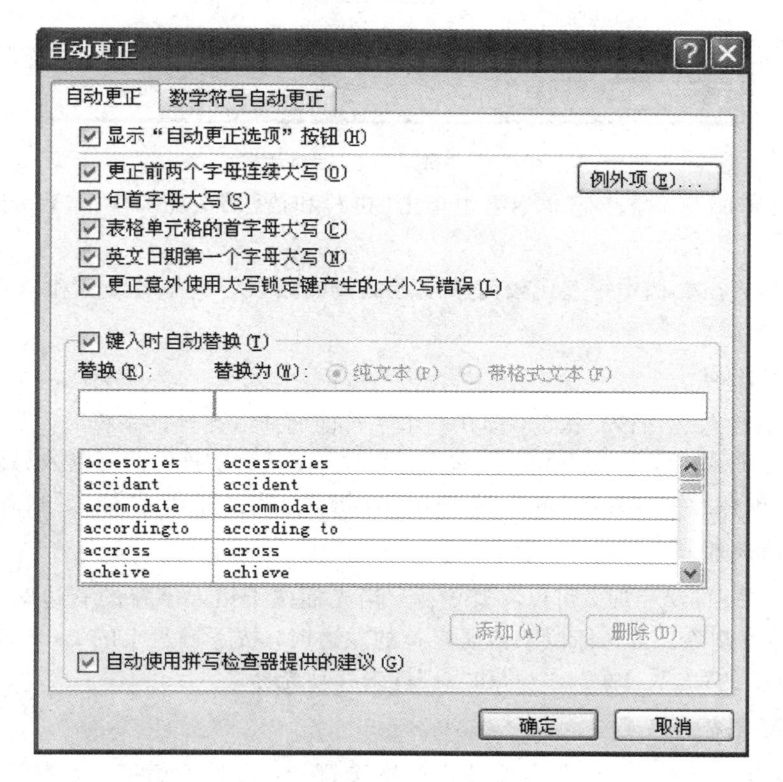

图 2.7　"自动更正"对话框

③ 在"替换"编辑框中替换的内容(例如"Ac")，在"替换为"编辑框中输入准备使用的替换键(例如"Acme Corporation")，并依次单击"添加"、"确定"按钮；

④ 返回 word 2010 文档，在文档中输入“ac”后将替换为“Acme Corporation”。

(2) 拼写和语法检查。

Word 2010 可以自动监测所输入文字的类型，并根据相应的词典自动进行拼写和语法检查，在系统认为错误的字词下面出现彩色的波浪线，红色波浪线代表拼写错误，蓝色波浪线代表语法错误。用户可以在这些单词或词组上单击鼠标右键获得相关的帮助和提示。此功能能够对输入的英文、中文词句进行语法检查，从而提醒用户进行更改，减少输入文档的错误率。拼写和语法检查的方法如下两种：

(1) 按 F7 键，Word 就开始自动检查文档，“拼写和语法”对话框如图 2.8 所示。

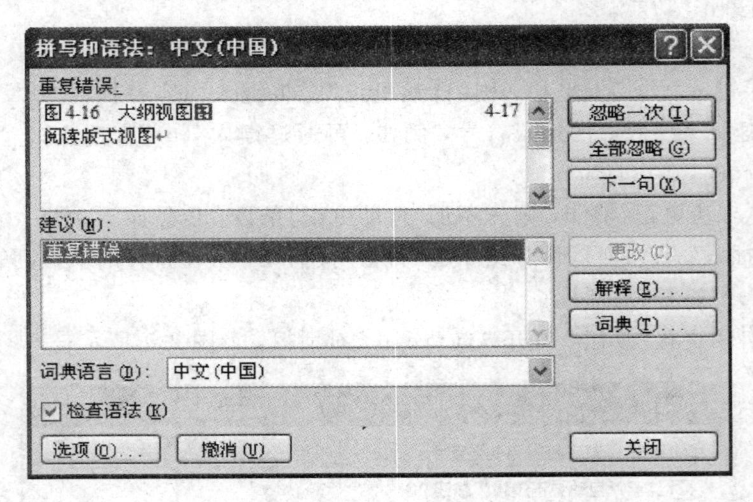

图 2.8 “拼写和语法”对话框

(2) 单击“审阅”→“校对”命令组中单击“拼写和语法”按钮“ ”，Word 就开始进行检查。

Word 只能查出文档中一些比较简单或者低级的错误，一些逻辑上和语气上的错误还要用户自己去检查。

3) 插入和改写

Word 默认状态是“插入”状态，即在一个字符前面插入另外的字符时，后面的字符自动后移。按下 Insert 键后，就变为“改写”状态，此时，在一个字符的前面键入另外的字符时原来的字符会被现在的字符替换。再次按下 Insert 键后，则又回到了“插入”状态。

4) 字符的删除

若键入了错误的文字时，可以将其删除，当光标位于错误字符的右边时，按下键盘上的 Delete 键即可删除。当光标位于错误字符的左边时，按下键盘上的 Back Space 键即可。可以通过键盘上的“↑”、“↓”、“←”和“→”键来移动光标。

5) 输入特殊符号

输入文本时，经常遇到一些需要插入的特殊符号，例如希腊字母、数学运算符 π 等，Word 2010 提供了非常完善的特殊符号列表，可以通过下面的方法输入：

(1) 选择“插入”选项卡，在“符号”命令中单击“符号”按钮，打开如图 2.9 所示的“符号”下拉菜单。

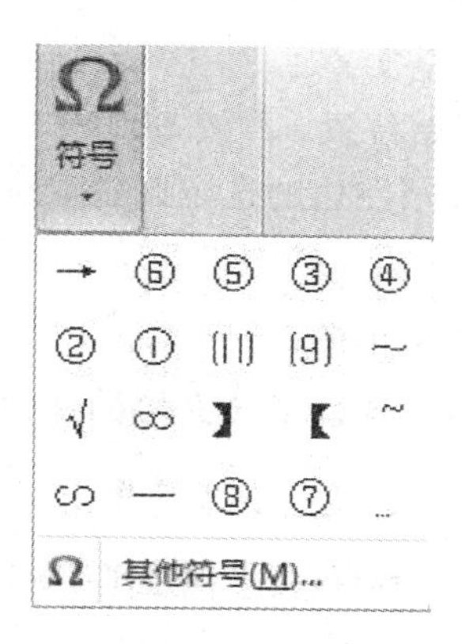

图 2.9 “符号”下拉菜单

(2) 在菜单中上部显示的是最近常用的“特殊符号”。如果上面有要插入的符号，直接单击插入即可，如果没有，单击菜单最下面的“其他符号(M)”命令，打开如图 2.10 所示的“符号”对话框。

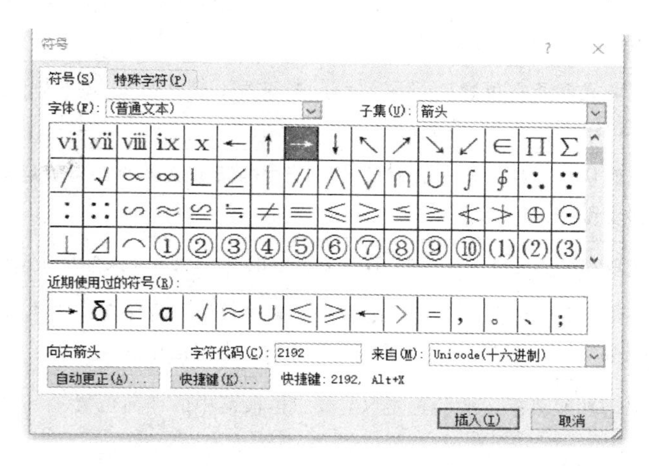

图 2.10 “符号”对话框

(3) 在“符号”选项卡中拖动垂直滚动条查找需要的字符，然后单击“插入”按钮即可将字符插入到文档中。也可以改变“字体”列表框中的字体类型和“子集”列表框中的子集来快速定位到所需符号。

5. 文本的选定

文本选取的目的是将被选择的文本当作一个整体来进行操作，包括复制、删除、拖动、设置格式等。被选取的文本在屏幕上表现为“黑底白字”。文档输入后，如果要对文档进行修改，首先要选定进行修改的内容。文本选取的方法较多，根据不同的需求选择不同的文本选取方法，以便快速操作。

1) 全文选取

全文选取的操作方法有如下几种：

(1) 选择“开始”→“编辑”→“选择”→“全选”命令选取全文。

(2) 移动鼠标至文档任意正文左侧，直到指针变为指向右上角的箭头，然后三击鼠标即可选中全文。

(3) 使用快捷键 Ctrl＋A 选取全文。

(4) 先将光标定位到文档的开始位置，再按 Shift＋Ctrl＋End 键选取全文。

(5) 按住 Ctrl 键的同时单击文档左边的选定区选取全文。

2) 选定部分文档

选定部分文档的操作方法如表 2.1 所示。

表 2.1　选取部分文档的操作方法

选取范围	操　作　方　法
字符的选取	选取一个字符：将鼠标指针移到字符前，单击并拖曳一个字符的位置
	选取多个字符：把鼠标指针移动到要选取的第一个字符前，按着鼠标左键，拖曳到选取字符的末尾，松开鼠标
行的选取	选取一行：在行左边文本选定区单击鼠标左键
	选取多行：选取一行后，继续按住鼠标左键并向上或下拖曳便可选取多行或者按住 Shift 键，单击结束行
	选取光标所在位置到行尾(行首)的文字：把光标定位在要选定文字的开始位置，按 Shift＋End 键或 Home 键
	选取从当前插入点到光标移动所经过的行或文本部分：确定插入点，按 Shift＋光标移动键
句的选取	选取单句：按住 Ctrl 键，单击文档中的一个地方，鼠标单击处的整个句子就被选取
	选中多句：按住 Ctrl 键，在第一个要选中句子的任意位置单击，松开 Ctrl 键，按下 Shift 键，单击最后一个句子的任意位置，也可选中多句
段落的选取	双击选取段落左边的选定区，或三击段落中的任何位置
矩形区的选取	按住 Alt 键，同时拖曳鼠标
多页文本选取	先在文本的开始处单击鼠标，然后按 Shift 键，并单击所选文本的结尾处
撤销选取文本	在除文本选取区(页面左边空白处)外的任何地方单击鼠标

6. 文本的移动、复制与删除

1) 移动

移动文本是指将被选定的文本从原来的位置移动到另一位置的操作。

常用的文本移动方法有以下四种。

(1) 使用功能区命令按钮的方法。

① 选定要移动的文本内容；

② 单击“开始”→“剪贴板”区域的“剪切”按钮“”，选中的内容就被放入 Windows 剪贴板中；

③ 将光标定位到要插入文本的位置，单击“开始”→“剪贴板”区域的“粘贴”按钮“”

→ 在下拉粘贴选项窗口中选择“保留源格式”按钮“ ”，则被剪切的文本就会移动到光标所在的位置。

(2) 使用鼠标拖动的方法。

① 选定要移动的文本内容；

② 将鼠标指针定位到被选定文本的任何位置按下鼠标左键并拖动鼠标，此时会看到鼠标指针下面带有一个虚线小方框，同时出现一条虚竖线指示插入的位置；

③ 在需要插入文本的位置释放鼠标左键即可完成移动。

(3) 使用右键快捷菜单的方法。

① 选定要移动的文本内容；

② 把鼠标指针停留在选定的内容上，单击鼠标右键，在右键快捷菜单中选择“剪切”命令，选中的内容就被放入 Windows 剪贴板中；

③ 将光标定位到要插入文本的位置，单击鼠标右键，在右键快捷菜单中选择粘贴选项下的“保留源格式”按钮“ ”，完成移动操作。

(4) 使用快捷键的方法。

① 选定要移动的文本内容；

② 按组合键 Ctrl+X；

③ 将光标定位到要插入文本的位置，按组合键 Ctrl+V，完成移动操作。

重要提示：在 Word 2010 中，在选择粘贴命令时，会出现粘贴选项窗口。在窗口中，有三个图标按钮分别是“保留源格式”按钮“ ”、“合并格式”按钮“ ”和“只保留文本”按钮“A”。根据需要选择不同的按钮完成粘贴操作。

2) 复制

复制文本是指将一段文本复制到另一位置，且原位置上被选定的文本仍留在原处的操作。常用的文本复制方法有以下四种。

(1) 使用功能区命令按钮的方法。

使用功能区命令按钮进行复制文本的步骤如下：

① 选定要复制的文本内容；

② 单击“开始”→“剪贴板”区域的“复制”按钮“ ”，则被选中的内容就会被复制到 Windows 剪贴板之中；

③ 将光标定位到要插入文本的位置，单击“开始”→“剪贴板”区域的“粘贴”按钮“ ”→ 在下拉粘贴选项窗口中选择“保留源格式”按钮“ ”，则被复制的文本就会插入到光标所在的位置。

(2) 使用鼠标拖动的方法。

① 选定要复制的文本；

② 将鼠标指针定位到被选定文本的任何位置，按住 Ctrl 键的同时按下鼠标左键拖动鼠标到需要插入文本的位置释放即可；

(3) 使用右键快捷菜单的方法。

① 选定要复制的文本内容；

② 把鼠标指针停留在选定的内容上，单击鼠标右键，在右键快捷菜单中选择“复制”命

令，选中的内容就被放入 Windows 剪贴板中；

③ 将光标定位到要插入文本的位置，单击鼠标右键，在右键快捷菜单中选择粘贴选项下的“保留源格式”按钮“ ”，完成复制操作。

（4）使用快捷键的方法。

① 选定要复制的文本内容；

② 按组合键 Ctrl＋C；

③ 将光标定位到要插入文本的位置，按组合键 Ctrl＋V，完成复制操作。

提示：移动，原位置上被选定的文本被移走；复制，原位置上被选定的文本仍留在原处，一次复制可以多次粘贴。

3）删除

删除文档是指清除掉一个或一段文本的操作，常用的删除的方法有以下三种。

（1）用 Delete 键删除：按 Delete 键的作用是删除插入点后面的字符，它通常只是在删除的文字不多时使用，如果要删除的文字很多，可以先选定文本，再按删除键进行删除。

（2）用 Backspace 键删除：按 Backspace 键的作用是删除插入点前面的字符，它删除当前输入的错误的文字非常方便。

（3）快速删除：选定要删除的文本区域，按 Delete 键或 Backspace 键即可删除所选择的文本区域。

7. 文本的查找与替换

“查找”命令的功能是指在文档中搜索指定的内容；“替换”的功能是先查找指定的内容，再替换成新的内容。

1）文档内容的查找

Word 2010 提供的“查找”功能，用户可以在 Word 2010 文档中快速查找特定的字符，查找方法有如下几种：

方法一：

（1）单击“开始”→“编辑”→“查找”按钮，在屏幕左侧打开“导航”窗口，如图 2.11 所示。

（2）在编辑框中输入需要查找的内容，文档中所有被查找的内容就被突出显示出来。

提示：若要取消查找，单击“导航”窗口中编辑框右侧的“ × ”按钮即可。

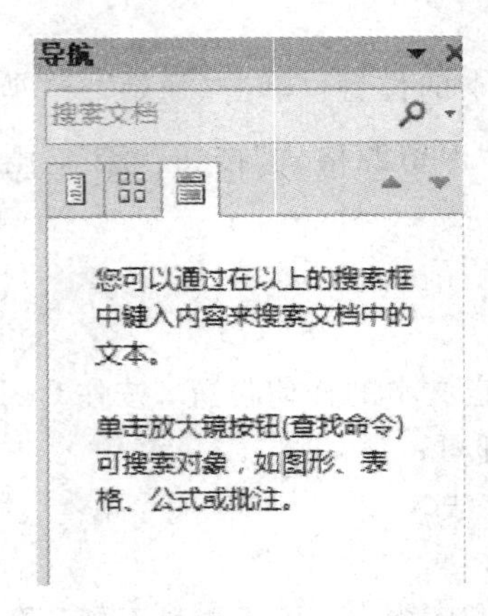

图 2.11 “查找”导航窗口

方法二：

(1) 单击“开始”→“编辑”→“查找”按钮，在屏幕左侧打开“导航”窗格如图 2.11 所示。

(2) 单击编辑框右侧的下拉三角，打开下拉菜单如图 2.12 所示，在下拉菜单中选择“高级查找”，打开如图 2.13 所示的“查找与替换”对话框。

(3) 在“查找内容”编辑框中输入要查找的内容。

(4) 单击“查找下一处”按钮，Word 2010 即从插入点向后搜索并选中所查找到的内容。

(5) 按 Shift+F4 键或单击“查找下一处”继续查找。

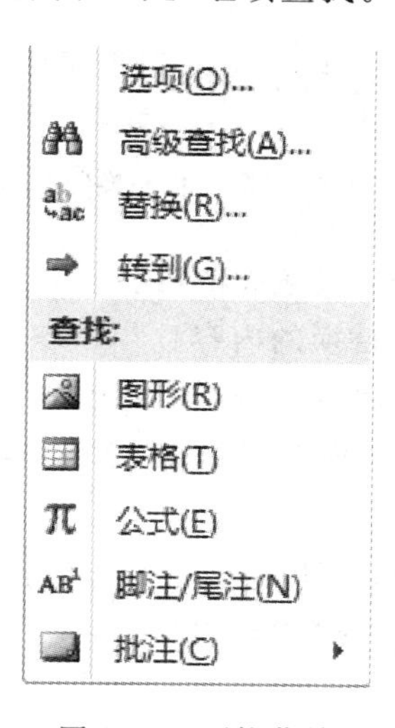

图 2.12　下拉菜单

方法三：

(1) 单击“开始”→“编辑”→“查找”按钮右侧的下拉三角，在下拉菜单中选择“高级查找”，打开如图 2.13 所示的“查找与替换”对话框。

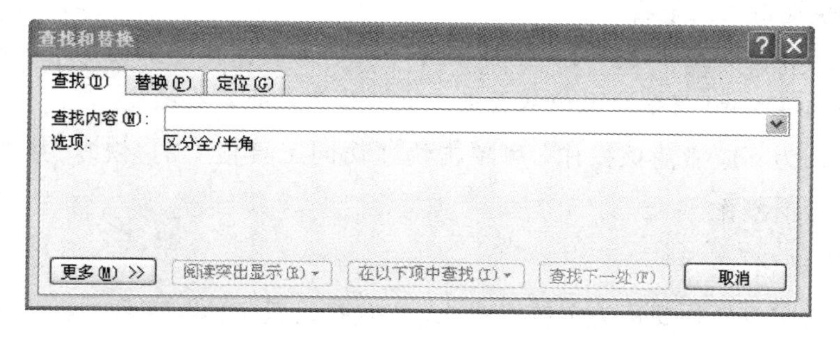

图 2.13　“查找和替换”对话框

(2) 在“查找内容”编辑框中输入要查找的内容。

(3) 单击“查找下一处”按钮，Word 2010 即从插入点处向后搜索并选中所查找到的内容。

(4) 按 Shift+F4 键或单击“查找下一处”继续查找。

2) 文档内容的替换

Word 2010 的“查找和替换”功能能快速替换 Word 文档中的目标内容，操作步骤如下：

(1) 单击 “开始”→“编辑”→“替换”按钮，打开如图 2.14 所示的“查找与替换”对话框。

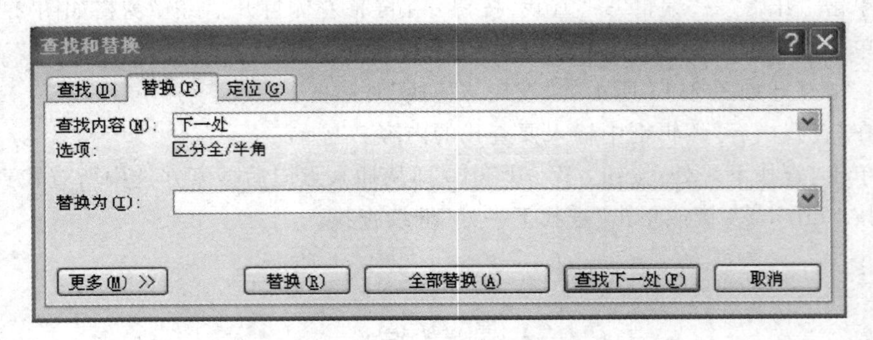

图 2.14 “查找和替换”对话框

(2) 在“查找内容”编辑框中输入要查找的内容。

(3) 在“替换为”文本框中输入替换的内容。

(4) 单击“查找下一处” Word 将逐个查找所选内容。单击“替换”按钮，Word 将把现在所查到的内容替换。若单击“全部替换”按钮，则 Word 会自动搜索所查找的内容并一次性替换完毕。

(5) 单击“更多(M)＞＞”按钮，可以进行更高级的自定义替换操作设置。

(6) 单击“关闭”按钮，关闭“查找和替换”对话框，完成替换。

8. 撤消与恢复

对于不慎出现的误操作，可以使用 Word 撤消和恢复功能取消误操作。

常用的方法有如下两种：

(1) 单击快速访问工具栏上的“撤消”按钮“ ”。

(2) 使用快捷键 Ctrl＋Z。

提示：在撤消某项操作的同时，也将撤消列表中该项操作之上的所有操作。如果连续单击“撤消”按钮，Word 将依次撤消从最近一次操作往前的各次操作。

如果事后认为不应撤消该操作，可单击快速访问工具栏上的“恢复”按钮“ ”，以恢复刚刚的撤消操作。

9. 字符格式化

设置并改变字符的外观称为字符格式化，它包括设置字体与字号，使用粗体、斜体，添加下划线，改变字符颜色，设置特殊效果，调整字符间距等。

1) 字体效果设置

(1) 利用“字体”命令组中的命令进行快速设置。

选定要修改的文本，单击“开始”选项卡，在“字体”命令组中，使用相应的命令按钮可以完成字体设计。“字体”命令组中各图标按钮的功能如图 2.15 所示。鼠标指针指向相应的按钮时，会显示该按钮的功能。在该命令组中可以完成字体、字号、文本效果、颜色、清除格式等多种设置。

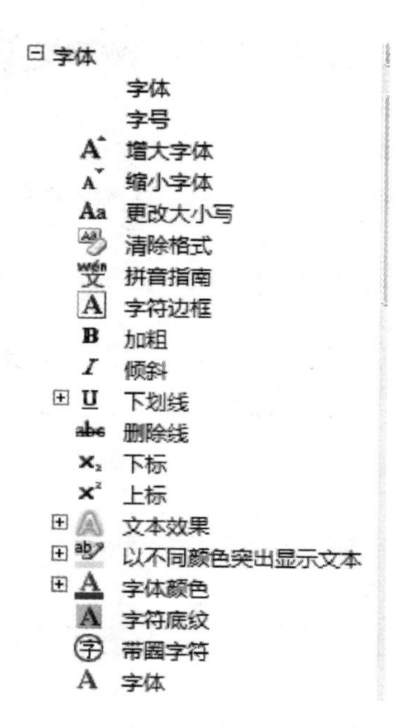

图 2.15　"字体"命令组中各按钮的功能

在 Word 2010 中还提供了多种字体特效设置，还有轮廓、阴影、映像、发光四种具体设置。设置方法如下：

选择要设置特效的字体，在"开始"→"字体"命令组中，单击"A▾"按钮，打开如图 2.16所示的特效设置菜单，根据需要完成设置。

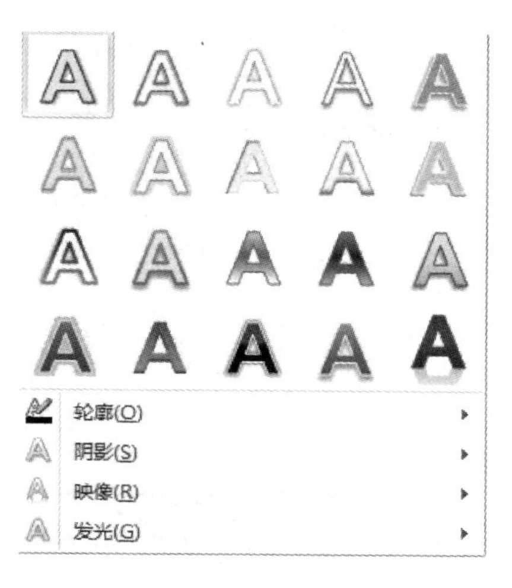

图 2.16　"字体特效设置"菜单

(2) 使用字体对话框进行设置。

选定要修改的文本，单击"开始"→"字体"命令组右下角"　"箭头(或按 Ctrl+Shift+F)，打开如图 2.17 所示的"字体"对话框。在"字体"选项卡中可以完成字体、字号、字形、颜色、效果等的设置。

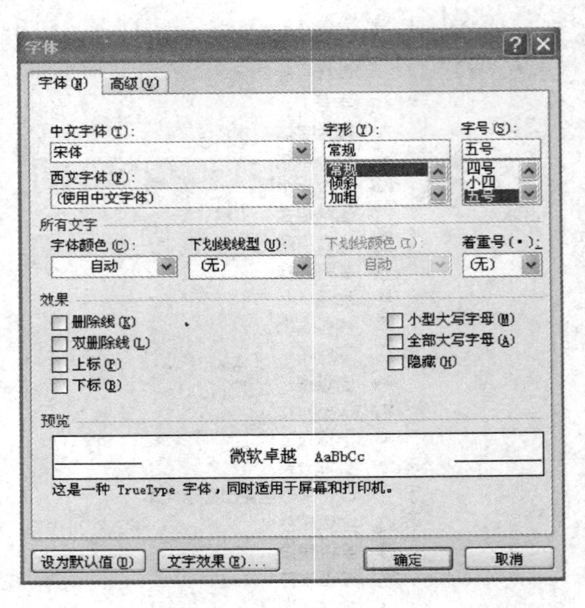

图 2.17 “字体”对话框

在图 2.17 的“字体”对话框中，单击“文字效果”按钮，打开如图 2.18 所示的“设置文本效果格式”对话框，在左边窗格中选择设置项目，在右边窗格中完成具体的设置。

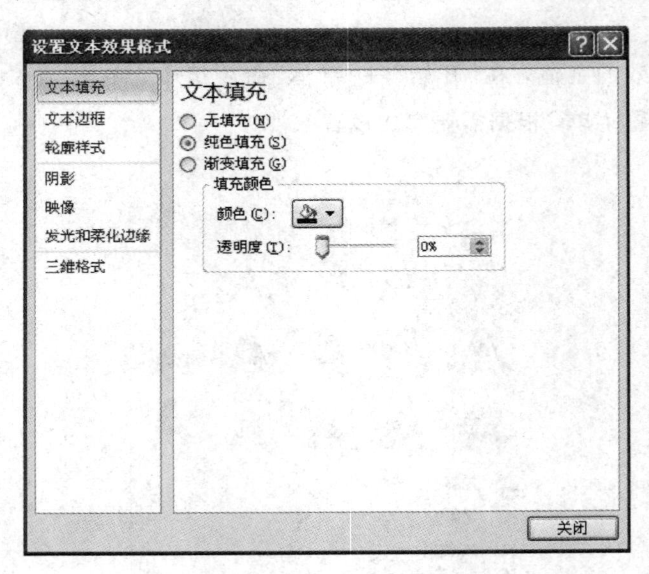

图 2.18 “设置文本效果格式”对话框

2) 字符间距及缩放的设置

对字符间距的设置，是指加宽或紧缩所有选定的字符的横向间距。选定要进行设置的文字，在图 2.17 所示的“字体”对话框中选择“高级”，打开如图 2.19 所示的“高级”选项卡，在字符间距区域的“间距”框设置加宽或紧缩，并选择需要设置的参数后按“确定”按钮即可。

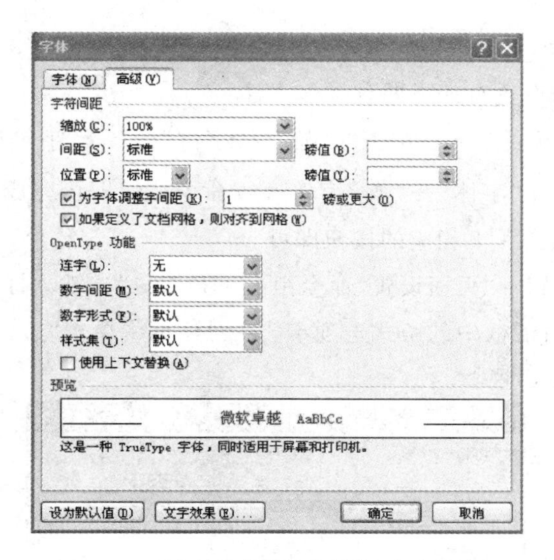

图 2.19　“字体”对话框中的“高级”选项卡

字体缩放是指把字体按比例增大或缩小。选定要进行缩放的文本，在图 2.19 中“缩放”框选择不同的百分比可以调节字符缩放比例。也可选择“开始”→“段落”→“ ”进行缩放设置。

3）首字下沉

“首字下沉”是指段落的第一个字符加大并下沉，它可以使文章突出显示效果，以引起人们的注意。设置首字下沉的步骤如下：

(1) 首先要选择首字下沉的段落；

(2) 选择“插入”→“文本”命令组；

(3) 单击“首字下沉”图标按钮，打开如图 2.20 所示的“首字下沉”菜单；

(4) 在菜单中选择“下沉”或“悬挂”命令按默认的参数完成设置，如果想改变下沉行数和距正文的距离，则在菜单中选择“首字下沉选项”，打开如图 2.21 所示的“首字下沉”设置对话框，在对话框中，选择“下沉”或“悬挂”选项，可对“字体”、“下沉行数”、“距正文位置”等参数进行设置，如不进行选择，则计算机默认为“无”。

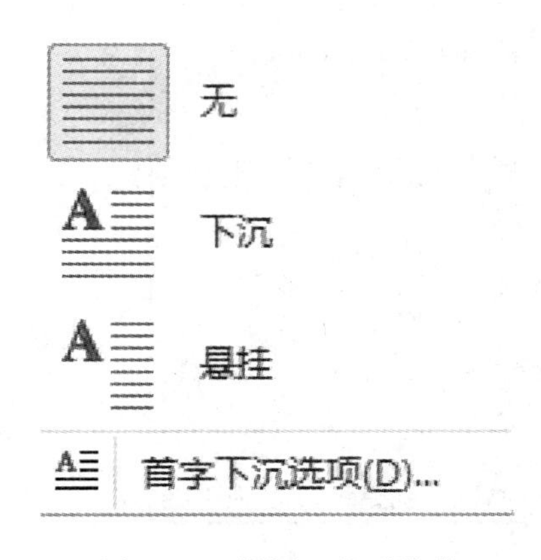

图 2.20　“首字下沉”菜单

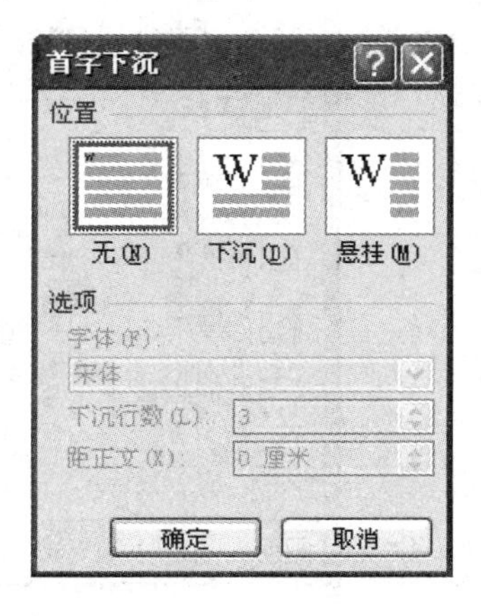

图 2.21　“首字下沉”设置对话框

4）边框和底纹的设置

完成边框和底纹的设置有如下两种操作方法：

(1) 选定要设置边框的文本，单击“开始”→“字体”→“A”字符边框命令按钮即可完成边框设置；单击“开始”→“字体”→“A”字符底纹命令按钮即可完成底纹框设置。若要取消边框和底纹的设置再单击一下相应的按钮即可。

(2) 单击“页面布局”→“页面设置”命令组右下角“ ”箭头，打开如图 2.22 所示的“页面设置”对话框。单击对话框中的版式选项卡，在对话框中单击“边框”按钮，打开如图 2.23 所示的“边框和底纹”对话框。

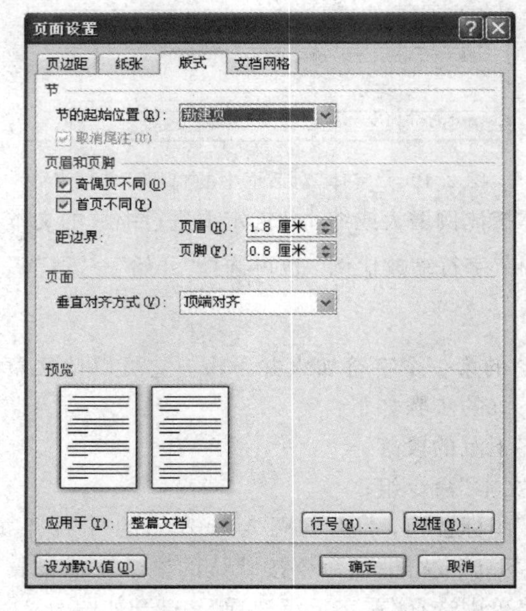

图 2.22　“页面设置”对话框

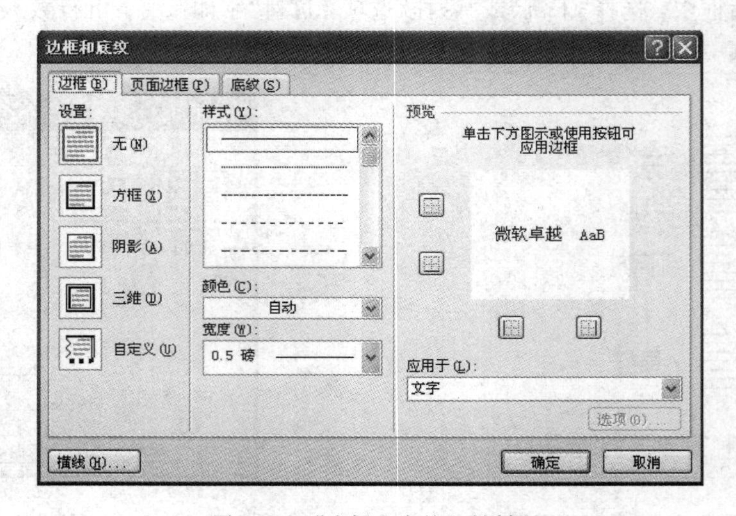

图 2.23　“边框和底纹”对话框

在“边框”选项卡中设置边框的样式、边框线的类型、颜色和宽度，在“底纹”选项卡中设置填充色、底纹的图案和颜色，并在预览中查看设置的效果。

在“底纹”选项卡中设置底纹。

注意：若要将此设置应用于整个段落，应在“应用范围”框中选择“段落”；若是只应用于所选文字，则选择“文字”。

5）文字方向

在 Word 2010 中你可以方便的更改文字的显示方向，实现不同的效果。单击“页面布局”→“页面设置”→“文字文向”命令按钮，打开如图 2.24 所示的“文字方向设置”下拉菜单。在该菜单中选择不同的命令完成不同的文字方向设置。

在下拉菜单中选择“文字方向选项”命令，打开如图 2.25 所示的“文字方向—主文档”对话框，在左边“方向”区域中选择方向类型，右侧预览区可显示设置的效果。在“应用于”文本框中选择“整篇文档”或是“插入点之后”，单击“确定”按钮完成文字方向设置。

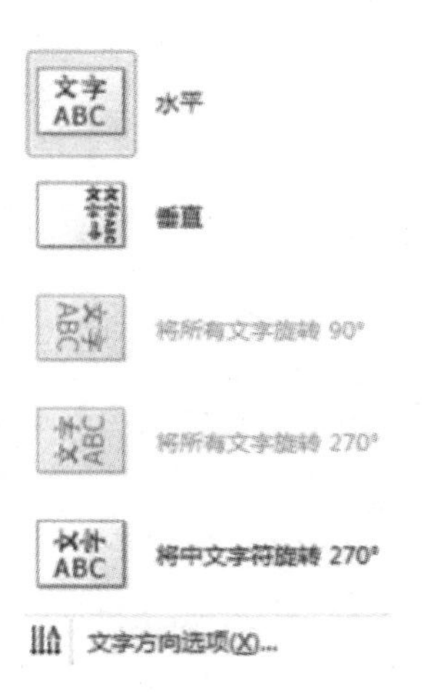

图 2.24 “文字方向设置”下拉菜单

图 2.25 “文字方向—主文档”对话框

注意：该对话框的应用于对象是“整篇文档”，即全部文字都将改变方向。如果需要对特定的文字应用不同方向，则该文字必须处在特定的“容器”中，例如“文本框”和表格中的“单元格”等。

10. 段落格式化

在 Word 2010 中，段落是独立的信息单位，可以具有自身的格式特征，如对齐方式、间距和样式。每个段落都是以段落标记“↵”作为段落的结束标志。每按下回车(Enter)键结束一段而开始另一段时，生成的新段落会具有与前一段相同的特征，也可以为每个段落设置不同的格式。

1）“段落”命令组中的常用命令按钮

在“开始”选项卡的“段落”命令组中有多个命令按钮，可以完成段落格式的设置。“段落”命令组如图 2.26 所示，各命令按钮的功能如图 2.27 所示。

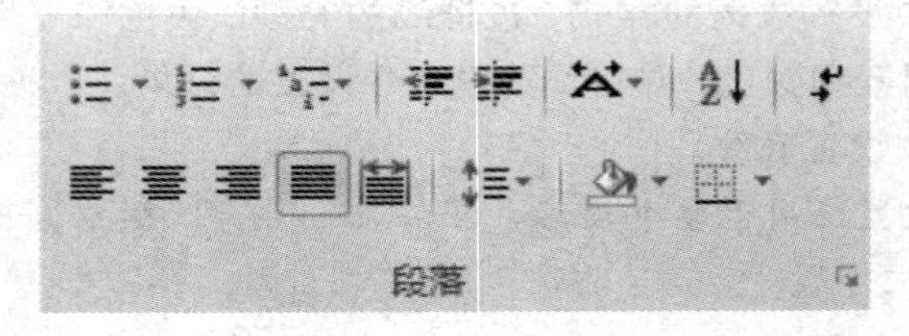

图 2.26 “段落”命令组

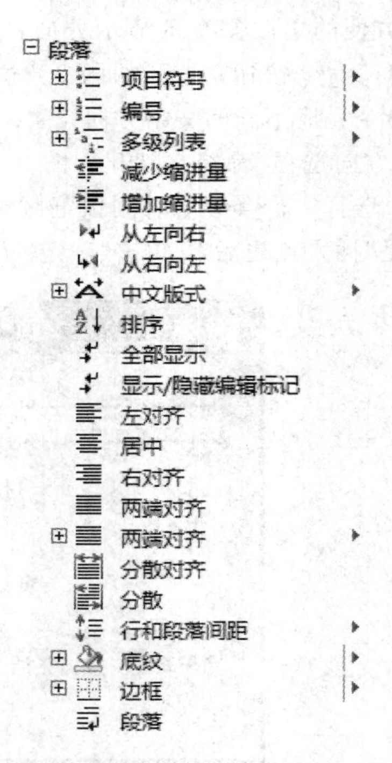

图 2.27 “段落”命令组中各按钮功能

2）段落的缩进设置

段落的缩进包括左缩进、右缩进、首行缩进和悬挂缩进。为了标识一个新段落的开始，一般都将一个段落的首行缩进几个字符的间距，这叫做首行缩进。悬挂缩进是指文档的第二行及后续的各行缩进量都大于首行，悬挂缩进常用于项目符号和编号列表。可以使用“开始”选项卡中的“段落”命令组中的命令按钮进行设置；使用“段落”对话框进行设置；使用标尺进行设置。

（1）运用命令组中的命令按钮设置段落的缩进。

使用命令组中的命令按钮只能完成段落左缩进量的增加和减少。把光标定位到需要改变缩进量的段落内或选中要改变缩进量的段落，单击“开始”→“段落”→“ ”（增加）或“ ”（减少）按钮即可。

（2）运用“段落”对话框设置段落缩进。

如果要精确地设置首行缩进，可以运用“段落”对话框中的设置选项来实现。单击“开始”→“段落”命令组右下角“ ”箭头，打开如图 2.28 所示的“段落”对话框。

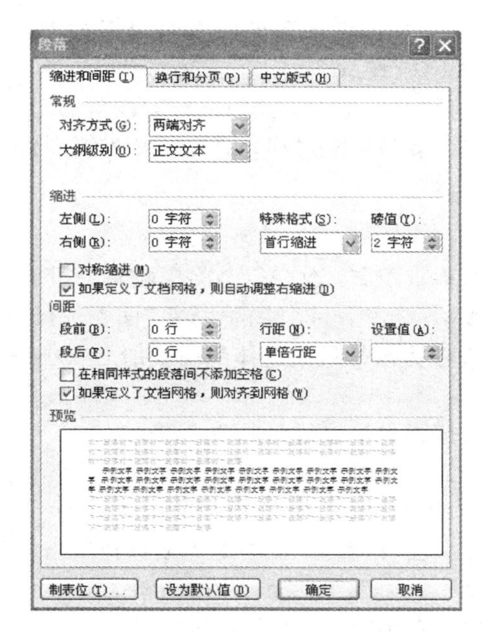

图 2.28　“段落”对话框

在“段落”对话框中，选择“缩进和间距”选项卡。在“缩进”区域中的“左”编辑框中输入左缩进的数值，在“右”编辑框中输入右缩进的数值。在“特殊格式”下拉列表框中，选择“首行缩进”或“悬挂缩进”选项，然后在右侧的“磅值”数字框中填入数字或单击数值滚动框选择。

(3) 运用标尺设置段落的缩进。

Word 2010 默认是不显示标尺的，要使用标尺，首先要让标尺显示出来，这需要对 Word 2010 进行设置。设置方法有如下两种：

① 在 Word 2010 视图选项卡中找到显示命令组，勾选标尺项即可。

② 在 Word 2010 编辑区右侧上下滚动条的最上方有一个小标志，那就是显示隐藏标尺的标志，点击之后也可以让标尺显示出来。

如果不显示滚动条，就要先进行设置，方法为：点击“文件”→“选项”，在打开的 Word 选项对话框中，选择左边的“高级”项，再在右边的“显示”中勾选“显示垂直滚动条”即可。

运用标尺设置段落的缩进，首先把光标定位到需要设置首行缩进段落内，将水平标尺上的“首行缩进”标记“”拖动到希望文本开始的位置，如果需要设置悬挂缩进，则可以将水平标尺上“悬挂缩进”标记“”拖动至所需的缩进起始位置。同样，如果需要所有段落左边缩进数格或右边缩进数格，则将水平标尺上“左缩进”或“右缩进”标记“”拖动至所需的缩进起始位置即可。(左缩进标志位于标尺的左侧，右缩进标志位于标尺的右侧)

3) 段落的对齐方式设置

在编辑文档时，有时为了特殊格式的需要，要设置段落的对齐方式。例如，文档的标题一般要居中；正文的文字要左对齐等。

打开如图 2.28 所示的“段落”对话框。在常规区域，单击“对齐方式”项的下拉箭头，在弹出的下拉列表中选择对齐方式，选择“左对齐”，则当前段落严格左边对齐，而不管右边的情况；选择“右对齐”，则当前段落严格右边对齐，而不管左边的情况；选择“居中”，则该段居中排列；选择“分散对齐”，则当前段落的左右两端都对齐，末行的字符间距将会随之改变而使所有字符均匀分布在该行。

也可以利用“开始”→“段落”命令组中的按钮来设置段落的对齐方式，单击两端对齐按钮“”、居中对齐按钮“”、右对齐按钮“”和分散对齐按钮“”将实现不同的对齐功能。

4）段落行距与间距设置

（1）行距。

行距表示各行文本间的垂直距离。改变行距将影响整个段落中所有的行。

选定要更改其行距的段落，在图 2.28 中的“行距”框中选择所需的选项。

① “单倍行距”：行距设置为该行最大字体的高度加上一小段额外间距，额外的间距的大小取决于所用的字体。

② “1.5 倍行距”：段落行距为单倍行距的 1.5 倍。

③ “两倍行距”：段落行距为单倍行距的 2 倍。

④ “最小值”：恰好容纳本行中最大的文字或图形。

⑤ “固定值”：行距固定，在“设置值”框中键入或选择所需行距即可。默认值为 12。

（2）间距。

间距是不同段落之间的垂直距离。间距的设置步骤如下：

将插入点置于段落中或选中多个段落。在如图 2.28 所示的“间距和缩进”选项卡中，在“间距”区域的“段前”和“段后”右侧的数值滚动框中键入所要的数值，单击“确定”按钮。

5）项目符号和编号

（1）添加项目符号。

将光标置于要添加项目符号的段落中或选中要添加项目符号的段落，有以下几种方法添加项目符号。

① 在“开始”→“段落”命令组中，单击“项目符号”按钮“”直接添加项目符号。

② 单击“开始”→“段落”命令组中“项目符号”按钮“”右边的下拉箭头，打开如图2.29所示的“项目符号库”。在“项目符号库”中，选择一种符号形式，也可以单击“定义新项目符号”命令，打开定义新项目符号对话框，如图 2.30 所示。可以选择一种“符号”或“图片”做为项目符号，并且可以对项目符号的 “字体”及“对齐方式“进行设置。

③ 在编辑区单击右键，在快捷菜单中，单击“项目符号”命令，打开图 2.29 所示的项目符号库，选择项目符号。

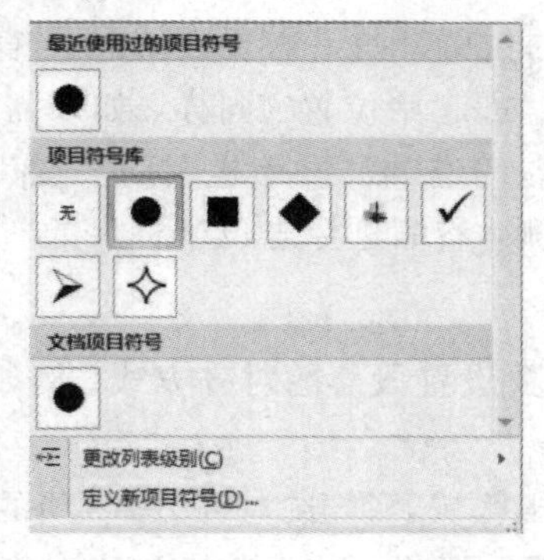

图 2.29　项目符号库

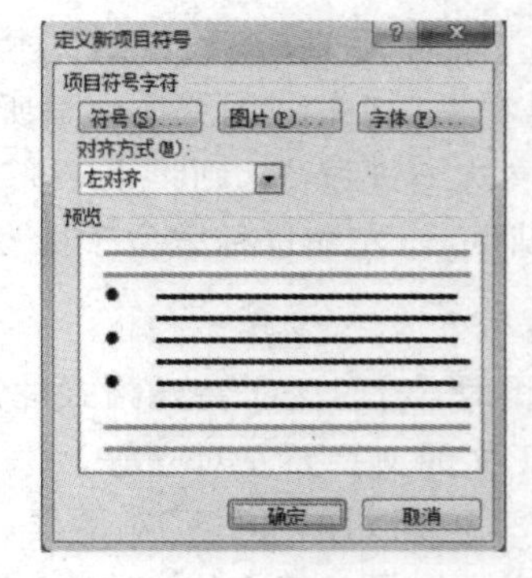

图 2.30　“定义新项目符号”对话框

(2) 添加编号。

将光标置于要添加项目编号的段落中或选中要添加项目编号的段落，有以下几种方法添加项目编号。

① 在“开始”→“段落”命令组中，单击“编号”按钮“☰”直接添加编号。

② 单击“开始”→“段落”命令组中项目编号按钮“☰”右边的下拉箭头，打开如图 2.31 所示的“编号库”。在“编号库”中，选择一种编号形式，也可以单击“定义新编号格式”命令，打开“定义新编号格式”对话框，如图 2.32 所示。可以选择一种“编号样式”，并且可以对编号样式的“字体”及“对齐方式”进行设置。

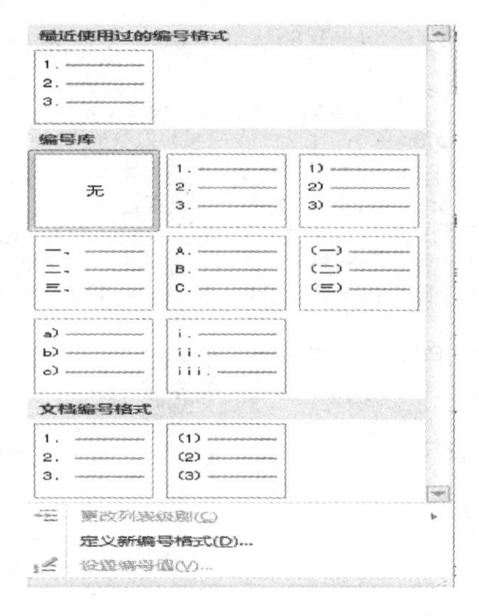

图 2.31　编号库

③ 在编辑区单击右键，在快捷菜单中，单击“编号”命令，打开图 2.31 所示的编号库，选择编号。

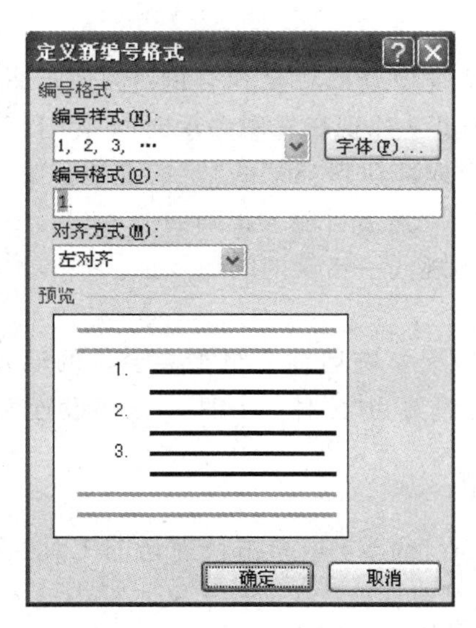

图 2.32　“定义新编号格式”对话框

2.1.3 案例实现

在本节中，我们将应用Word的相关知识点完成对项目——编写会议通知文件的要求。本项目主要讲述对Word的基本操作，如单元格格式化、条件格式的设置、求平均总和的函数等。

步骤1：创建文档。

启动Word 2010程序，系统会自动创建一个名为“文档1”的新文档。

步骤2：编辑文档。

(1) 录入文本。在新建的空白文档中输入如图2.33所示的内容。

关于召开2015年应天学院运动会组委会会议的通知
校内各有关单位：
2015年学校运动会组织委员会会议定于2015年10月20日（星期二）上午10:30在第一办公楼三会议室召开。
参会人员范围：各系、院部分管学生工作的负责人；各术科教研室主任及各竞赛项目负责人；院办、宣传部、学生处、保卫处、后产处、校医院、信息技术中心、团委、场馆中心负责人。
会议议程：
1、各竞赛项目负责人汇报准备工作情况。
2、通报运动会开、闭幕式等相关事项。
3、学校领导讲话。
请参会人员准时到会。
特此通知。
院长办公室
二〇一五年十月十六日

图2.33 会议内容

(2) 校对文本。

文本录入完成之后，要认真检查内容是否有误，例如是否存在错别字、错句、漏句现象。如果存在错误必须及时修正，如现在发现会议时间“20日”，录入成“30日”了，应采用的修改方法如下所示：先将光标移动到“30”的“3”的左边，按“Delete”键(也可以移动到右边，按“BackSpace”键)删除“3”，然后再输入正确的文本“2”。另外还可以使用Word提供的“查找与替换”功能完成多处出现同一错误的问题修正。

(3) 设置文本格式。

标题“关于召开2015年应天学院运动会组委会会议的通知”设置为黑体、四号字、加粗、居中显示。正文内容字体设置为“宋体、小四”，段落设置为首行缩进2字符，段间距为1.5倍，段前段后间距为0。

步骤3：保存文档。

选择“文件”选项卡的“保存”命令，或单击快速访问工具栏中的“保存”按钮，亦或者按Ctrl+S组合键，打开“另存为”对话框，在文件名文本框中输入“关于召开2015年应天学院运动会组委会会议的通知”，单击“保存”按钮，Word 2010的文件扩展名为.docx。

步骤4：页面设置与打印输出。

(1) 选择“页面布局”选项卡，在“页面设置”组中单击“纸张大小”按钮，在打开的下拉列表中选择纸型为“A4”。

(2) 单击“页面设置”组中的“页边距”按钮，在打开的下拉列表中选择“自定义页边距”选项，弹出“页面设置”对话框，在“页边距”选项卡中设置“上”、“下”、“左”、“右”的边距分别为 2.5 厘米、2.5 厘米、2.7 厘米、2.7 厘米，单击“确定”按钮。

(3) 在文档编辑完成后，先进行打印预览，看看整体布局是否美观，是否还需要修改。如果没有问题就可以进行打印。会议通知的最终效果图如图 2.1 所示。

2.2　制作珍惜时间主题小报

2.2.1　案例介绍

应天工学院督导处在进行常规教学检查时，发现最近有些学生经常上课迟到，存在严重的浪费学习时间的行为。为了教育学生应珍惜大学来之不易的光阴，决定要出一份院报名称为《珍惜时间》。院学生会宣传部的申玉臣同学接受了此次任务，她收集素材，圆满完成了任务，效果图如图 2.34 所示。

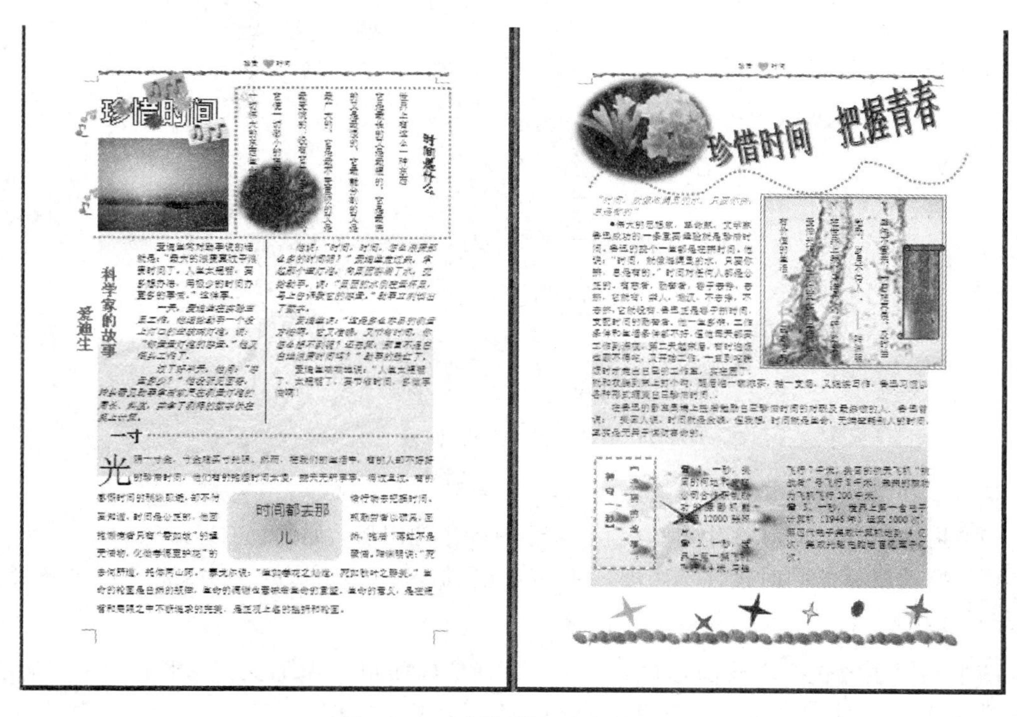

图 2.34　《珍惜时间》小报效果图

2.2.2　相关知识点

1. 绘制图形

图形对象包括形状、图表和艺术字等，这些对象都是 Word 文档的一部分。通过“插入”选项卡的“插图”命令组中的按钮完成插入操作，通过“图片格式”功能区更改和增强这些图形的颜色、图案、边框和其他效果。

1）插入形状

切换到“插入”选项卡，在“插图”命令组中单击“形状”按钮，出现“形状”面板，如图2.35所示。在面板中选择线条、矩形、基本形状、流程图、箭头总汇、星形与旗帜、标注等选项，然后在绘图起始位置按住鼠标左键，拖动至结束位置就能完成所选图形的绘制。

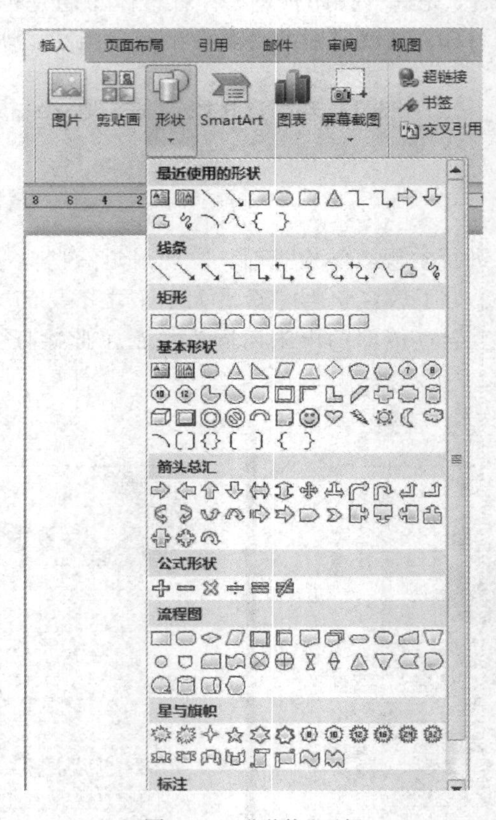

图 2.35 “形状”面板

另外，有关绘图的几点注意事项：

(1) 拖动鼠标的同时按住 Shift 键，可绘制等比例图形，如圆、正方形等。

(2) 拖动鼠标的同时按住 Alt 键，可平滑地绘制和所选图形的尺寸大小一样的图形。

2）编辑图形

图形编辑主要包括更改图形位置、图形大小、向图形中添加文字、形状填充、形状轮廓、颜色设置、阴影效果、三维效果、旋转和排列等基本操作。

(1) 设置图形大小和位置的操作方法是选定要编辑的图形对象，在非“嵌入型”版式下，直接拖动图形对象，即可改变图形的位置；将鼠标指针置于所选图形的四周的编辑点上，拖动鼠标可缩放图形。

(2) 向图形对象中添加文字的操作方法是右键单击图片从弹出的快捷菜单中选择“添加文字”命令，然后输入文字即可，效果图如图 2.36 所示。

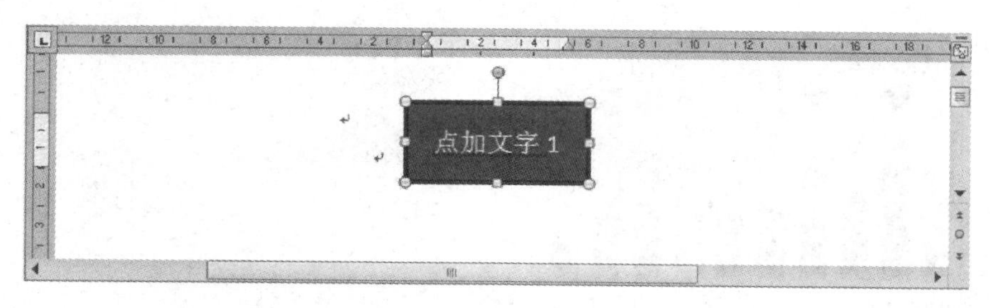

图 2.36　添加文字效果图

(3) 组合图形的方法是选择要组合的多张图形，单击鼠标右键，从弹出的快捷菜单中选择“组合”菜单下的“组合”命令即可，效果图如图 2.37 所示。

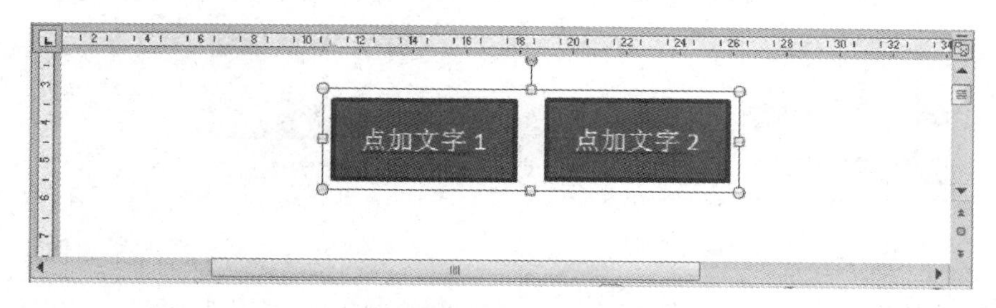

图 2.37　组合图形效果图

3) 修饰图形

如果需要进行形状填充、形状轮廓、颜色设置、阴影效果设置、三维效果设置、旋转和排列等基本操作，均可先选定要编辑的图形对象，出现如图 2.38 所示的“绘图工具/格式”选项卡，再选择相应功能按钮来实现操作。

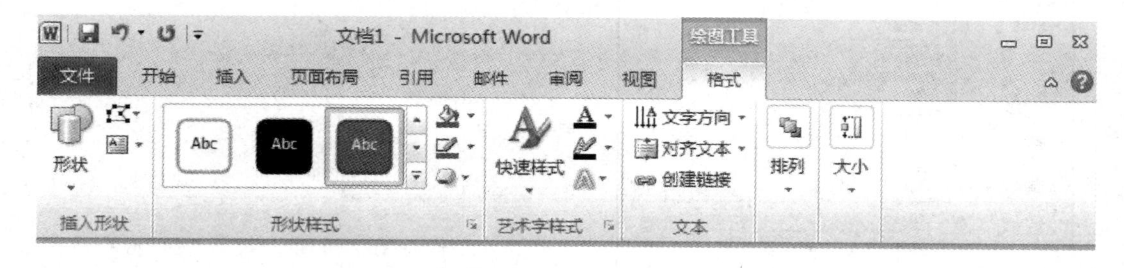

图 2.38　“绘图工具/格式”功能区

(1) 形状填充。选择要形状填充的图片，选择“绘图工具/格式”功能区的“形状填充”按钮“ ”，出现如图 2.39 所示的“形状填充”面板。如果选择设置单色填充，可选择面板已有的颜色或单击“其他颜色”选项选择其他颜色；如果选择设置图片填充，单击“图片”选项，弹出一个与“打开”文件类似的“插入图片”对话，选择某一图片做为图片填充；如果选择设置渐变填充，则单击“渐变”选项，弹出如图 2.40 所示的“形状填充样式”面板，选择一种渐变样式即可，也可单击“其他渐变”选项，出现如图 2.41 所示的“设置形状格式”对话框，选择相关参数设置其他渐变效果。

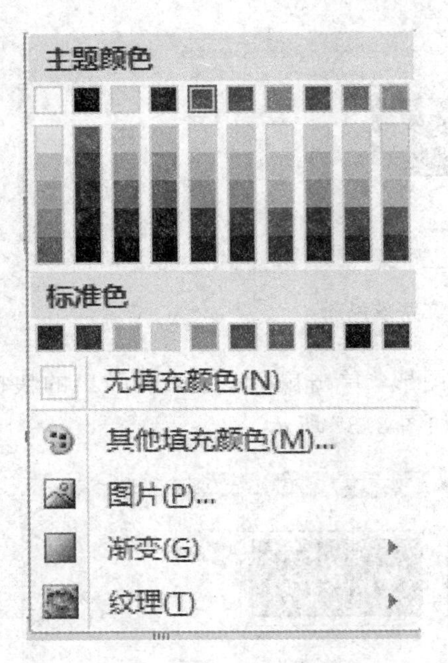

图 2.39 “形状填充”面板

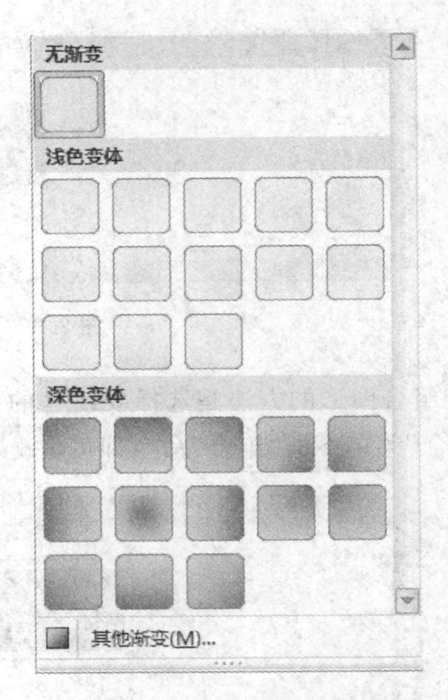

图 2.40 “形状填充样式”面板

(2) 形状轮廓。选择要形状填充的图片，选择“绘图工具/格式”功能区的“形状轮廓”按钮“ ”，在出现的面板中可以设置轮廓线的线型、大小和颜色。

(3) 形状效果。选择要形状填充的图片，选择“绘图工具/格式”功能区的“形状轮廓”按钮“ ”，选择一种形状效果，比如选择“预设”，如图 2.42 的“形状效果”面板所示，选择一种预设样式即可。

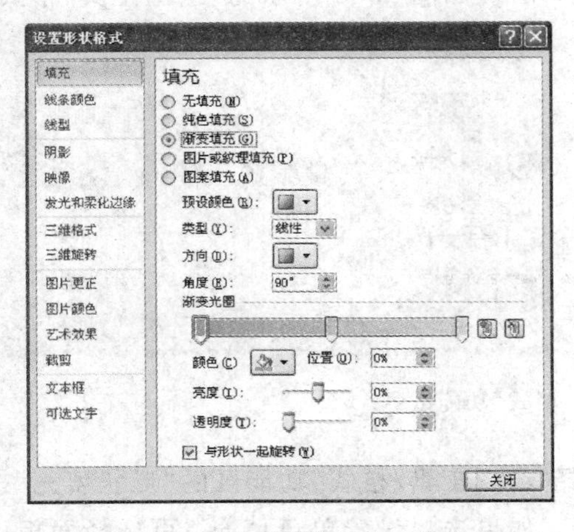

图 2.41 “设置形状格式”对话框

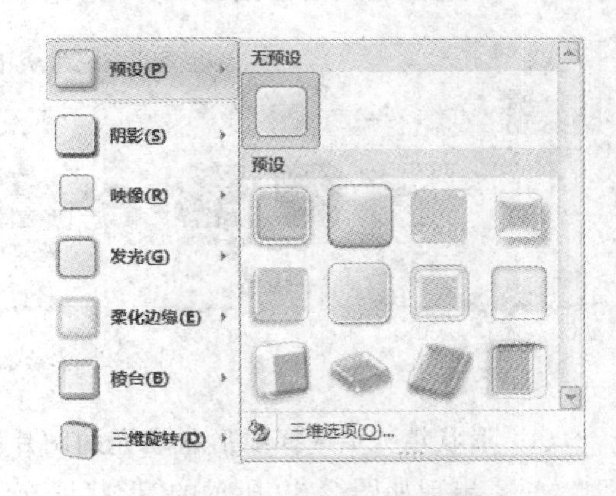

图 2.42 “形状效果”面板

(4) 应用内置样式。选择要形状填充的图片，切换到“绘图工具/格式”功能区，在“形状样式”分组选择一种内置样式即可应用到图片上。

2. 图片的使用

可以将内置的图片直接插入到文档中。内置图片有剪贴画和图片文件两种类型。

1）插入剪贴画

可以将剪辑库的图片插入到 Word 2010 文档中，操作步骤如下：

（1）在文档中单击要插入剪贴画的位置；

（2）选择“插入”→“插图”功能区的“剪贴画”按钮，如图 2.43 所示，窗口右侧将打开“剪贴画”任务窗格；

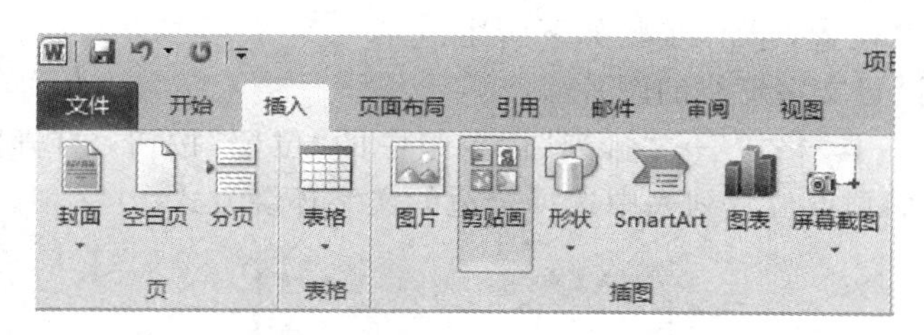

图 2.43　“插入”选项卡的插图功能区“剪贴画”按钮

（3）在“剪贴画”任务窗格的“搜索文字”文本框中输入描述要搜索的剪贴画类型的单词或短语，或输入剪贴画的完整或部分文件名，如输入“人物”；

（4）在“结果类型”下拉表中选择查找的剪辑类型；

（5）单击“搜索”按钮进行搜索，将显示符合条件的所有剪贴画；

（6）单击要插入的剪贴画，就可以将剪贴画插入到光标所在位置。

2）插入图片文件

（1）在文档中单击要插入图片的位置。选择“插入”→“插图”功能区的“图片”按钮。

（2）Word 会显示一个与“打开”文件类似的“插入图片”对话框，选择要插入图片所在的路径、类型和文件名，可以双击文件名直接插入图片或单击“插入”按钮插入图片。

3. 编辑和设置图片格式

1）修改图片大小

修改图片的大小的操作方法，除了采用跟前面介绍的修改图形的操作方法一样的方法以外，也可以选定图片对象，切换“图片工具/格式”功能区，在“大小”命令组中的“高度”和“宽度”编辑框设置图片的具体大小值。

2）裁剪图片

用户可以对图片进行裁剪操作，以截取图片中最重要的部分，操作步骤如下所述：

（1）首先将图片的环绕方式设置为非嵌入型，选中需要进行裁剪的图片，在“图片工具/格式”功能区，单击“大小”命令组中的“裁剪”按钮“ ”。

（2）图片周围出现 8 个方向的裁剪控制柄，图片效果如图 2.44 所示，用鼠标拖动控制柄将对图片进行相应方向的裁剪，同时拖动控制柄将图片复原，直至调整合适为止；

图 2.44　裁剪图片效果

(3) 将鼠标光标移出图片，单击鼠标左键将确认裁剪。

3) 设置正文环绕图片方式

正文环绕图片方式是指在图文混排时，正文与图片之间的排版关系，这些文字环绕方式包括“顶端居左”、“四周型文字环绕”等在内一共九种方式。默认情况下，图片作为字符插入到 Word 2010 文档中，用户不能自由移动图片。而通过为图片设置文字环绕方式，则可以自由移动图片的位置，操作步骤如下所述：

(1) 选中需要设置文字环绕的图片。

(2) 单击“图片工具/格式”→“排列”命令组中的“位置”按钮，打开“位置”面板，如图 2.45 所示。在打开的预设位置列表中选择合适的文字环绕方式。

图 2.45 “位置”面板

如果用户希望在 Word 2010 文档中设置更多的文字环绕方式，可以在“排列”分组中单击“自动换行”按钮，在打开如图 2.46 所示的“自动换行”面板中选择合适的文字环绕方式即可。

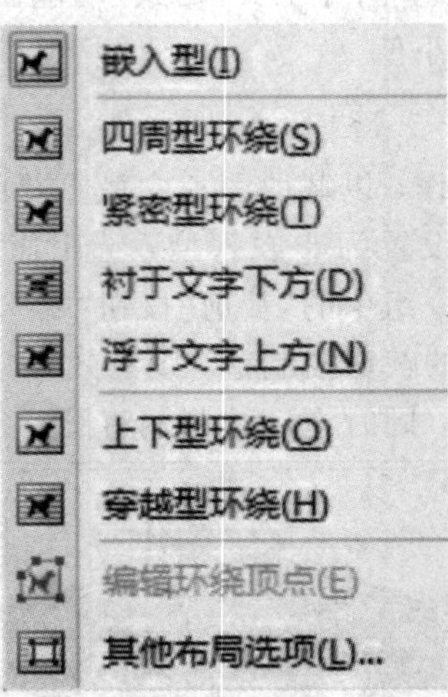

图 2.46 “自动换行”面板

Word 2010“自动换行”菜单中每种文字环绕方式的含义如下所述：

(1) 四周型环绕：文字以矩形方式环绕在图片四周。

(2) 紧密型环绕：文字将紧密环绕在图片四周。

(3) 穿越型环绕：文字穿越图片的空白区域环绕图片。

(4) 上下型环绕：文字环绕在图片上方和下方。

(5) 衬于文字下方：分为两层，图片在下、文字在上。

(6) 浮于文字上方：分为两层，图片在上、文字在下。

(7) 编辑环绕顶点：用户可以编辑文字环绕区域的顶点，实现更个性化的环绕效果。

也可在“图片工具/格式”→“排列”→“位置”或“自动换行”面板中选择“其他布局选项”命令，在打开的“布局”对话框中设置图片的位置、文字环绕方式和大小，如图 2.47 所示。

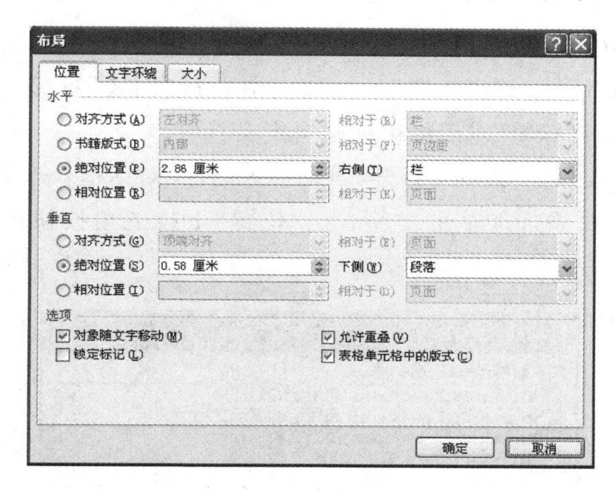

图 2.47　“布局”对话框

还可以通过选中图片后，单击鼠标右键，在快捷菜单中选择“大小和位置”命令，打开如图 2.47 所示的“布局”对话框设置图片的大小、位置和环绕方式。

4) 在 Word 2010 文档中添加图片题注

如果 Word 2010 文档中含有大量图片，为了能更好地管理这些图片，可以为图片添加题注。添加了题注的图片会获得一个编号，并且在删除或添加图片时，所有的图片编号会自动改变，以保持编号的连续性。在 Word 2010 文档中添加图片题注的步骤如下所示。

(1) 右键单击需要添加题注的图片，在打开的快捷菜单中选择“插入题注”命令。或者单击选中图片，单击“引用”→“题注”→“插入题注”按钮“ ”，打开“题注”对话框，如图 2.48所示。

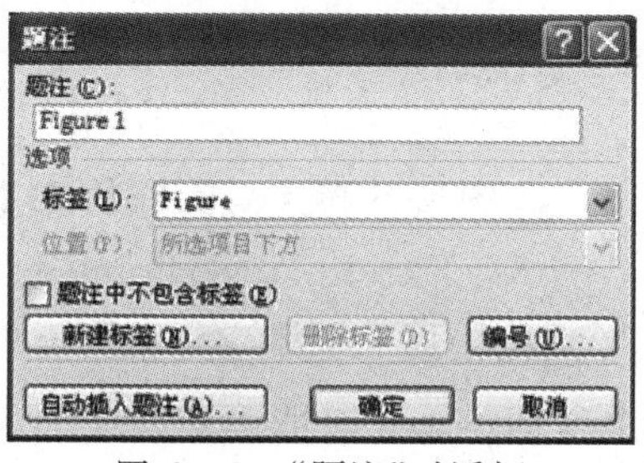

图 2.48　“题注”对话框

(2) 在打开的“题注”对话框中，单击“编号”按钮，打开“题注编号”对话框，如图 2.49 所示，选择合适的编号格式。

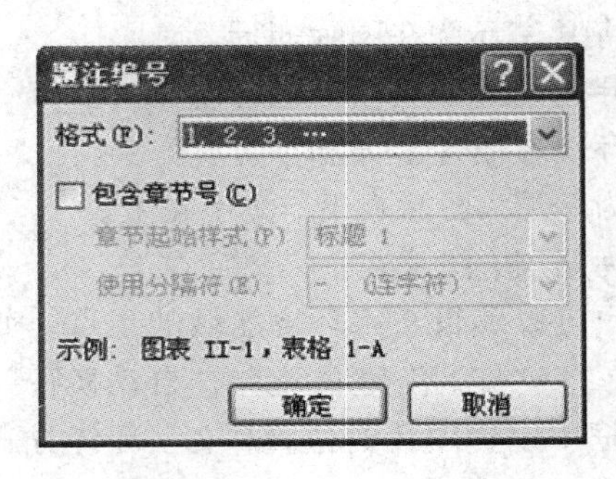

图 2.49 “题注编号”对话框

(3) 返回“题注”对话框，在“标签”下拉列表中选择“图表”标签。也可以单击“新建标签”按钮，在打开的“新建标签”对话框中创建自定义标签。

(4) 单击“自动插入题注”按钮，打开“自动插入题注”对话框，如图 2.50 所示。在“插入时添加题注”框中选择要添加题注的类型，在“位置”下拉三角按钮选择题注的位置(例如“项目下方”)，设置完毕后单击“确定”按钮。

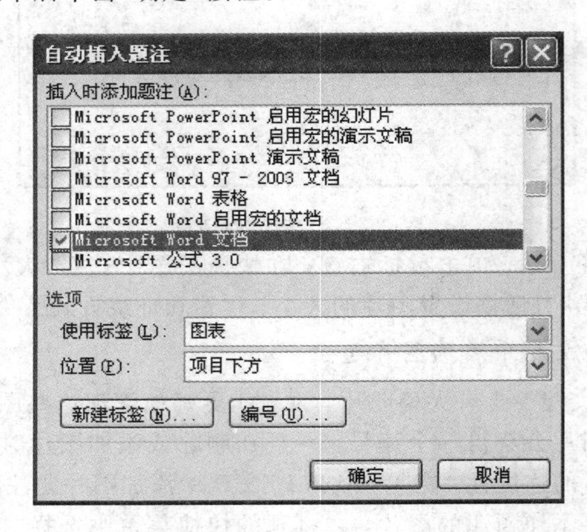

图 2.50 “自动插入题注”对话框

(5) 在 Word 2010 文档中添加图片题注后，可以单击题注右边部分的文字进入编辑状态，并输入图片的描述性内容。

4. 插入艺术字

Office 中的艺术字结合了文本和图形的特点，能够使文本具有图形的某些属性，如设置旋转、三维、映像等效果，在 Word、Excel、PowerPoint 等 Office 组件中都可以使用艺术字功能。用户可以在 Word 2010 文档中插入艺术字，操作步骤如下所示：

(1) 将插入点光标移动到准备插入艺术字的位置。

(2) 选择“插入”→“文本”命令组中的“艺术字”按钮“A”，打开艺术字预设样式面板，如图 2.51 所示。在面板中选择合适的艺术字样式，即会弹出艺术字文字编辑框。

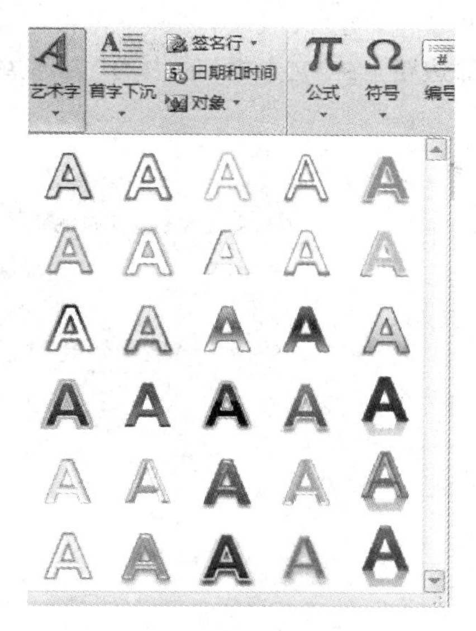

图 2.51 “艺术字”面板

(3) 在艺术字文字编辑框中，可直接输入艺术字文本，并且用户可以分别对输入的艺术字进行字体和字号设置等。

(4) 在编辑框外单击即可完成。

若需对艺术字的内容、边框效果、填充效果或艺术字效果进行修改或设置，可选中艺术字，在“绘图工具/格式”功能区中单击相关按钮功能以完成相关设置。

5. 文本框的使用

通过使用文本框，用户可以将 Word 文本很方便地放置到 Word 2010 文档页面的指定位置，而不必受到段落格式、页面设置等因素的影响，可以像处理一个新页面一样来处理文字，如设置文字的方向、格式化文字、设置文字的段落格式等。文本框有两种，一种是横排文本框，一种是竖排文本框。Word 2010 内置有多种样式的文本框供用户选择使用。

1) 插入文本框

(1) 单击“插入”→“文本”命令组中“文本框”按钮“”，打开文本框面板，选择合适的文本框类型，在文档窗口中会插入文本框，拖动鼠标调整文本框的大小和位置即可完成空文本框的插入，然后输入文本内容或者插入图片。

(2) 也可以将已有内容设置为文本框，选中需要设置为文本框的内容，单击“插入”→“文本”命令组中“文本框”按钮“”，在打开的文本框面板中选择“绘制文本框”或“绘制竖排文本框”命令，被选中的内容将被设置为文本框。

2) 设置文本框格式

处理文本框中的文字就像处理页面中的文字一样，可以在文本框中设置页边距，同时也可以设置文本框的文字环绕方式、大小等。

设置文本框格式的方法为：右键单击文本框边框，打开“文本框设置”快捷菜单，如图 2.52 所示，选择“设置形状格式”命令，将弹出如图 2.53 所示的“设置文本框格式”对话框。

在该对话框中主要可完成如下设置：

（1）设置文本框的线条和颜色，在“线条颜色”区中可根据需要进行具体的颜色设置。

（2）设置文本框格式内部边距，在“文本框”区中的“内部边距”区输入文本框与文本之间的间距数值即可。

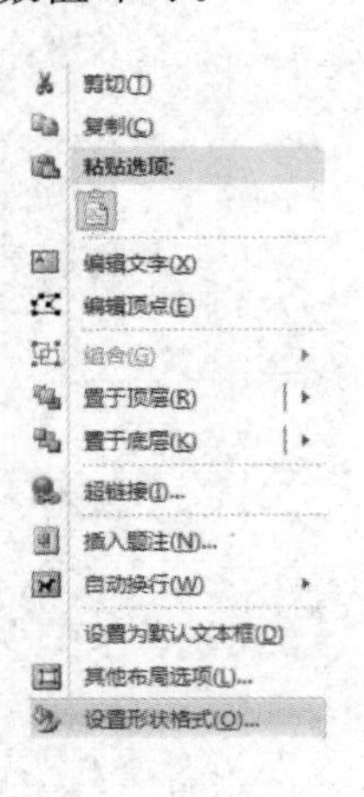

图 2.52 “文本框设置”快捷菜单

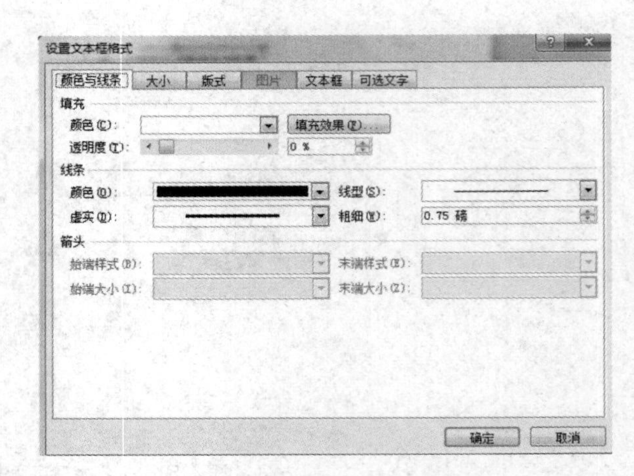

图 2.53 “设置文本框格式”对话框

若要设置文本框的其他布局，在如图 2.52 所示的右健快捷菜单中选择“其他布局选项”命令，在打开的“布局”对话框中选择相应的选项卡进行设置即可。

另外，如果需要设置文本框的大小、文字方向、内置文本样式、三维效果和阴影效果等其他格式，可单击文本框对象，切换“绘图工具/格式”选项卡，通过相应的功能按钮来实现。

3）文本框的链接

在使用 Word 2010 制作手抄报、宣传册等文档时，往往会通过使用多个文本框进行版式设计。通过在多个 Word 2010 文本框之间创建链接，可以在当前文本框中充满文字后自动转入所链接的下一个文本框中继续输入文字。在 Word 2010 中链接多个文本框的步骤如下：

（1）在 Word 文档中插入多个文本框。调整文本框的位置和尺寸，并单击选中第 1 个文本框。

（2）单击“绘图工具/格式”→“文本”命令组中的“创建链接”按钮“ ”。

（3）鼠标指针变成水杯形状，将水杯状的鼠标指针移动到准备链接的下一个文本框内部，单击鼠标左键即可创建链接。

（4）重复上述步骤可以将第 2 个文本框链接到第 3 个文本框，依此类推可以在多个文本框之间创建链接。

6. 插入公式

Word 2010 中内置了公式编写和编辑公式的功能，可以在行文的字里行间非常方便的编辑公式。在文档中插入公式有以下两种方法。

（1）将插入点置于公式插入位置，使用快捷键 Alt＋＝，系统自动在当前位置插入一个公式编辑框，同时打开了如图 2.54 所示的“公式工具/设计”选项卡，单击相应按钮在编辑框中编写公式。

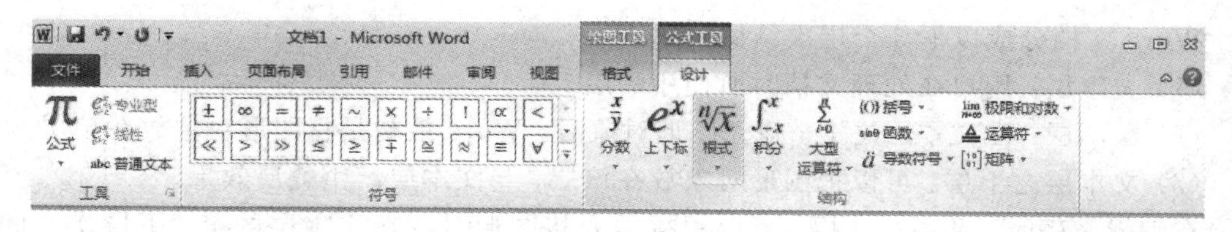

图 2.54　“公式工具/设计”

(2) 单击“插入”→“符号”命令中“公式”按钮π，插入一个公式编辑框，然后在其中编写公式，或者单击“公式”按钮下方的向下箭头，打开如图 2.55 所示的“公式”下拉菜单，在菜单中直接选择插入一个常用数学公式即可。

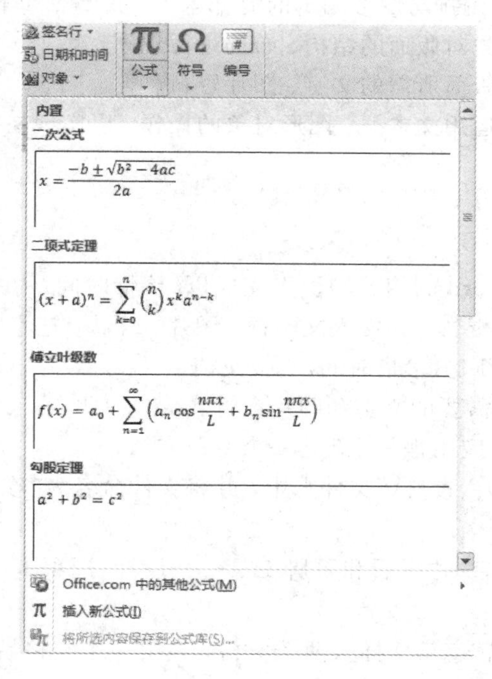

图 2.55　“公式”下拉菜单

7. 复制、移动及删除图片

图片的复制、移动及删除方法和文字的复制、移动、删除的方法相似，操作方法如下：

(1) 单击选中图片。

(2) 在图片上单击鼠标右键，在快捷菜单中选择“复制”、“剪切”、“粘贴”命令，即可对图片进行相应的操作，或直接用鼠标拖动实现图片的“复制”、“移动”操作，也可用键盘上的“Delete”键实现图片的删除操作。

8. 图文混排

1) 图文混排的功能与意义

图文混排就是在文档中插入图形或图片，使文章具有更好的可读性和更高的艺术效果。利用图文混排功能可以实现杂志、报刊等复杂文档的编辑与排版。

2）Word 文档的分层

Word 文档分成以下 3 个层次结构：

(1) 文本层：用户在处理文档时所使用的层。

(2) 绘图层：在文本层之上。建立图形对象时，Word 最初是将图形对象放在该层。

(3) 文本层之下层：可以把图形对象放在该层，与文本层产生叠层效果。

在编辑文稿时，利用这 3 层，可以根据需要将图形对象在文本层的上、下层次之间移动，也可以将某个图形对象移到同一层中其他图形对象的前面或后面，实现意想不到的效果。正是因为 Word 文档的这种层次特性，可以方便地生成漂亮的水印图案。

3）图文混排的操作要点

图文混排操作是文字编排与图形编辑的混合运用，其要点如下：

(1) 规划版面：即首先对版面的结构、布局进行规划。

(2) 准备素材：提供版面所需的文字、图片资料。

(3) 着手编辑：充分运用文本框、图形对象的操作，以实现文字环绕、叠放次序等基本功能。

2.2.3 案例实现

在本节中，将应用 Word 的相关知识点完成以《珍惜时间》为主题的小报制作，本项目主要讲述对 Word 的图文混排，如插入文本框、图片、性状、艺术字等。

步骤 1：收集素材并新建《珍惜时间》小报文档。

(1) 准备好制作小报需要的文字和图片素材。

(2) 启动 Word 2010 应用程序，新建一个空白文档。

(3) 将文档保存在"D:\素材\"文件夹中，并将文件命名为"珍惜时间.docx"。

步骤 2：设置页眉。

(1) 在页眉处双击，启动"页眉和页脚工具——设计"选项卡，同时进入"页眉"的编辑状态，输入"珍惜时间"。

(2) 插入性状。在"惜"字后面插入两个空格，在第一个空格后面插入"心形"性状，"形式填充"为红色，"性状轮廓"为无轮廓。

(3) 将插入点定位在"时间"后面，插入剪贴画"BD21427_gif"。单击上部"关闭页眉和页脚"按钮。

步骤 3：编辑首页上部内容。

首页上部的效果图如图 2.56 所示，其编辑步骤如下。

(1) 插入小报艺术字标题并设置格式。艺术字标题 1"珍惜时间"，设置艺术字样式为"填充 － 无，轮廓 － 强调文字颜色 2"，字号为 36，字体为华文彩云。设置文本填充为无填充，"文本轮廓"为蓝色，粗细为 3 磅，"文本效果"中的"转换"为"波形 2"，并将其移到首页的左上角。

(2) 插入如首页上部效果图 2.56 中的剪贴画，调整合适的大小，放在艺术字上下合适的位置。

图 2.56　插入直线

(3) 插入准备好的素材图片，将这些图片放到艺术字“珍惜时间”的上方，然后全选图片，设置图片“文字环绕”为“衬与文字下方”，并调整其大小和位置。

(4) 在图片下方画一条直线，设置“形状轮廓”为“浅蓝”，粗细为 3 磅，“虚线”样式为圆点，“长度”为 6 厘米，如图 2.57 所示。

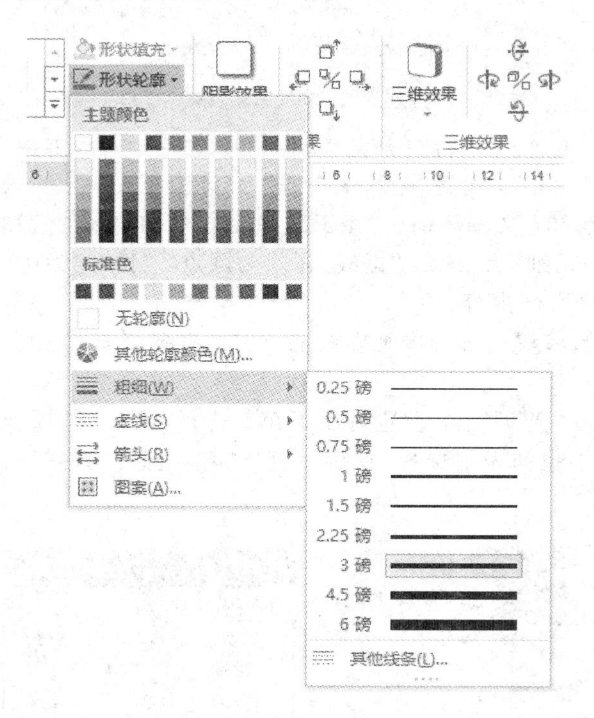

图 2.57　首页上部效果图

(5) 在图片右边绘制竖排文本框，输入效果图中的文本内容，选中标题“时间是什么”，设置为“三号、宋体、加粗、倾斜”，其他文本内容为“宋体、小四号、首航缩进 2 字符、1.5 倍行间距”。设置文本框的“性状填充”为无填充、“性状轮廓”为浅蓝色，粗细为 3 磅，“虚线”样式为圆点。对文本框文字进行适当的换行处理。插入图片，设置图片“文字环绕”为“衬于文字下方”，调整大小并将其移动到文本框左下角位置，设置“图片样式”为“柔滑边缘椭圆”。效果图如图 2.56 所示。

步骤 4：编辑首页中部内容。

(1) 将光标移动到首页中部位置，将素材“科学家的故事—爱迪生”文字内容进行复制。

(2) 设置文本格式。选中输入的文本，选择“页面布局”选项卡，在“页面设置”组中单击“分栏”按钮，在弹出的下拉列表中选择“更多分栏”选项。打开“分栏”对话框，选择“两栏”选项，选中“栏宽相等”、“分割线”复选框，单击“确定”按钮，效果如图 2.58 所示。

(3) 插入标题艺术字 2“科学家的故事(按“Enter”键换行)爱迪生”，设置艺术字样式为“填充-蓝色，强调文字颜色 1，塑料棱台，映像”，设置字号为 20。选择“绘图工具-格式”选项卡，选择“文字方向”下拉列表中的“垂直”选项，设置“文字环绕”为“四周型环绕”，移动艺术字到文本的左上方，效果如图 2.58 所示。

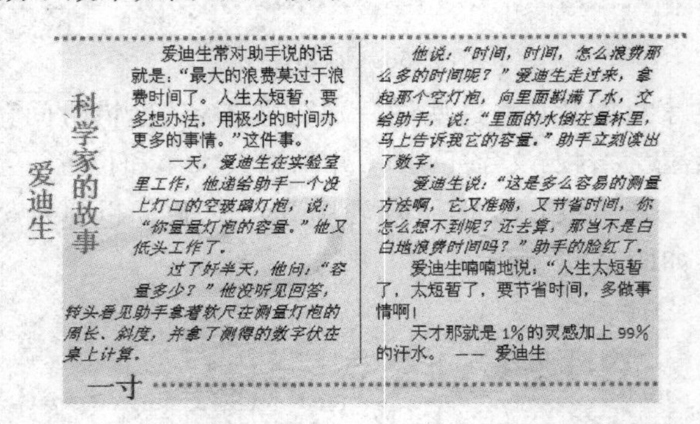

图 2.58　首页中部文本分栏、插入艺术字后的效果图

(4) 插入艺术字“一寸”，设置“艺术字样式”为“渐变填充-橙色，强调文字颜色 6，内部阴影”，并设置字号为 20，文字环绕为“浮于文字上方”。在该艺术字的后面插入一条虚线，设置“颜色”为浅蓝，“粗细”为 3 磅，“虚线”样式为圆点，“长度”为 12 厘米。

步骤 5：编辑首页底部内容。

(1) 将光标移动到步骤 4 -(4)中画虚线的下方，准备将素材文字“时间都去那儿”复制到该位置。

(2) 将光标定位在“光”字上，设置首字下沉。选择“插入”选项卡，单击“文本”组中的“首字下沉”按钮，在下拉列表中选择“首字下沉”选项，打开“首字下沉”对话框，选择下沉方式，如图 2.59 所示。

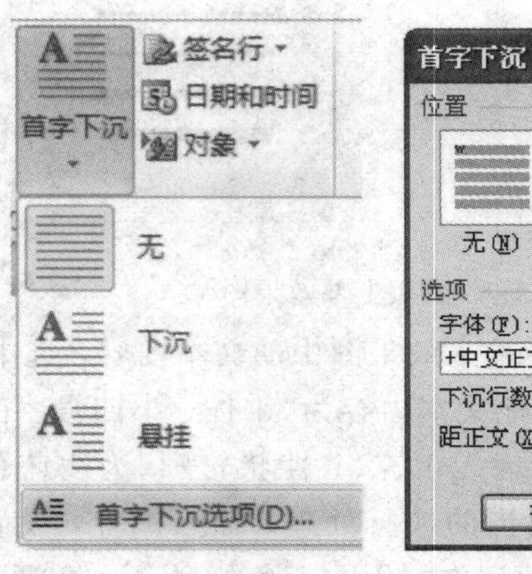

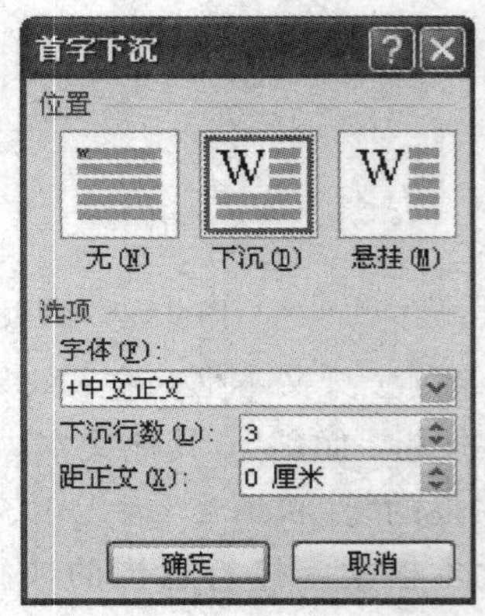

图 2.59　设置首字下沉

(3) 插入文本框，输入“时间都去哪儿”，设置文本格式为“小二号、蓝色、华文彩云”。选中文本框，设置“文字环绕”为“四周型环绕”，“更改形状”为“圆角矩形”，“性状轮廓”为“无轮廓”，“性状填充”为“绿色”。再次单击“性状填充”下拉按钮，在打开的下拉列表中选择“渐变”级联菜单中的“变体”→“中心辐射”选项，效果如图 2.60 所示。至此首页内容设置全部完成。

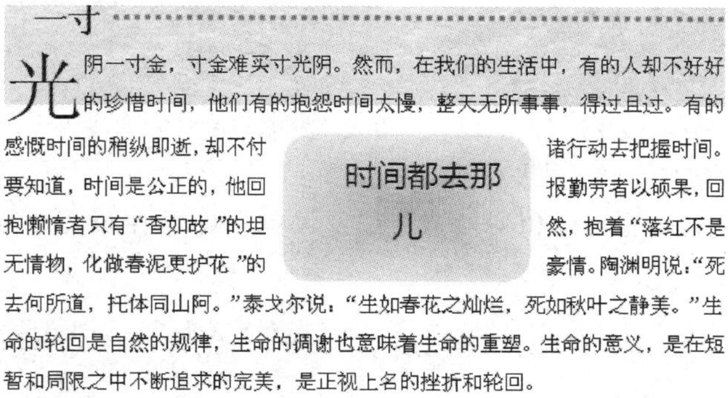

一寸光阴一寸金，寸金难买寸光阴。然而，在我们的生活中，有的人却不好好的珍惜时间，他们有的抱怨时间太慢，整天无所事事，得过且过。有的感慨时间的稍纵即逝，却不付诸行动去把握时间。要知道，时间是公正的，他回报勤劳者以硕果，回抱懒惰者只有“香如故”的坦然，抱着“落红不是无情物，化做春泥更护花”的豪情。陶渊明说：“死去何所道，托体同山阿。”泰戈尔说：“生如春花之灿烂，死如秋叶之静美。”生命的轮回是自然的规律，生命的凋谢也意味着生命的重塑。生命的意义，是在短暂和局限之中不断追求的完美，是正视上名的挫折和轮回。

时间都去那儿

图 2.60 首页下部设置后的效果图

步骤 6：编辑小报第二页的内容。

第二页的内容请大家参照效果图进行设置制作。其中艺术字、文本框、图片、性状的插入方法与首页相同。

步骤 7：保存文档。

按组合键 Ctrl＋S 保存文档，整个小报设置完成。

2.3 制作个人简历

表格是在日常生活中大量用到的一种表示某种内容的工具。简单地讲它就是使用一些横线、竖线或斜线将页面的某部分区域划分成一些较小的空白区域，每一个区域被称作表格的一个单元格，而每一个表格单元格都相当于一个微型文档。对于表格中的文本，用户可以像编辑普通文本一样对其进行格式设置。

2.3.1 案例介绍

王佳华同学要参加一个大型 IT 公司的招聘会，为了能够吸引招聘人员的注意力，他特意制作了一份漂亮的个人简历以更好的推销和介绍自己。简历的效果图如图 2.61 所示。

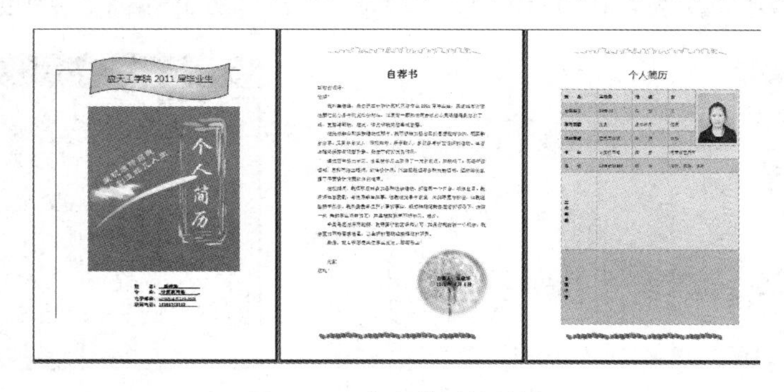

图 2.61 个人简历效果图

2.3.2 相关知识点

1. 插入表格

Word 2010 插入表格有以下几种方法。

1）快速插入表格

快速插入表格的步骤如下：

（1）打开 Word 2010 文档页面，单击“插入”选项卡；

（2）在表格命令组中，单击“表格”按钮；

（3）拖动鼠标选中合适的行和列的数量，释放鼠标即可在页面中插入相应的表格，如图 2.62 所示。

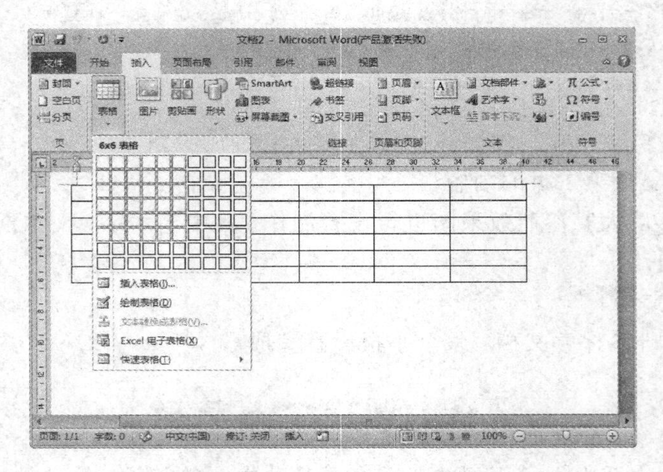

图 2.62　拖动鼠标插入表格

2）使用“插入表格”对话框

使用“插入表格”对话框的步骤如下：

（1）在“表格”命令组中单击“表格”按钮，并选择“插入表格”命令，下拉菜单如图 2.63 所示；

（2）打开“插入表格”对话框，如图 2.64 所示；

（3）在表格对话框中分别设置表格行数和列数，如果需要的话，可以选择“固定列宽”、“根据内容调整表格”或“根据窗口调整表格”选项。完成后单击“确定”按钮即可；

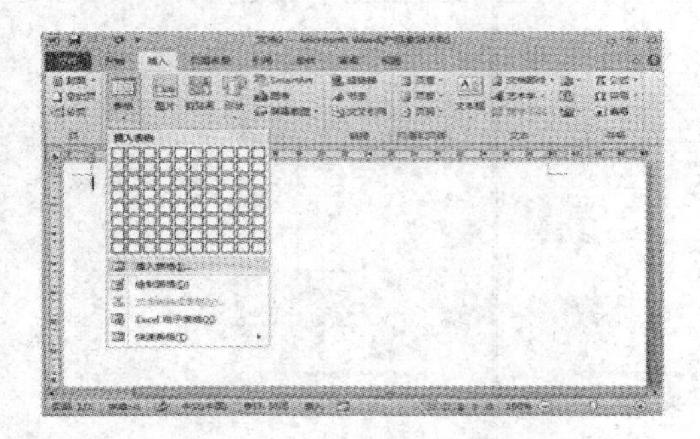

图 2.63　“插入表格”下拉菜单

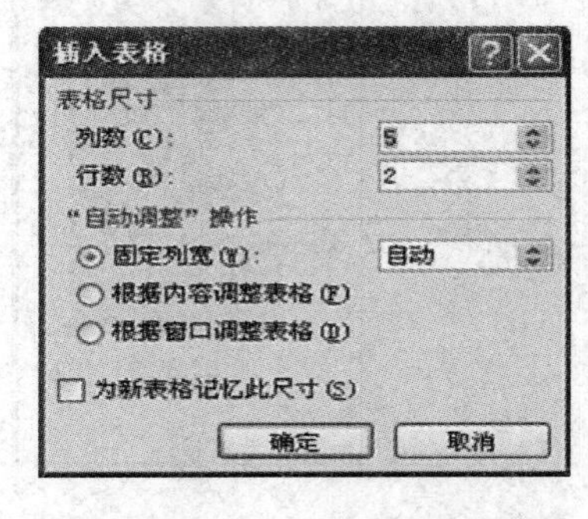

图 2.64　“插入表格”对话框

3）手工绘制表格

使用绘制工具可以创建具有斜线、多样式边框、单元格差异很大的复杂表格。操作步骤如下：

(1) 选择“插入”→“表格”→“绘制表格”，此时鼠标指针变为铅笔状；

(2) 在文档区域拖动鼠标绘制一个表格框，在表格框中向下拖动鼠标画列，向右拖动鼠标画行，对角线拖动鼠标绘制斜线；

(3) 手工绘制表格过程中自动打开“表格工具”选项卡，单击表格工具下的“设计”选项卡，如图 2.65 所示。在该选项卡的绘图边框区域可以选择边框的线型、粗细和颜色等细节，还有擦除按钮可以对绘制过程中的错误进行擦除。

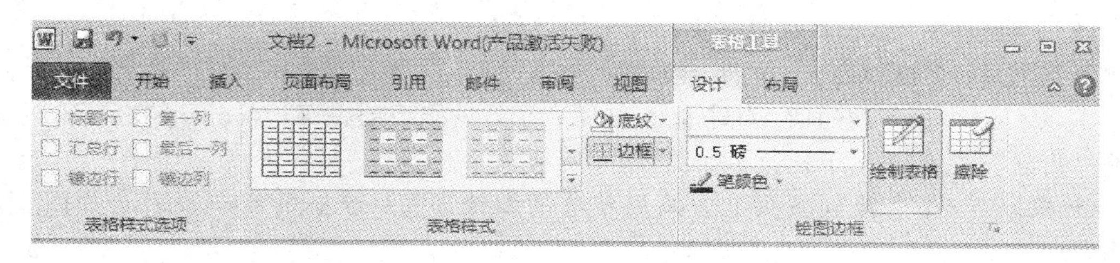

图 2.65　表格工具中的设计选项卡

4）绘制斜线表头

(1) 绘制一根斜线表头。

绘制一根斜线表头的步骤如下：

① 选中表格，点击上方的“布局”选项卡，在“单元格大小”区域“调整相应的高度与宽度”以适合需要，如图 2.66 所示。

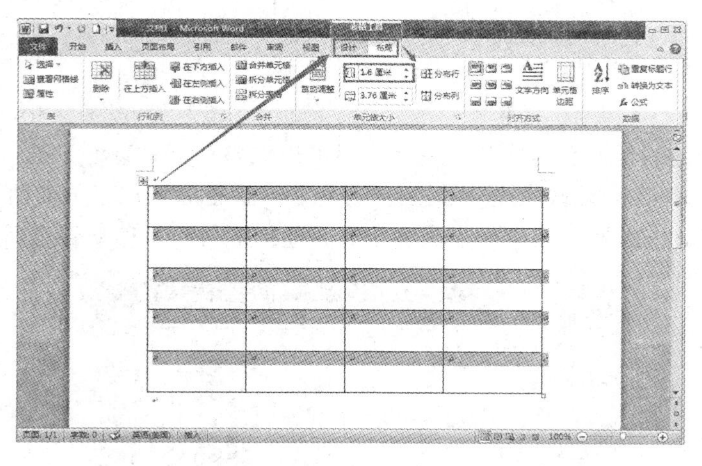

图 2.66　“布局”选项卡

② 把光标定位在需要斜线的单元格中，然后点击上方的“设计”选项卡，在表格样式区域中选择“边框”→“斜下框线”，一根斜线的表头就绘制好了，如图 2.67 所示。

③ 依次输入斜线表头的文字，通过空格和回车控制到适当的位置，如图 2.68 所示。

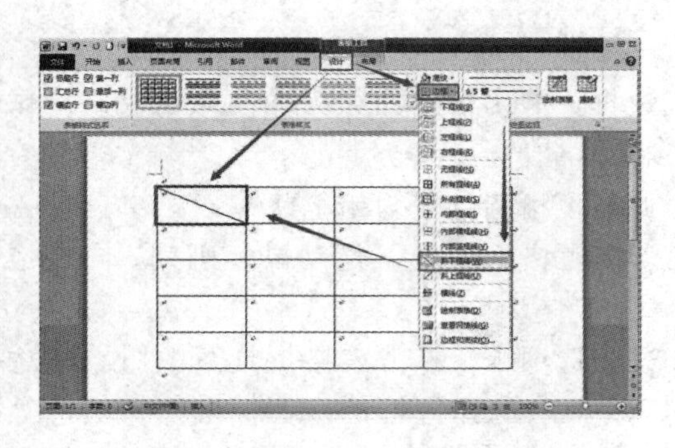

图 2.67　绘制斜线表头图

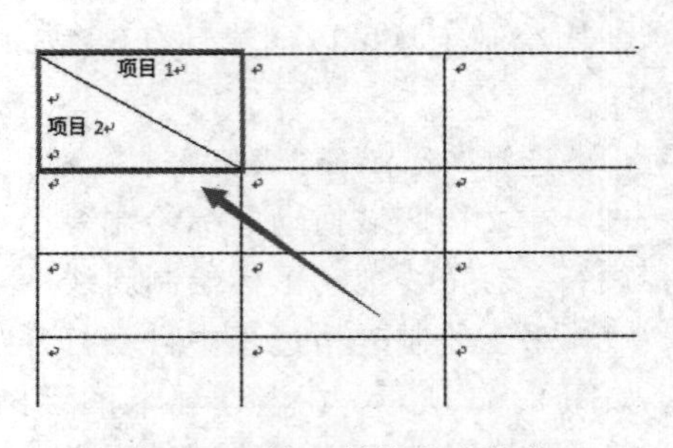

图 2.68　输入斜线表头文字

(2) 绘制两根、多根斜线的表头。

绘制两根、多根斜线表头的步骤如下：

① 要绘制多根斜线的话，就不能直接插入了，只能手动去画。点击导航选项卡的“插入”→“形状”→“斜线”，下拉菜单如图 2.69 所示。

② 根据需要，直接到表头上去画出相应的斜线即可，绘制的双斜线表头如图 2.70 所示。

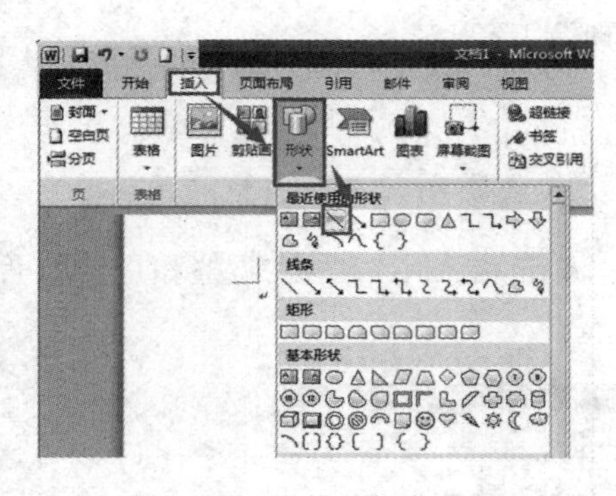

图 2.69　形状下拉菜单图

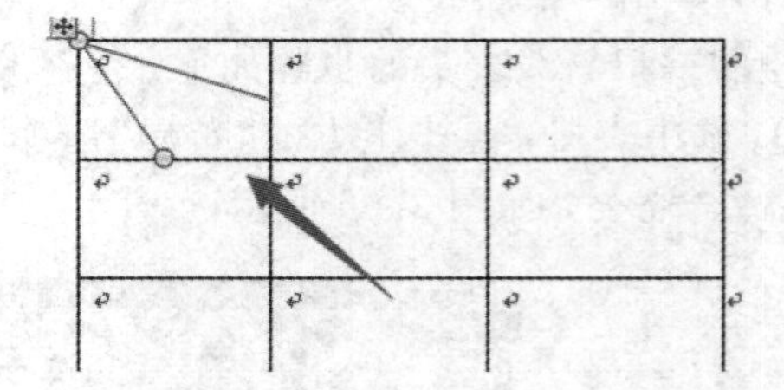

图 2.70　绘制双斜线表头

③ 如果绘画的斜线颜色与表格不一致，还可以调整斜线的颜色。选择刚画的斜线，点击上方的“格式”→“形状轮廓”→选择需要的颜色，形状轮廓下拉菜单如图 2.71 所示。

④ 画好之后，依次输入相应的表头文字，通过空格与回车移动到合适的位置即可。

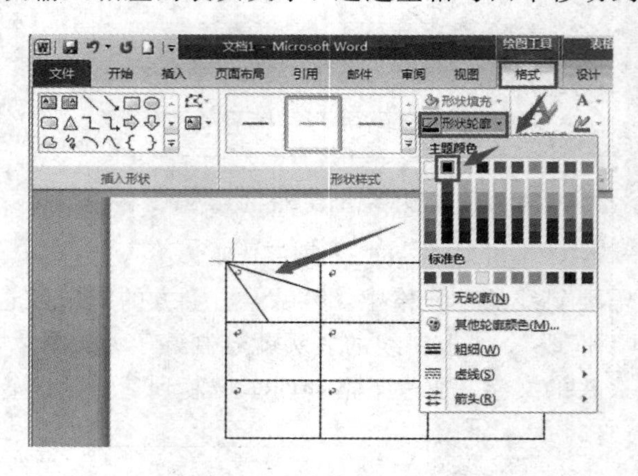

图 2.71　形状轮廓下拉菜单

5）将文字转换为表格

Word 2010 可以将已经存在的文本转换为表格。要进行转换的文本应该是格式化的文本，即文本中的每一行用段落标记符分开，每一列用分隔符(如空格、逗号或制表符等)分开。其操作方法如下：

(1) 选定添加段落标记和分隔符的文本。

(2) 选择“插入”→“表格”→“文本转换成表格”，弹出“将文本转换为表格”对话框，如图 2.72 所示。Word 能自动识别出文本的分隔符，并计算表格列数，即可得到所需的表格。也可以通过设置分隔位置得到所需的表格。

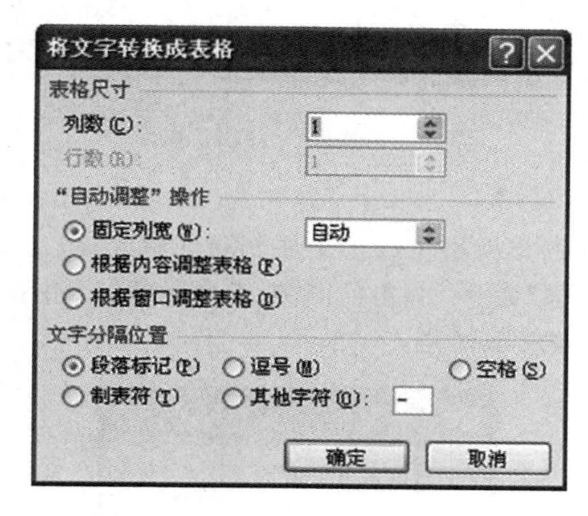

图 2.72　“将文字转换成表格”对话框

2. 编辑表格

建立表格后，如不满足要求，可以对表格进行编辑，如插入或删除行、列、单元格，合并、拆分单元格等。

1）插入行和列

将光标置于表格中，选择“布局”→“行和列”命令组，若要插入行，选择“在上方插入”或“在下方插入”按钮；若要插入列，选择“在左侧插入”或“在右侧插入”。如想在表格末尾快速添加一行，单击最后一行的最后一个单元格，按 Tab 键即可插入，或将光标置于末行行尾的段落标记前，直接按 Enter 键插入。

2）插入单元格

将光标置于要插入单元格的位置，选择“布局”→“行和列”区域中右下角的“ ”，弹出“插入单元格”对话框，如图 2.73 所示。选择相应的插入方式后，单击“确定”按钮即可。

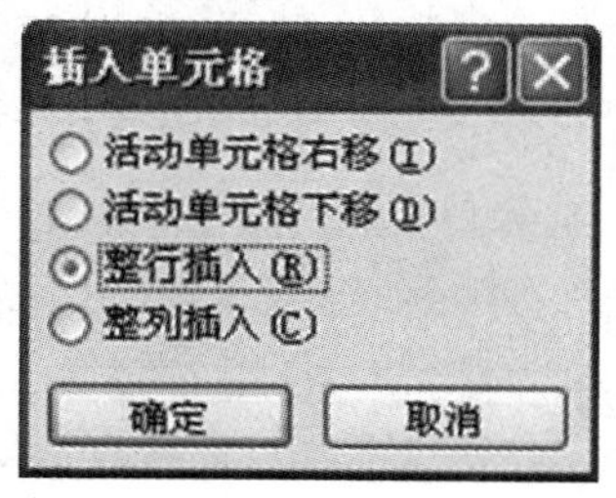

图 2.73　“插入单元格”对话框

3）删除行和列

把光标定位到要删除的行或列所在的单元格中，或者选定要删除的行或列，选择“布局”→“行和列”→“删除”按钮→“删除行”或“删除列”菜单命令即可，如图 2.74 所示。

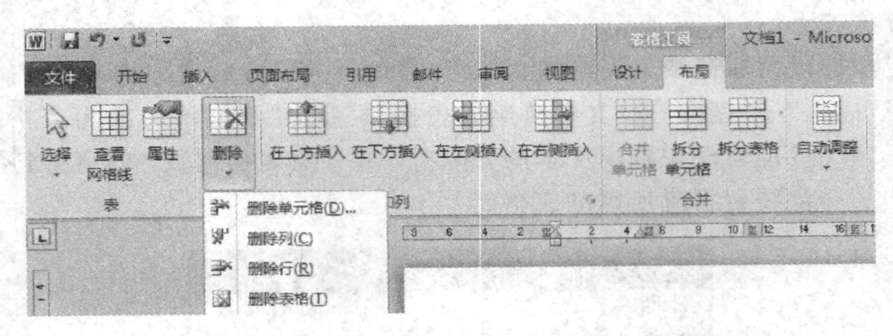

图 2.74 “删除行或列”操作

4）删除单元格

把光标移动到要删除的单元格中或选定要删除的单元格，选择“布局”→“行和列”→“删除”按钮→“删除单元格”命令，弹出如图 2.75 所示的“删除单元格”对话框，选择相应的删除方式，单击“确定”按钮即可。

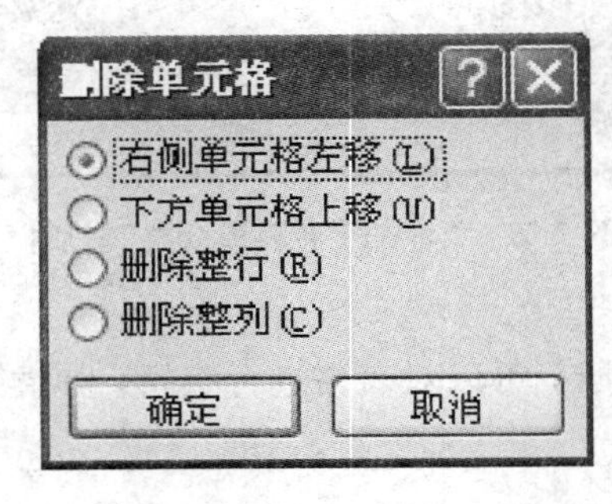

图 2.75 “删除单元格”对话框

5）合并与拆分单元格

合并单元格：将多个单元格合并为一个。选中需要合并的单元格，选择“布局”→“合并区域”中的“合并单元格”按钮即可。

拆分单元格：将一个单元格拆分为多个。将鼠标置于将要拆分的单元格中，选择“布局”→“合并区域”中的“拆分单元格”按钮，打开“拆分单元格”对话框，如图 2.76 所示。输入要拆分的列数和行数，单击“确定”按钮即可。

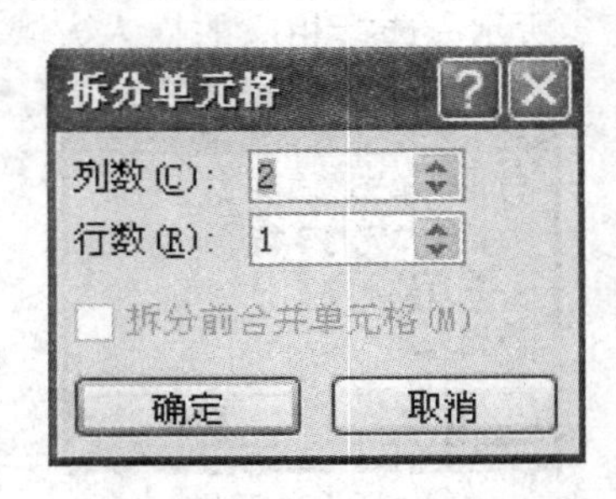

图 2.76 “拆分单元格”对话框

6）调整表格的列宽与行高

创建表格后，可以根据表格内容的需要调整表格的列宽与行高。

（1）使用鼠标调整表格的列宽与行高。

若要改变列宽或行高，可以将指针停留在要更改其宽度的列的边框线上，直到鼠标指针变为“+||+”形状时，按住鼠标的左键拖动，当达到所需列宽或行高时，松开鼠标即可。

（2）使用对话框调整行高与列宽。

用鼠标拖动的方法直观但不易精确掌握尺寸，使用功能区中的命令或者表格属性可以精确的设置行高与列宽。将光标置于要改变列宽和行高的表格中，在“布局”→“单元格大小”区域中的高度和宽度框中输入精确的数值即可。或者在“布局”→“单元格大小”区域中单击“ ”，打开“表格属性”对话框，如图 2.77 所示。在对话框中选择行或列选项卡，即可设置相应的行高或列宽。

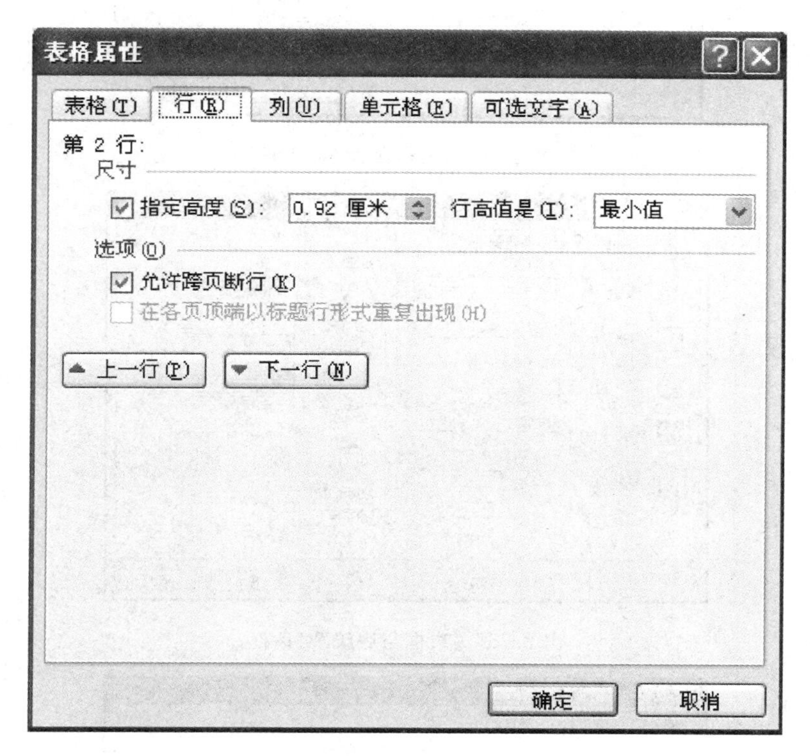

图 2.77　“表格属性”对话框

3. 为表格设置边框和底纹

为美化表格或突出表格的某一部分，可以为表格添加边框和底纹。

选定要设置边框和底纹的单元格，单击“布局”→“单元格大小”区域中右下角的“ ”，打开表格属性对话框，如图 2.78 所示。在“表格”选项卡，点击“边框和底纹”按钮，弹出“边框和底纹”对话框，如图 2.79 所示。在“边框”选项卡中可以设置边框的样式，选择边框线的类型、颜色和宽度，在“底纹”选项卡(如图 2.80 所示)中可以设置填充色、底纹的图案和颜色，若是只应用于所选单元格，则在“应用于”框中选择“单元格”。

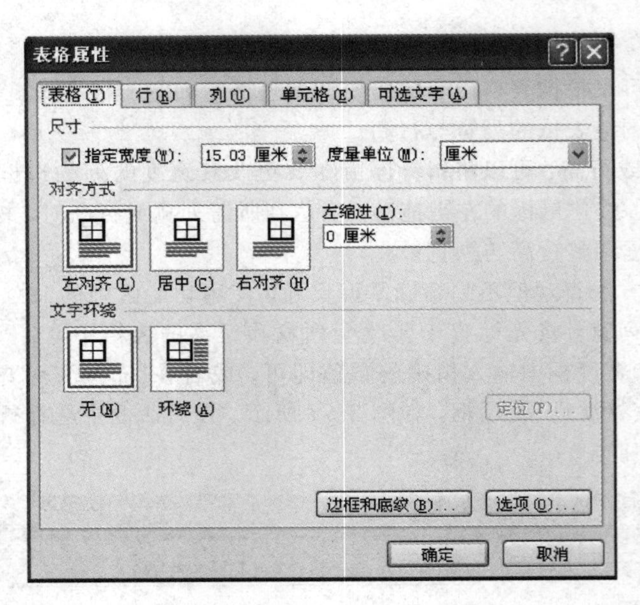

图 2.78 “表格属性”对话框

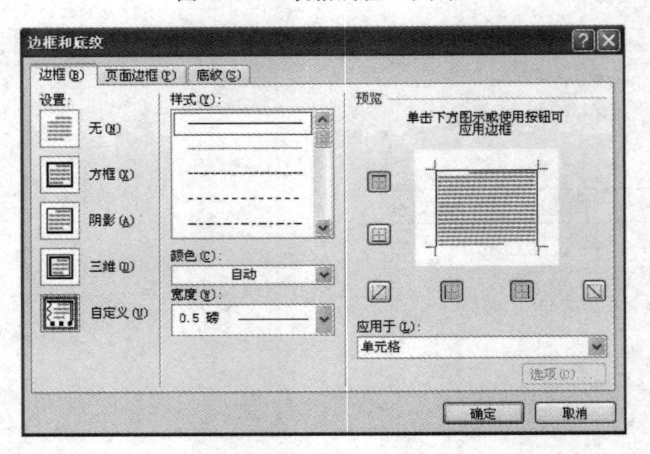

图 2.79 “边框与底纹”对话框

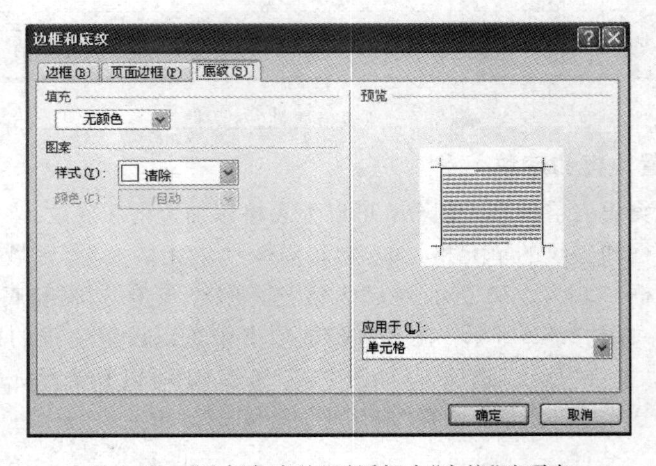

图 2.80 “边框与底纹”对话框中“底纹”选项卡

另外可以使用功能区中的命令按钮设置边框和底纹。选定要设置边框和底纹的单元格，选择“设计”→“表格样式”区域中边框按钮“边框”右边的下拉箭头，在打开的下拉菜单中选择相关的边框命令设置边框，如图 2.81 所示。单击“表格样式”区域中底纹按钮“底纹”右边的下拉箭头，在打开的下拉菜单中设置底纹。

在“设计”选项卡的绘图边框命令区还可以设置线型、线的粗细，擦除和绘制表格按钮。

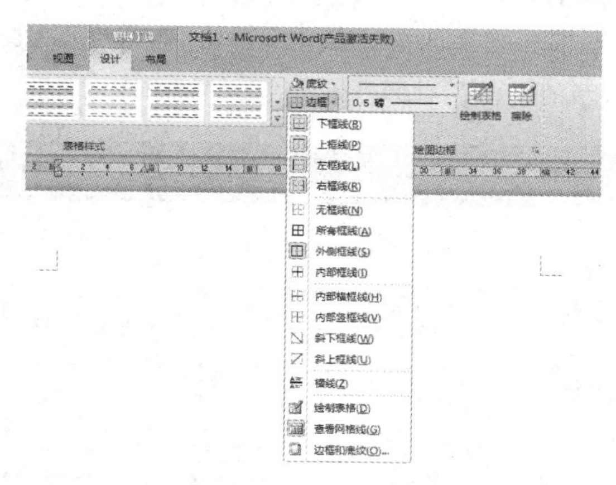

图 2.81　设置表格“边框”

4. 表格的自动套用格式

使用上述方法设置表格格式，有时比较麻烦，因此，Word 提供了很多现成的表格样式供用户选择，这就是表格的自动套用格式。

选定表格，选择“设计”选项卡，在“表格样式”命令区列出了 Word 2010 自带的常用格式，可以点击右边的上下三角按钮切换样式，也可以点击“ ”打开如图 2.82 所示的“表格样式”下拉菜单，在“内置”中选择表格样式。也可单击相关命令来修改样式、清除样式、新建表的样式等。

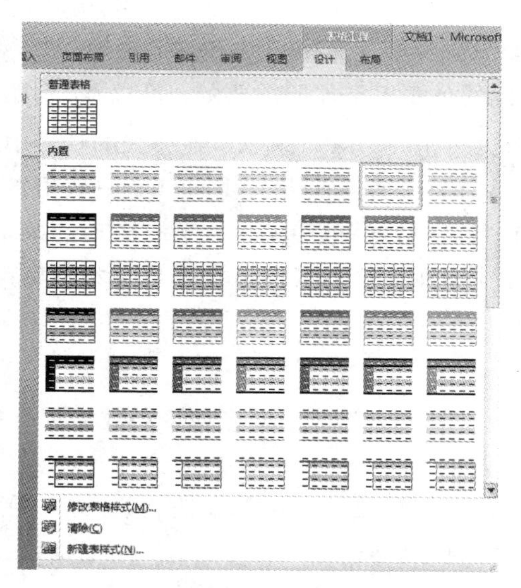

图 2.82　“表格样式”下拉菜单

5. 表格中数据的计算与排序

1）表格中数据的计算

Word 表格中数值的计算功能大致分为两部分，一是直接对行或列的求和，二是对任意单元格的数值进行计算，例如进行求和，求平均值等。

（1）行或列的直接求和。

将插入点置于要放置求和结果的单元格中，单击“布局”→“数据”命令区的公式按钮“f_x公式”，打出如图 2.83 所示的“公式”对话框。

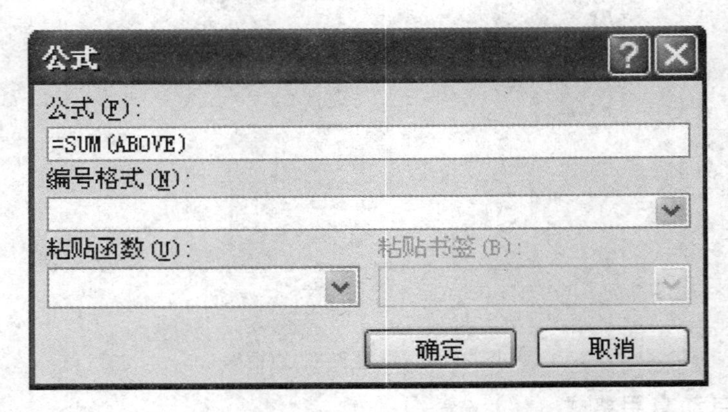

图 2.83　Word 中数值计算的“公式”对话框

如果选定的单元格位于一列数值的底端，Word 将自动采用公式＝SUM(ABOVE)进行计算；如果选定的单元格位于一行数值的右端，Word 将采用公式＝SUM(LEFT)进行计算。单击“确定”按钮，Word 将完成行或列的求和。

如果该行或列中含有空单元格，则 Word 将不能对这一整行或整列进行累加。因此要对整行或整列求和时，应在每个空单元格中键入零值。

（2）单元格数值的计算。

将光标置于要放置计算结果的单元格中，单击“布局”→“数据”命令区的公式按钮“f_x公式”。如果 Word 自动提供的公式不是你所需要的，可以在“粘贴函数”框中选择所需的公式。例如，要进行求和，可以单击“SUM”。其次，在公式的括号中键入单元格引用，可引用单元格的内容。例如，如果需要计算单元格 A1 和 B4 中数值的和，应建立这样的公式：＝SUM(a1，b4)。然后，在“数字格式”框中输入数字的格式。例如，要以带小数点的百分比显示数据，可以单击“0.00％”，则系统就会以该种格式显示数据。最后，单击“确定”按钮，Word 会自动完成计算结果。

2）表格的排序

在 Word 2010 中可以对表格中的数字、文字和日期数据进行排序操作，具体操作步骤如下：

（1）在需要进行数据排序的 Word 表格中单击任意单元格。在“表格工具”功能区，单击“布局”→“数据”命令组中的“排序”按钮“排序”，打开“排序”对话框，如图 2.84 所示。

（2）在“列表”区域选中“有标题行”单选框。如果选中“无标题行”单选框，则 Word 表格中的标题也会参与排序。

（3）在“主要关键字”区域，单击关键字下拉三角按钮选择排序依据的主要关键字。单击“类型”下拉三角按钮，在“类型”列表中选择“笔画”、“数字”、“日期”或“拼音”选项。如果参与排序的数据是文字，则可以选择“笔画”或“拼音”选项；如果参与排序的数据是日期类型，则可以选择“日期”选项；如果参与排序的只是数字，则可以选择“数字”选项。选中“升序”或“降序”单选框设置排序的顺序类型。

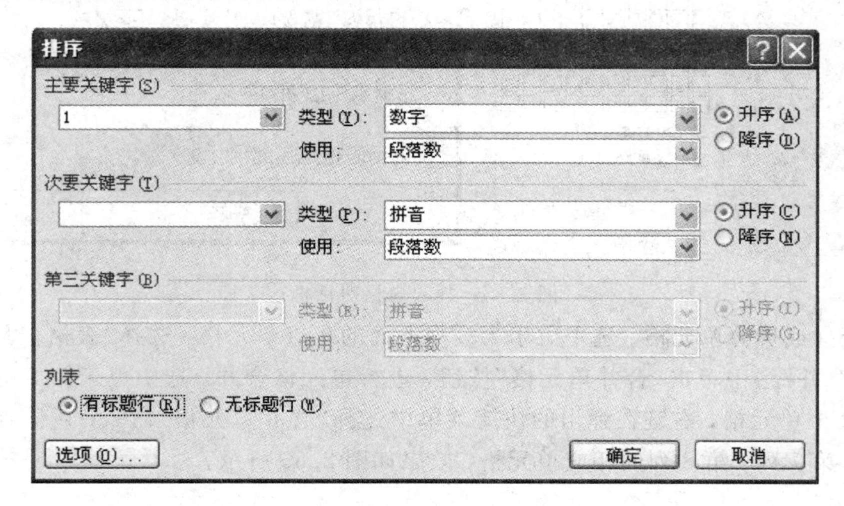

图 2.84　“排序”对话框

（4）在“次要关键字”和“第三关键字”区域进行相关设置，并单击“确定”按钮对 Word 表格数据进行排序。

2.3.3　案例实现

在本节中，将应用 Word 的相关知识点完成对个人简历的制作，本项目主要讲述对 Word 的表格操作，如表格的插入、表格的编辑、设置表格边框和底纹等。

步骤 1：制作个人简历封面。

简历封面是招聘人员首先看到的内容，精美的封面能够给招聘单位带来良好的第一印象，是求职成功的第一步，因此封面的设计一定要简洁美观、大方得体。制作个人简历封面，大家可以参考图 2.61 的封面效果图，应用上节介绍的图文混排知识进行制作。

步骤 2：制作自荐书。

自荐书是向招聘企业介绍自己的一把利器，大家可以参照图 2.61 的自荐书效果图，应用前几节介绍的 Word 相关基础操作知识完成自荐书的设计。

步骤 3：制作个人简历。

（1）插入表格。将插入点定位到插入表格的位置。选择“插入”选项卡，在“表格”组中单击“表格”按钮，在弹出的下拉列表中，选择“插入表格”命令，弹出插入表格对话框，设置列数为 5、行数为 8，如图 2.85 所示。

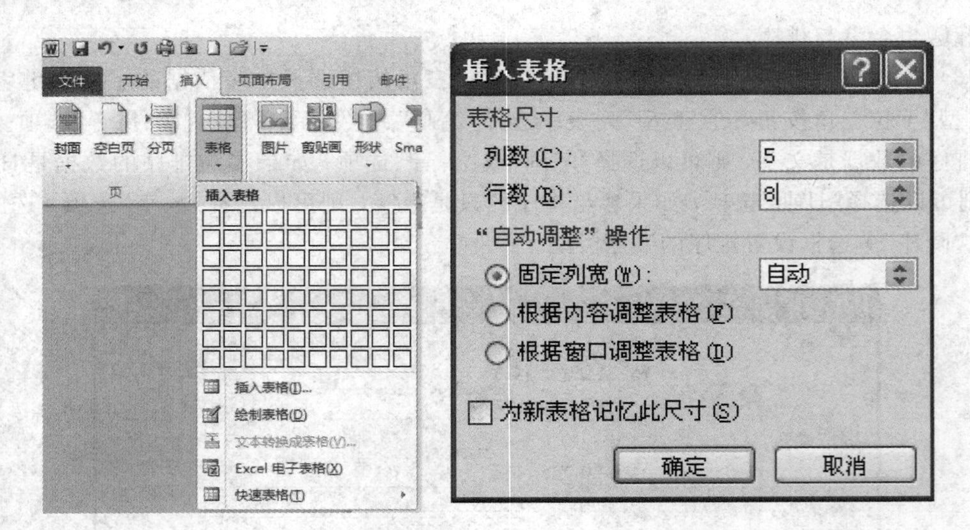

图 2.85　插入表格对话框

(2) 合并或拆分单元格。选中位于第 5 列上面的 4 行单元格，选择"表格工具-布局"选项卡，在"合并"组中单击"合并单元格"按钮，进行单元格合并。选中位于第 5 行的第 4 列和第 5 列 2 个单元格，右键在弹出的快捷菜单中选择"合并单元格"命令；用同样的方法合并第 6 列、第 7 列、第 8 列的相应单元格，效果如图 2.86 所示。

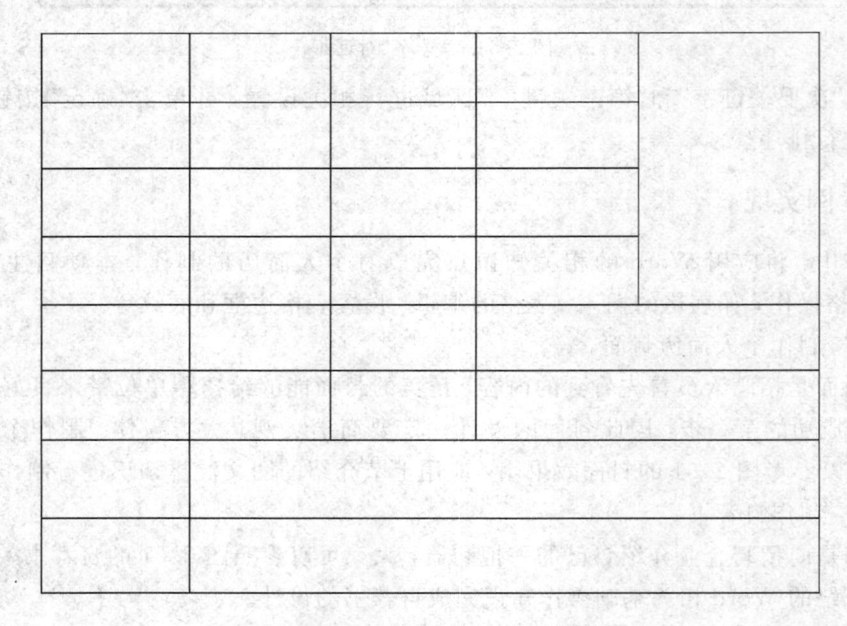

图 2.86　合并单元格后的效果图

(3) 调整表格行高。选择第 1－6 行单元格，选择"布局"选项卡，在"单元格大小"组中"高度"数值框中输入 1.2 厘米；用同样的方法设置其他两行单元格高度为 7 厘米，把鼠标放在右侧第 2 条列线上，光标变成"＋"形状，按住鼠标左键拖动，可以改变列宽。

(4) 输入信息。按照效果图，在表格中输入文字信息。

(5) 设置字体。设置表格标题字体为华文新魏，字号为小一号，对齐方式为居中。

（6）设置表格样式。选择整个表格，选择“设计”选项卡，在“表格样式”组中单击“表格样式”右侧的“其他”按钮，在打开的下拉列表中选择“中等深浅网格 1 -强调文字颜色 5”样式。

（7）设置单元格数据对齐方式。选择所有单元格，选择“布局”选项卡，在“对齐方式”组中单击“中部两端对齐”按钮。

步骤 4：保存并打印文档。

（1）按快捷键 Ctrl＋S 保存文档，一份漂亮的自荐书制作完成。

（2）通过打印预览查看个人简历，如果没有问题就可以单击“打印”按钮进行打印了。个人简历的最终效果图如图 2.61 右图所示。

2.4　毕业论文的排版

制作专业的文档时，除了涉及常规的页面内容和美化操作外，还需要注重文档结构及排版方式。Word 2010 提供了很多便捷的功能，使长文档的编辑、排版、阅读和管理更加轻松自如。

2.4.1　案例介绍

小高是应天工学院的一名大四学生。临近毕业，他按照指导老师发放的毕业设计任务书的要求，完成了前期项目开发和论文内容的书写工作。下一步，他将使用 Word 2010 对论文进行编辑和排版，其依据是教务处公布的“论文编写格式要求”，内容如下：

（1）论文必须包括封面、中文摘要、目录、正文、致谢、参考文献等部分，如果有源代码或线路图等，也可以在参考文献后追加附录。各部分的标题均采用论文正文中一级标题的样式。

（2）论文各组成部分的正文：中文字体使用宋体，西文字体使用 Times New Roman，字号均为小四号，首行缩进两个字符；除已说明的行距外，其他正文均采用 1.25 倍行距。其中如有公式，行间距会不一致，在设置段落格式时，取消对“如果定义了文档网格，对齐网格”选项的选择。

（3）封面：教务处给出了模板，从其网站上下载，并根据需要做必要的修改，封面中不书写页码。

（4）目录：自动生成；字号小四，对齐方式右对齐。

（5）摘要：在摘要正文后，间隔一行，输入文字“关键词：”，字体为宋体、四号、加粗，首行缩进两个字符，其后的关键词格式同正文。

（6）论文正文中的各级标题。

① 一级标题：字体黑体，字号三号，加粗，对齐方式居中，段前、段后均为 0 行，1.5 倍行距。

② 二级标题：字体楷体，字号四号，加粗，对齐方式靠左，段前、段后均为 0 行，1.25 倍行距。

③ 三级标题：字体楷体，字号小四，加粗，对齐方式靠左，段前、段后均为 0 行，1.25 倍行距。

（7）论文中的图片：插入到 1 行 1 列的表格中，对齐方式居中；每张图片有图序和图名，并在图片正下方居中书写。图序采用如“图 1－1”的格式，并在其后空两格书写图名；图名的中文字体宋体，西文字体 Times New Roman，字号为五号。

(8) 论文中的表格：单元格中的内容，对齐方式居中，中文字体宋体，西文字体 Times New Roman，字号均为五号，标题行文字加粗；表格允许下页接写，表题可省略，表头应重复写，并在左上方写“续表××”；每张表格有表序和表题，并在表格正上方居中。表序采用如“表 1.1”的格式，并在其后空两格书写表题；表名的中文字体宋体，西文字体 Times New Roman，字号为五号。

(9) 参考文献：正文按指定的格式要求书写，1.5 倍行间距。

(10) 页面设置：采用 A4 大小的纸张打印，上、下页边距均为 2.54 cm，左、右页边距分别为 2.17 cm 和 2.54 cm；装订线 0.5 cm；页眉、页脚距边界 1 cm。

(11) 页眉：中文宋体，西文 Times New Roman，字号为五号；采用单倍行距，居中对齐。除论文正文部分外，其余部分的页眉中书写当前部分的标题；论文正文奇数页的页眉中书写章题目，偶数页书写“××职业技术学院毕业设计论文”。

(12) 页脚：中文宋体，西文 Times New Roman，字号为小五号；采用单倍行距，居中对齐；页脚中显示当前页的页码。其中，中文摘要与目录的页码使用希腊文，且分别单独编号；从论文正文开始，使用阿拉伯数字，且连续编号。

(13) 论文左侧装订，打印到封面、摘要单面打印，目录、正文、致谢、参考文献等双面打印。

本案例我们以一篇毕业设计论文为例，学习长文档的编辑技巧。完成后的效果如图 2.87 所示。

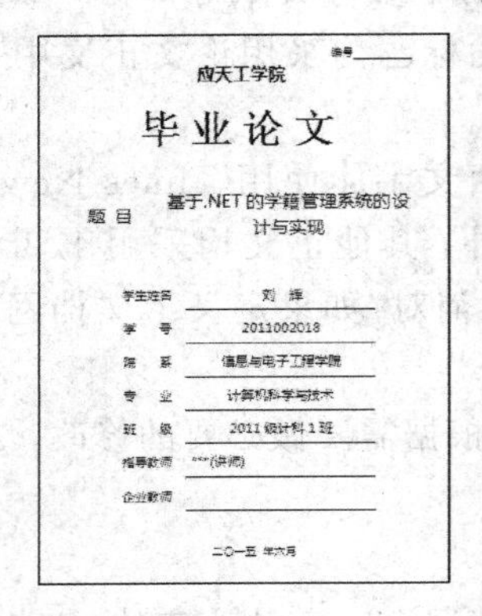
编号
应天工学院
毕业论文
题目 基于.NET的学籍管理系统的设计与实现
学生姓名 刘 辉
学 号 2011002018
院 系 信息与电子工程学院
专 业 计算机科学与技术
班 级 2011级计科1班
指导教师 ***(讲师)
企业教师
二〇一五 年六月

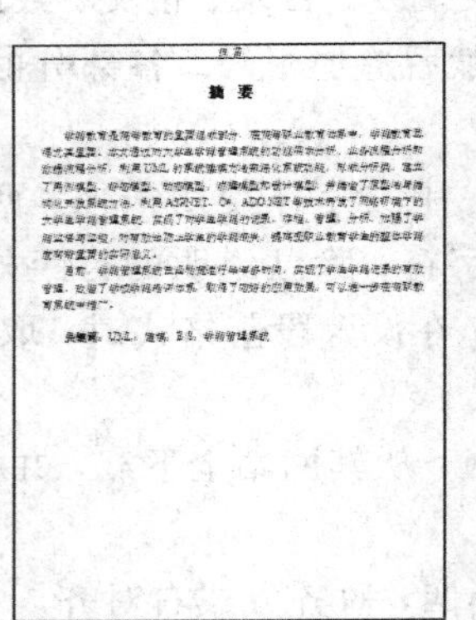
摘 要

目 录

图 2.87　毕业论文效果图

2.4.2　相关知识点

1. 定义并使用样式

1) 样式的基本概念

样式是应用于文本的一系列格式特征，利用它可以快速地改变文本的外观。当应用样式时，只需执行一步操作就可应用一系列的格式。

单击“开始”→“样式”命令组中右下角的“ ”箭头，打开如图 2.88 所示的“样式”窗格。利用此窗格可以浏览、应用、编辑、定义和管理样式。

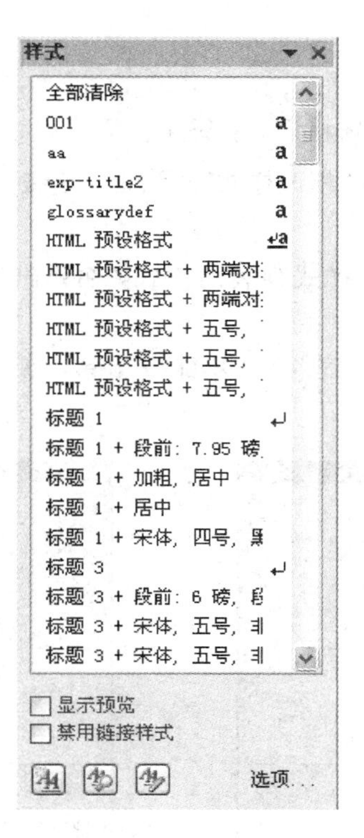

图 2.88　“样式”窗格

2）样式的分类

样式分为“段落样式”和“字符样式”。

(1) 段落样式：以集合形式命名并保存的具有字符和段落格式特征的组合。段落样式控制段落外观的所有方面，如文本对齐、制表位、行间距、边框等，也可能包括字符格式。

(2) 字符样式：影响段落内选定文字的外观，例如文字的字体、字号、加粗及倾斜的格式设置等。即使某段落已整体应用了某种段落样式，该段中的字符仍可以有自己的样式。

3）样式的应用

(1) 选定段落：在如图 2.88 所示“样式”任务框中，单击样式名，或者单击“开始”选项卡中“样式”命令组中的样式按钮，即可将该样式的格式集一次应用到选定段落上。

(2) 应用字符样式：选定部分文本，单击如图 2.88 所示“样式”窗格中的样式名，只将字符格式(如加粗或倾斜格式)应用于选定内容。

4）样式管理

若需要段落包括一组特殊属性，而现有样式中又不包括这些属性，用户可以新建段落样式或修改现有样式。

(1) 创建新样式。

在如图 2.88 所示“样式”窗格中，单击“新建样式”按钮“”，弹出如图 2.89 所示的“根据格式设置创建新样式”对话框，然后在“名称”框中输入新样式名，在“样式类型”框中的“字符”或“段落”选项中选择所需其他选项，再单击“格式”按钮设置样式属性，最后单击

“确定”即可创建一新的样式。

(2) 修改样式。

在如图 2.88 所示的“样式”窗格中，右键单击样式列表中显示的样式，选择“修改样式”按钮，将弹如图 2.90 所示的“修改样式”对话框，单击“格式”按钮即可修改样式格式。

(3) 删除样式。

在“样式”任务框，右键单击样式列表的样式，在弹出的快捷菜单中，单击“删除”命令即可将选定的样式删除。

注意：“正文”样式和“默认段落”样式不能被删除，如“开始”功能区的“样式”分组中的“样式”按钮不能删除。

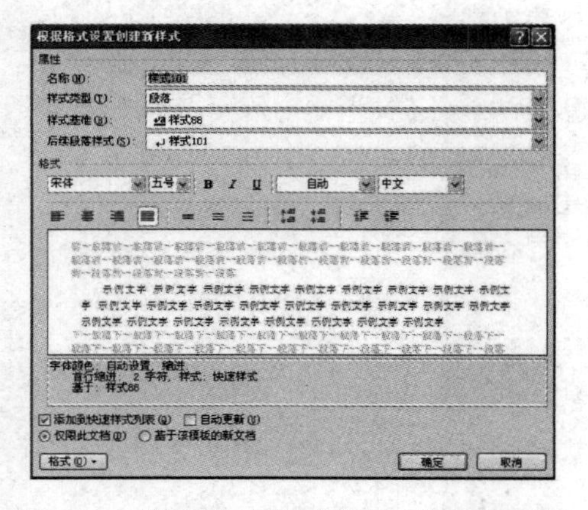

图 2.89 “根据格式设置创建新样式”对话框

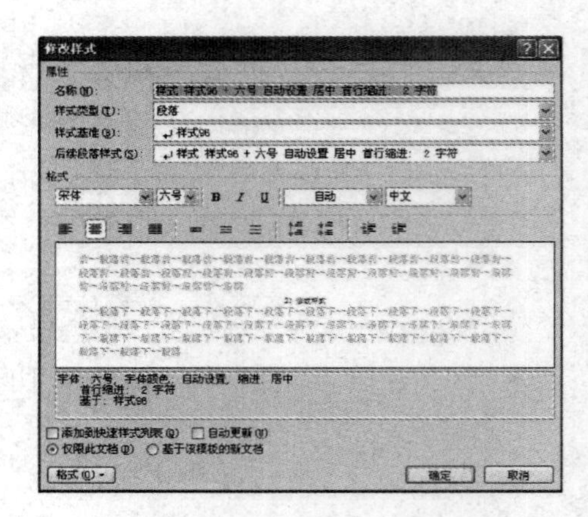

图 2.90 “修改样式”对话框

5) 使用格式刷

使用格式刷可以快速重复设置相同的格式。

(1) 复制文字格式。

① 选中包含格式的文字内容；

② 双击“开始”→“剪贴板”命令组中的“格式刷”按钮“”；

③ 鼠标箭头变成刷子形状，此时按住鼠标左键拖选其他文字内容，则格式刷经过的文字将被设置成格式刷记录的格式；

④ 松开鼠标左键后再次按住左键拖其他文字内容，将再次重复设置格式；

⑤ 重复上述步骤多次复制格式，完成后单击“格式刷”按钮即可取消格式刷状态。

(2) 直接复制整个段落的所有格式。

① 把光标定位在设置好格式的段落中；

② 双击“开始”→“剪贴板”命令组中的“格式刷”按钮“”；

③ 鼠标箭头变成刷子形状，此时按住鼠标左键选中其他段落，则格式刷经过的段落将被设置成格式刷记录的段落格式；

④ 松开鼠标左键后再次按住左键拖选其他段落，就可以连续给其他段落复制格式；

⑤ 单击“格式刷”按钮即可恢复正常的编辑状态。

注意：如果是单击格式刷按钮，只刷一次格式，格式刷就自动取消。

2. 编制目录和索引

1）编制目录

（1）目录概述。

目录是文档中标题的列表，通过目录，可以在目录的首页通过按“Ctrl＋鼠标左键”跳到目录所指向的章节，也可以打开视图导航窗格，将整个文档结构列出。Word 2010 提供了目录编制与浏览功能，可使用 Word 中的内置标题样式和大纲级别设置自己的标题格式。

标题样式：应用于标题的格式样式。Word 2010 有 6 个不同的内置标题样式。

大纲级别：应用于段落格式等级。Word 2010 有 9 级段落等级。

（2）用大纲级别创建标题级别。

① 单击“视图”→“文档视图”命令组中的“大纲视图”按钮“ ”，将文档显示在大纲视图。

② 切换到“大纲”选项卡，如图 2.91 所示。在“大纲工具”命令组中选择目录中显示的标题级别数。

③ 选择要设置为标题的各段落，在“大纲工具”分组中分别设置各段落级别。

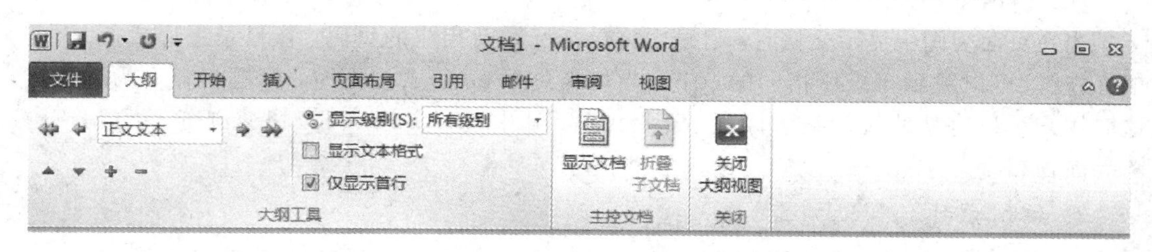

图 2.91　“大纲”选项卡

（3）用内置标题样式创建标题级别。

① 选择要设置为标题的段落。

② 单击“开始”→“样式”命令组中“标题样式”按钮即可。（若需修改现有的标题样式，在标题样式上单击右键，选择“修改”命令，在弹出的“修改样式”对话框中进行样式修改）。

③ 对希望包含在目录中的其他标题重复进行步骤 1 和步骤 2。

④ 设置完成后，单击“关闭大纲视图”按钮，返回到页面视图。

（4）编制目录。

通过使用大纲级别或标题样式设置，指定目录要包含的标题之后，可以选择一种设计好的目录格式生成目录，并将目录显示在文档中。操作步骤如下：

① 确定需要制作几级目录。

② 使用大纲级别或内置标题样式设置目录要包含的标题级别。

③ 光标定位到插入目录的位置，单击“引用”→“目录”命令组中的“目录”按钮“ ”，选择“插入目录”命令，打开如图 2.92 所示的“目录”对话框。

④ 打开“目录”选项卡，在“格式”下拉列表框中选择目录格式，根据需要，设置其他选项。

⑤ 单击“确定”按钮即可生成目录。

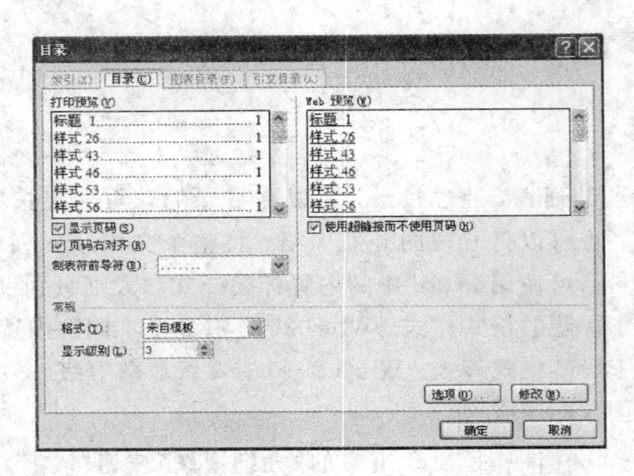

图 2.92 “目录”对话框

(5) 更新目录。

在页面视图中，用鼠标右击目录中的任意位置，从弹出的快捷菜单中选择“更新域”命令，在弹出的“更新目录”对话框中选择更新类型，单击“确定”按钮，目录即被更新。

(6) 使用目录。

当在页面视图中显示文档时，目录中将包括标题及相应的页码，在目录上通过按“Ctrl+鼠标左键”可以跳到目录所指向的章节；当切换到 Web 版式视图时，标题将显示为超链接，这时用户可以直接跳转到某个标题。若要在 Word 中查看文档，可以快速浏览，可以打开视图导航窗格。

2) 编制索引

目录可以帮助读者快速了解文档的主要内容，索引可以帮助读者快速查找需要的信息。生成索引的方法是：单击“引用”→“索引”命令组中 的“插入索引”按钮“ ”，打开如图 2.93 所示“索引”对话框，在对话框中设置选择相关的项，单击“确定”即可。

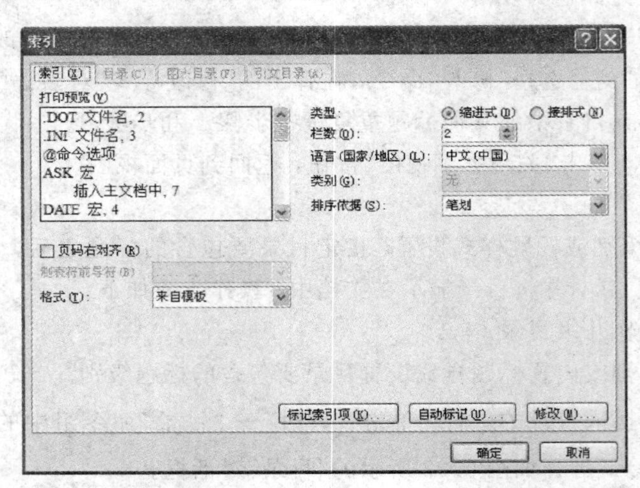

图 2.93 “索引”对话框

在“索引”对话框中，“类型”选项中“缩进式”选项可以在主索引项下方列出次索引项，“接排式”选项则将主索引项与次索引项置于同一行；“栏数”选项将索引设置为用户输入数字所确定的栏数，如果想使索引的栏数与文档中的栏数相等，可以选择“自动”；“语言(国家/地区)”选项供用户选择用于索引的语言，只需要打开列表进行修改即可；“类别”选项可以设置格式的类型，包括“无”、“粗略”、“普通”、“完整”四种格式；“排序依据”选项可以设置排序方式，包括“笔划”、“拼音”两种。

3. 页眉、页脚和页码的设置

页眉和页脚通常用于打印文档。在页眉和页脚中可以包括页码、日期、公司徽标、文档标题、文件名或作者名等文字或图形，这些信息通常打印在文档每页的顶部或底部。页眉打印在上页边距中，而页脚打印在下页边距中。

在文档中可以自始至终用同一个页眉或页脚，也可以在文档的不同部分用不同的页眉和页脚。例如，可以在首页上使用与众不同的页眉或页脚或者不使用页眉和页脚，还可以在奇数页和偶数页上使用不同的页眉和页脚，而且文档不同部分的页眉和页脚也可以不同。

1）添加页码

页码是页眉和页脚中的一部分，可以放在页眉或页脚中，对于一个长文档，页码是必不可少的，因此为了方便，Word 单独设立了“插入页码”功能。

如果用户希望每个页面都显示页码，并且不希望包含任何其他信息(例如，文档标题或文件位置)，则用户可以快速添加库中的页码，也可以创建自定义页码。

(1) 从库中添加页码。

单击“插入”→“页眉和页脚”命令组中“页码”按钮“ ”，打开“页码”下拉菜单，如图 2.94 所示，在下拉菜单中选择所需的页码位置，然后滚动浏览库中的选项，单击所需的页码格式即可。若要返回至文档正文，只要单击“页眉和页脚工具/设计”选项卡的“关闭页眉和页脚”即可。

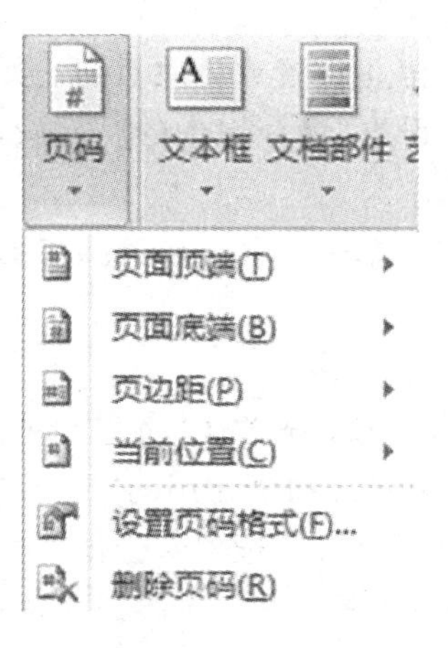

图 2.94　“页码”下拉菜单

(2) 添加自定义页码。

双击页眉区域或页脚区域，出现“页眉和页脚工具/设计”选项卡，单击“位置”命令组中“插入‘对齐方式’选项卡”，打开如图 2.95 所示的“对齐制表位”对话框，在“对齐方式”区域设置对齐方式，在“前导符”区域设置前导符。若要更改编号格式，单击“页眉和页脚”命令中的“页码”按钮，在“页码”下拉菜单中单击“页码格式”命令设置格式。单击“页眉和页脚工具\设计”选项卡的“关闭页眉和页脚”即可返回至文档正文。

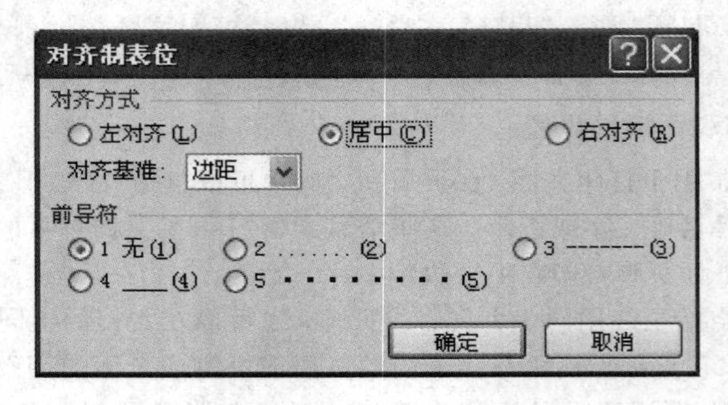

图 2.95 “对齐制表位”对话框

2）添加页眉或页脚

单击“插入”→“页眉和页脚”命令组中“页眉”按钮“ ”或“页脚”按钮“ ”，在打开的下拉菜单中选择“编辑页眉”或“编辑页脚”按钮，定位到文档中的位置。接下来有两种方法完成页眉或页脚内容的设置，一种是从库中添加页眉或页脚内容，另外一种就是自定义添加页眉或页脚内容。单击“页眉和页脚工具”功能区的“设计”选项卡的“关闭页眉和页脚”即可返回至文档正文。

3）在文档的不同部分添加不同的页眉、页脚或页码

可以只向文档的某一部分添加页码，也可以在文档的不同部分中使用不同的编号格式。例如，用户可能希望对目录和简介采用 i、ii、iii 编号，对文档的其余部分采用 1、2、3 编号，而不对索引采用任何页码。此外，还可以在奇数和偶数页上采用不同的页眉或页脚。

(1) 在不同部分中添加不同的页眉、页脚或页码。

① 单击要在其中开始设置、停止设置或更改页眉、页脚或页码编号的页面开头。

② 单击“页面布局”→“页面设置”命令组中的“分隔符”，打开分隔符下拉菜单，在下拉菜单中分节符区域选择“下一页”。

③ 双击页眉区域或页脚区域，单击“页眉和页脚工具\设计”→“导航”命令组中“链接到前一节”按钮，以禁用它。

④ 选择页眉或页脚，然后按 Delete。

⑤ 若要选择编号格式或起始编号，选单击“页眉和页脚”命令组中的“页码”按钮，然后单击“设置页码格式”，再单击所需格式和要使用的“起始编号”，最后单击“确定”。

⑥ 若要返回至文档正文，单击“设计”选项卡上的“关闭页眉和页脚”。

(2) 在奇数和偶数页上添加不同的页眉、页脚或页码。

① 双击页眉区域或页脚区域。这将打开“页眉和页脚工具\设计”选项卡，在“选项”组中选中“奇偶页不同”复选框。

② 在其中一个奇数页上，添加要在奇数页上显示的页眉、页脚或页码编号。

③ 在其中一个偶数页上，添加要在偶数页上显示的页眉、页脚或页码编号。

④ 若要返回至文档正文，单击“设计”选项卡上的“关闭页眉和页脚”按钮。

4）删除页码、页眉和页脚

双击页眉、页脚或页码，然后选择页眉、页脚或页码，再按 Delete。若具有不同页眉、页脚或页码的分区，则在每个分区中重复上面步骤即可。

小提示：若要编辑页眉和页脚，只要鼠标左键双击页眉或页脚的区域即可。可以像编辑文档正文一样来编辑页眉和页脚的文本内容。

5）文档的修订与批注

（1）修订和批注的意义。

为了便于联机审阅，Word 允许在文档中快速创建修订与批注。

① 修订：显示文档中所做的诸如删除、插入或其他编辑、更改的位置的标记。启动“修订”功能后，对删除的文字会以带删除线的形式展示，字体为红色，添加文字也会以红色字体呈现。当然，用户可以修改成自己喜欢的颜色。

② 批注：指作者或审阅者为文档添加的注释。为了保留文档的版式，Word 2010 在文档的文本中显示一些标记元素，而其他元素则显示在边距上的批注框中，在文档的页边距或“审阅窗格”中显示批注。

（2）修订操作。

① 标注修订。

单击“审阅”→“修订”命令组中的“修订”三角按钮“”，选择“修订”命令(或按 Ctrl+Shift+E 组合键)可启动修订功能。

② 取消修订。

启动修订功能后，再次在“修订”命令组中单击“修订”三角按钮“”，选择“修订”命令(或按 Ctrl+Shift+E 组合键)可关闭修订功能。

③ 接收或拒绝修订。

用户可对修订的内容选择接收或拒绝修订，在“审阅”选项卡的“更改”命令组中单击“接收”或“拒绝”按钮即可完成相关操作。

（3）批注操作。

① 插入批注：选中要插入批注的文字或插入点，在“审阅”选项卡中的“批注”命令组中单击“新建批注”按钮“”，并输入批注内容。

② 删除批注：若要快速删除单个批注，用鼠标右键单击批注，然后从弹出的快捷菜单中选择“删除批注”即可。

4. 分栏与分隔符设置

分栏是指将页面在横向上分为多个栏，文档内容在其中逐栏排列。Word 中可以将文档在页面上分为多栏排列，并可以设置每一栏的栏宽以及相邻栏的栏间距。许多出版物为了方便读者，往往采用多栏的文本排版方式。使用 Word 创建多栏文档非常容易。

1）新闻稿样式分栏

所谓新闻稿样式分栏就是在给定的纸张页面内以两栏或多栏的方式重新对文章或给定的一些段落进行排版，使分栏中的文字从一个分栏的底部排列至下一个分栏的顶部的排版方式。在分栏中可以指定所需的新闻稿样式分栏的数量，调整这些分栏的宽度，并在分栏间添加竖线，也可以添加具有页面宽度的通栏标题。

2）分栏设定

首先，设定分栏的方法是在页面视图模式下，选定要设置为分栏格式的文本，单击“页面布局”→“页面设置”命令组中的“分栏”按钮“ ”；然后，在打开的下拉列表中选择“更多分栏”命令，打开如图 2.96 所示的“分栏”对话框；最后，设置所需的栏数、栏宽和栏间距等内容，单击“确定”按钮即可对选定的文本区域完成分栏。

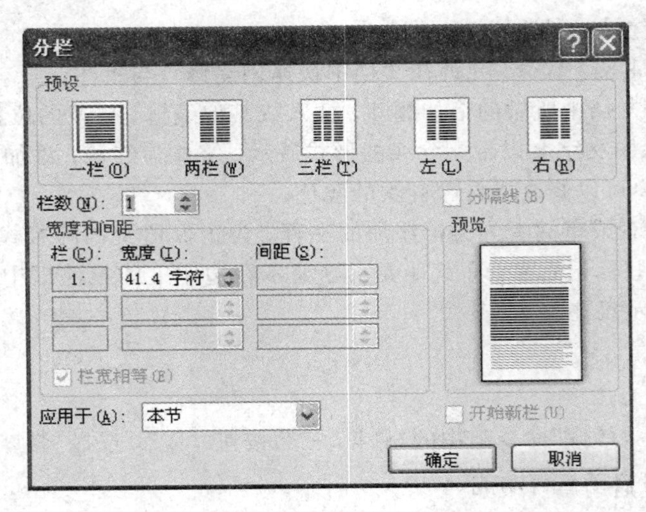

图 2.96 “分栏”对话框

3）调整栏宽和栏间距

调整栏宽和栏间距的方法是选定已分栏格式的文本，拖动水平标尺上的分栏标记，或者在“分栏”对话框中修改“栏宽”和“栏间距”的值以调整栏宽和栏间距。

4）删除分栏

删除分栏的方法是重复执行分栏设定中的操作方法，在如图 2.96 所示的对话框中，选取“一栏”后单击“确定”按钮，则可取消分栏。

5）分隔符

分隔符表示节的结尾插入的标记。通过在 Word 2010 文档中插入分隔符，可以将 Word 文档分成多个部分。每个部分可以有不同的页边距、页眉页脚、纸张大小等不同的页面设置。如果不再需要分隔符，可以将其删除，删除分隔符后，被删除分隔符前面的页面将自动应用分隔符后面的页面设置。

Word 中的分隔符包括分页符、分栏符和分节符。分页符是分隔相邻页之间的文档内容的符号。分栏符的作用是将其后的文档内容从下一栏起排。Word 中可以将文档中分为多个节，不同的节可以有不同的页格式。通过将文档分隔为多个节，我们可以在一篇文档的不同部分设置不同的页格式(如页面边框、页眉/页脚等)。

(1) 插入分隔符。

将光标定位到准备插入分隔符的位置。单击“页面布局”→“页面设置”命令组中的“分隔符”按钮“分隔符”，打开如图 2.97 所示的“分隔符”列表，在列表中，选择合适的分隔符即可。

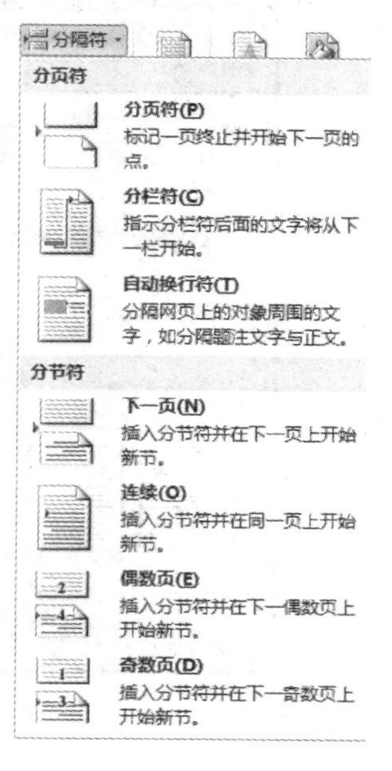

图 2.97　“分隔符”列表

(2) 删除分隔符。

① 打开已经插入分隔符的文档，单击“文件”→“选项”命令，打开“Word 选项”对话框。

② 在左边窗格中选择“显示”，在“始终在屏幕上显示这些格式标记”区域选中“显示所有格式标记”复选框，并单击“确定”按钮。

③ 返回文档窗口，单击“开始”→“段落”命令组中的“显示/隐藏编辑标记”按钮“ ”以显示分隔符，然后在键盘上按 Delete 键删除分隔符即可。

6) 书签

书签用于标识和命名指定的位置或选中的文本。可以在当前光标所在位置设置一个书签，也可以为一段选中的文本添加书签。插入书签后，可以直接定位到书签所在的位置，而无须使用滚动条在文档中进行查找，在 word 2010 中处理长篇文档时，使用书签尤显重要。

5. 页面设置

Word 默认的页面设置是以 A4(21 厘米×29.4 厘米)为大小的页面，按纵向格式编排与打印文档。如果不适合，可以通过页面设置进行改变。

1) 设置纸型

纸型是指用什么样的纸张大小来编辑、打印文档。设置纸张大小的方法是：单击“页面布局”→“页面设置”命令组中“纸张大小”按钮“ ”，打开如图 2.98 所示的“纸张大小”设置下拉列表，在列表中选择合适的纸张类型；或者，在“页面布局”→“页面设置”命令组中单击右下角的按钮“ ”，打开如图 2.99 所示的“页面设置”对话框，单击“纸张”选项卡，选择合适的纸张类型。

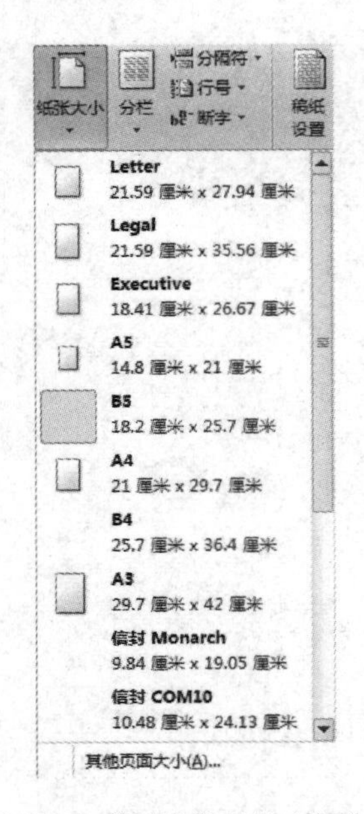

图 2.98 “纸张设置”下拉列表

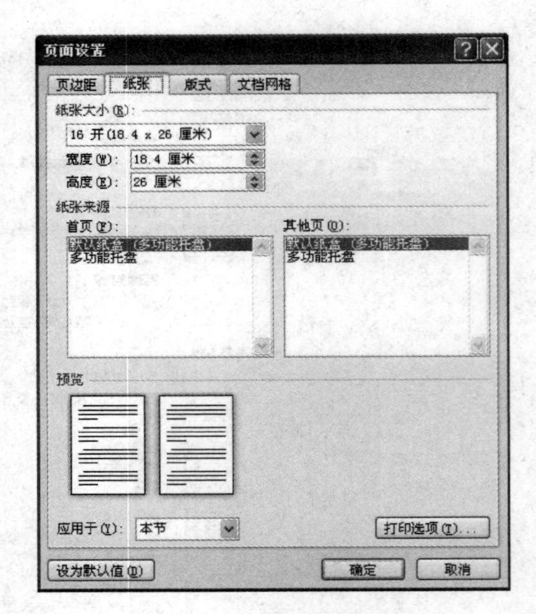

图 2.99 “页面设置”对话框

2) 设置页边距

页边距是指对于一张给定大小的纸张，相对于上、下、左、右四个边界分别留出的边界尺寸。设置页边距有以下两种方法：

(1) 单击“页面布局”→“页面设置”命令组中“页边距”按钮“ ”，打开如图 2.100 所示的下拉列表，在列表中选择合适的页边距或单击列表中的自定义边距，打开如图 2.101 所示的“页面设置”对话框，在“页边距”选项卡中设置。

(2) 在“页面布局”→“页面设置”命令组中单击右下角的按钮“ ”，打开如图 2.101 所示的“页面设置”对话框，在“页边距”选项卡中设置。

图 2.100 “页边距”设置下拉列表

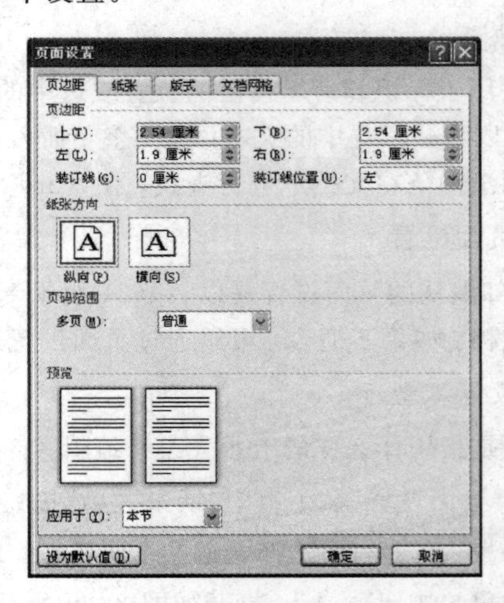

图 2.101 “页面设置”对话框中的“页边距”选项卡

3）打印预览及打印

在新建文档时，Word 对纸型、方向、页边距以及其他选项应用默认的设置，但用户还可以随时改变这些设置，以排出丰富多彩的版面格式。

（1）打印预览。

用户可以通过使用“打印预览”功能查看文档打印出的效果，以便及时调整页边距、分栏等设置，操作步骤如下：

① 单击“文件”→“打印”命令，打开“打印”面板，如图 2.102 所示。

② 在“打印”面板右侧预览区域可以查看打印预览效果，用户所做的纸张方向、页边距等设置都可以通过预览区域查看效果。用户还可以通过调整预览区下面的滑块改变预览视图的大小。

③ 若需要调整页面设置，可单击“页面设置”按钮进行调整。

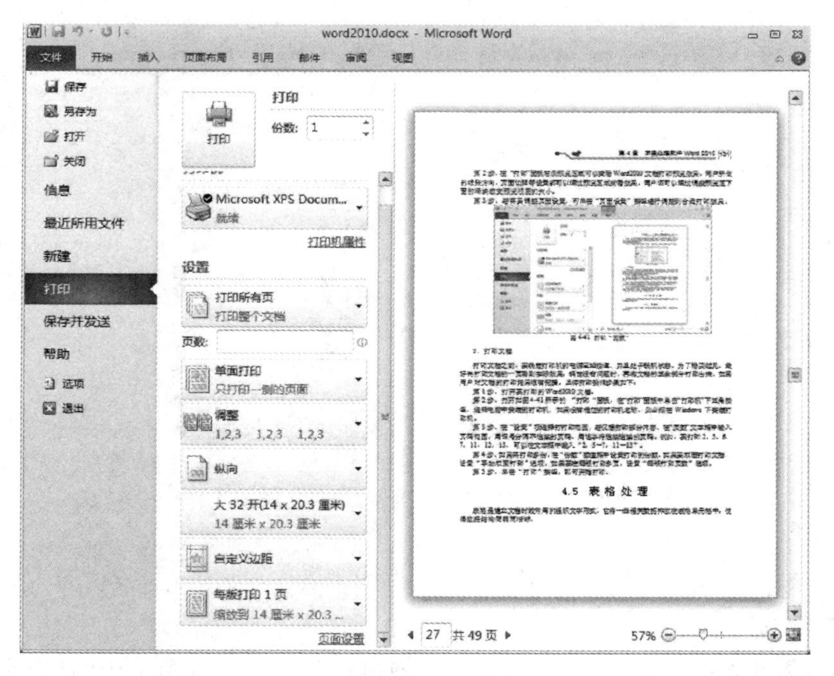

图 2.102　“打印”面板

（2）打印文档。

打印文档之前，要确定打印机的电源已经接通，并且处于联机状态。为了稳妥起见，最好先打印文档的一页看看实际效果，确定没有问题时，再将文档的其余部分打印出来。具体打印步骤如下：

① 打开要打印的 Word 2010 文档。

② 单击“文件”→“打印”命令，打开“打印”面板，如图 2.102 所示。在“打印”面板中单击“打印机”下三角按钮，选择电脑中安装的打印机。

③ 若仅想打印部分内容，在“设置”项选择打印范围，在“页数”文本框中输入页码范围，用逗号分隔不连续的页码，用连字符连接连续的页码。例如，要打印 2，5，6，7，11，12，13，可以在文本框中输入“2，5-7，11-13”。

④ 如果需打印多份，在“份数”数值框中设置打印的份数。

⑤ 如果要双面打印文档，设置“手动双面打印”选项。

⑥ 如果要在每版打印多页，设置“每版打印页数”选项。

⑦ 单击“打印”按钮，即可开始打印。

6. 主题、背景和水印的设置

1）主题设置

主题是一套统一的设计元素和颜色方案。通过设置主题，可以非常容易地创建具有专业水准、设计精美的文档。设置方法是：单击“页面布局”→“主题”命令组中的“主题”按钮“”，打开如图 2.103 所示的“主题”面板，在“内置”主题样式列表中选择所需的主题即可。若要清除文档中应用的主题，在出现的面板中选择“重设为模板中的主题”按钮。

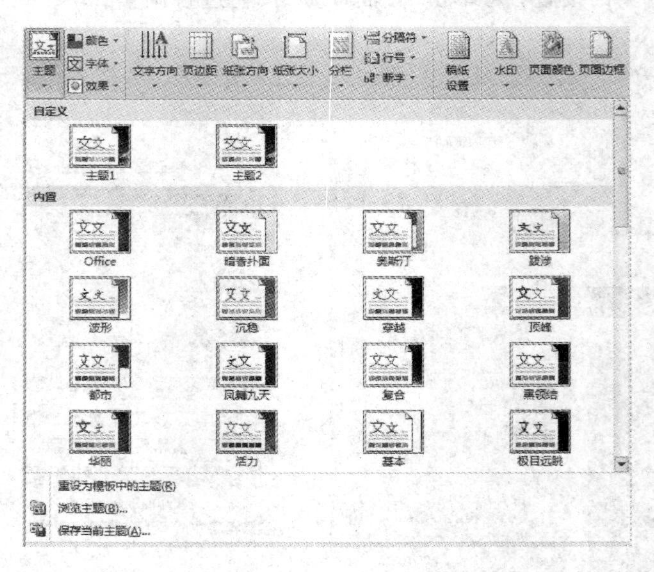

图 2.103 “主题”面板

2）背景设置

新建的 Word 文档背景都是单调的白色，通过“页面布局”选项卡中“页面背景”命令组（如图 2.104 所示）中的命令按钮可以对文档的水印、页面颜色和页面边框进行设置。

图 2.104 “页面背景”命令组

（1）“页面背景”的设置。

单击“页面布局”→“页面背景”命令组中“页面颜色”按钮“”，打开如图 2.105 所示的面板，在面板中设置页面背景。

设置单色页面颜色：单击选择所需页面颜色，如果上面的颜色不符合要求，可单击“其他颜色”选取其他颜色。

设置填充效果：单击“填充效果”命令，弹出如图 2.106 所示的“填充效果”对话框，在这里可添加渐变、纹理、图案或图片做为页面背景。

删除设置：在“页面颜色”下拉列表中选择“无颜色”命令即可删除页面颜色。

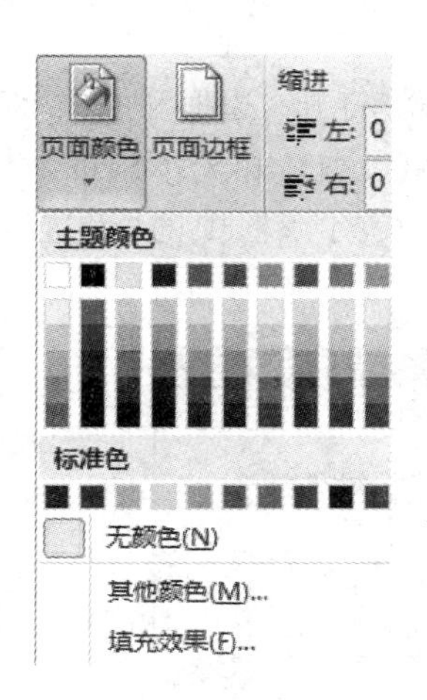

图 2.105　“页面颜色”面板

图 2.106　“填充效果”对话框

（2）水印效果设置。

水印用来在文档和文本的后面打印文字或图形。水印是透明的，因此任何打印在水印上的文字或插入对象都是清晰可见的。

① 添加文字水印。

在“页面背景”命令分组中单击“水印”按钮“A”，在出现的面板中选择“自定义水印”命令，打开图 2.107 的“水印”对话框，选择“文字水印”单选按钮，然后在对应的选项中完成相关信息输入，单击“确定”按钮，文档页上即可显示出创建的文字水印。

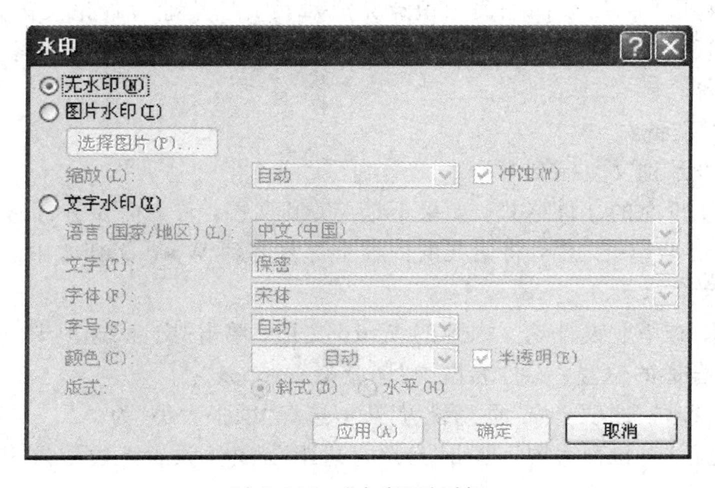

图 2.107　“水印”对话框

② 添加图片水印。

在“水印”对话框中，选中“图片水印”单选项按钮，然后单击“选择图片”按钮，浏览并选择所需的图片，单击“插入”，再在“缩放”框中选择“自动”选项，选中“冲蚀”复选框，单击“确定”按钮，文档页上即可显示出创建的图片水印。

③ 删除水印。

在“水印”对话框中，选择“无水印”单选项按钮，然后单击“确定”按钮，或在“水印”下拉列表中，选择“删除水印”命令，即会删除文档页上创建的水印。

(3) 页面边框的设置。

在“页面背景”命令中，单击“页面边框”按钮“ ”，将打开“边框和底纹”对话框，然后选择“页面边框”选项卡，选择合适的边框类型、线的样式、颜色和大小后单击“确定”即可。若要删除页面边框，在如图 2.108 所示的“边框和底纹”对话框中的“设置”选项中选择“无”，单击“确定”即可。

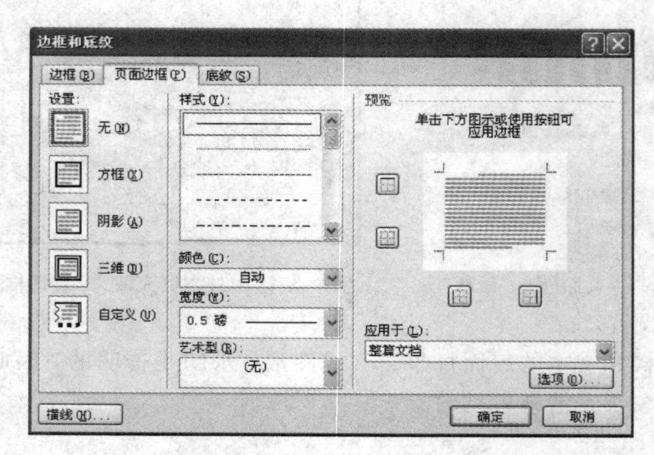

图 2.108 “边框和底纹”对话框

2.4.3 案例实现

在本节中，将应用 Word 的相关知识点完成对长文档毕业设计论文的编辑。本项目主要讲述 Word 对长文档的编辑排版操作，如定义与使用样式、编排目录和索引、设置页眉和页脚、页面设置等。

步骤 1：素材准备。

(1) 将毕业设计论文复制到本机上。

(2) 查看毕业论文的文件格式，如果不是 Word 文档，首先需要进行格式转换。最简单的方法是新建一个 Word 文档，将论文的内容全部复制到 Word 文档之中。

步骤 2：设置页面。

(1) 打开已含有毕业设计论文内容的 Word 文档，单击“文件”选项卡→“另存为”命令，将新文档另存到合适的位置，文件名设为“毕业论文.docx”。

(2) 在“页面布局”选项卡→“页面设置”中，选择“纸张大小”为 A4。

(3) 在“页边距”下拉列表中，单击“自定义边距”命令，设置上边距为 3 厘米，下页边距为 2.5 厘米，左右页边距为 2.8 厘米。

(4) 在“纸张方向”上设置为“纵向”。

步骤 3：设计封面。

(1) 单击文档最开始的位置，输入“编号”，设置为黑体、5 号字、居右对齐。单击 Enter 键，输入学院名称“应天工学院”，设置字体为楷体、2 号字、加粗、居中对齐。

(2) 选中标题，将它们放入一个 1 行 2 列的表格中，第一个单元格内容为“题目”，第二个单元格为“论文名称”，然后单击“居中”按钮，并设置该字体为宋体、50 号字、加粗。

(3) 选中学生姓名、学号、院系、专业、班级、指导教师、企业教师等内容，设计一个 7 行 2 列的表格，表格大小根据页面情况进行调整，表格边框设置为“无”，再将学生姓名、学号、院系、专业、班级、指导教师、企业教师分别移动到表格适合的位置。统一设置字体为黑体、3 号字、居中对齐。

(4) 在文档中加入适当的回车符，使内容调整到页面适当的位置，使论文封面的内容恰好占据一页。在页面底端输入日期“二〇一五年六月”。

步骤 4：插入分节符。

Word 中的分节符是为了实现在同一个文档中设置不同的页面格式，如不同的页眉页脚、不同的页码、不同的页边距、不同的页面边框、不同的分栏符等。在毕业论文中，一般要求封面中不含页码，中英文摘要目录要用“Ⅰ、Ⅱ、Ⅲ、Ⅳ、Ⅴ、Ⅵ…”形式的页码，正文开始一般用阿拉伯数字“1、2、3…”形式的页码。

(1) 将光标置于第一页内容的尾部。

(2) 在“页面布局”选项卡的“页面设置”中，单击“插入分页符和分节符”按钮。

(3) 在下拉列表中，单击“下一页”。这是在插入点处插入一条虚线并指示出分节符的位置和类型。

步骤 5：编排摘要页。

(1) 将光标移动到摘要页，首先选中“摘要”，设置为宋体、3 号字、加粗、居中显示，并设置为一级标题，在摘要两个字中间加适量空格，这样看起来更美观。

(2) 选中摘要段落，设置字体为宋体、字号为小四，段落设置为首行缩进 2 个字符，段前段后的行间距为 0，行间距为 1.5 倍行间距。

(3) 将光标置于页面内容的尾部，在“页面布局”选项卡中的“页面设置”组中，单击“插入分页符和分节符”按钮，插入分页符。

(4) 英文摘要设置可以仿照中文摘要的设置方法进行。

步骤 6：设置各级标题样式。

(1) 选择要修改样式的标题，例如，选中需要设置为“标题 1”的段落。

(2) 在“开始”选项卡中的“样式”组中，单击“快速样式”的下拉箭头，如图 2.109 所示。

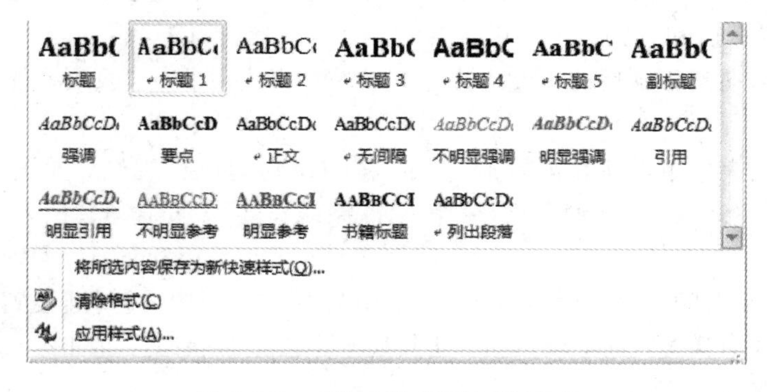

图 2.109　“快速样式”的下拉列表

(3) 在下拉列表中，右键单击要修改的标题样式名，例如“标题 1”。

(4) 在快捷菜单中单击“修改”命令，将打开“修改样式”对话框，如图 2.110 所示，在此可以更改字体、字号、段落缩进、间距等，最后单击“确定”按钮。

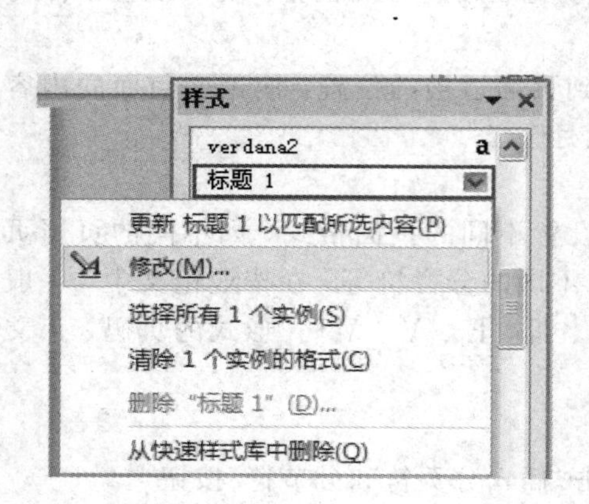

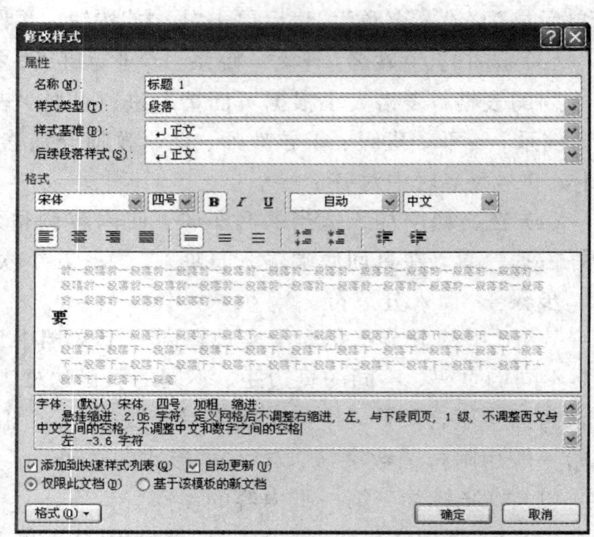

图 2.110 “修改样式”对话框

(5) 用上述方法修改“标题 2”、“标题 3”的样式。

步骤 7：应用标题样式。

(1) 插入点置于要设置的标题 1 段落中。

(2) 在“开始”选项卡的“样式”组中，单击“快速样式”框中所需的标题样式，例如标题 1，如图 2.109 所示。

(3) 同样的方法将毕业论文中所有需要设置的标题 1、标题 2 和标题 3，使用上述方法进行设置。

(4) 在“视图”选项卡中的“显示”组中，单击选中“导航窗格”，将在窗口的左侧弹出该文档的文档结构图窗口，可以按标题快速定位到需要查看的文档内容，也可以在此组织整篇文档的结构，检查文档结构是否合适。再次单击“导航窗格”的选中状态，将取消文档结构显示窗口。

(5) 在页面视图中，浏览各个页面是否编排合适。如果不合适，进行适当调整。

步骤 8：设置页眉和页脚。

(1) 将光标移动到目录后的正文之中。单击“插入”选项卡→“页眉和页脚”组→“页眉”按钮。

(2) 从下拉列表中单击所需的页眉样式，将切换到“页眉”视图，如图 2.111 所示。在“首页页眉”中的“键入文字”处输入文字“第一章 系统概述”，页眉即被插入到文档本节的首页中。

(3) 在“页眉和页脚工具”→“设计”选项卡中的“导航”组中，有“链接到前一条页眉”按钮，默认状态为选中状态，点击该按钮，使其处于不被选中状态，如图 2.112 所示，以后的操作都要保证该按钮不被选中。

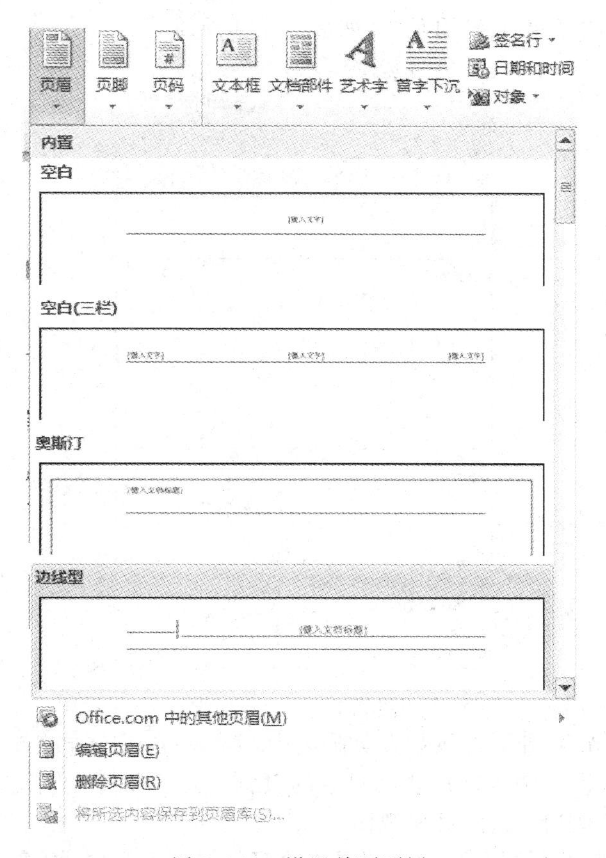

图 2.111　设置首页页眉

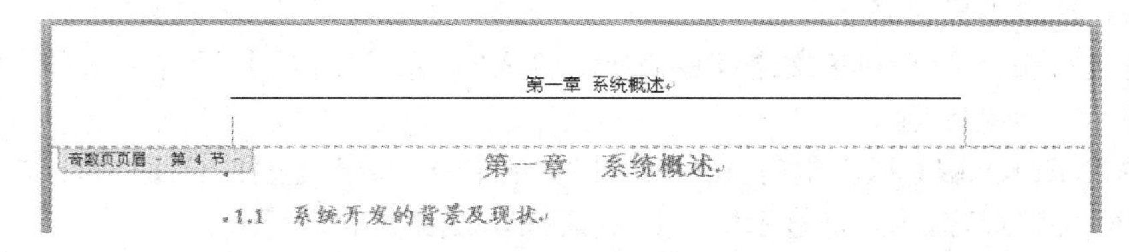

图 2.112　设置奇数页页眉

(4) 单击“下一节”按钮，在偶数页页眉区中输入“应天工学院毕业设计论文”，并设置为居中对齐，如图 2.113 所示。

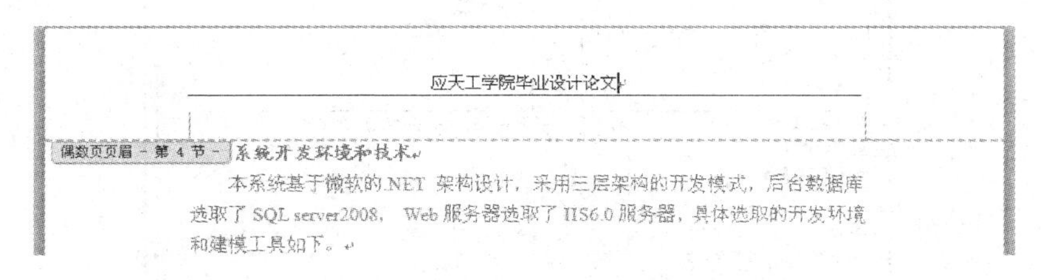

图 2.113　设置偶数页页眉

(5) 继续单击“下一节”按钮，在奇数页页眉区中输入“第一章 系统概述”，并设置为居中对齐。用同样的方法设置其他章节的页眉。

(6) 单击“转至页脚”按钮，切换到页脚区，在奇数页页脚中单击“文档部件”按钮，在下拉列表中单击“自动图文集”→“页码”，如图 2.114 所示。

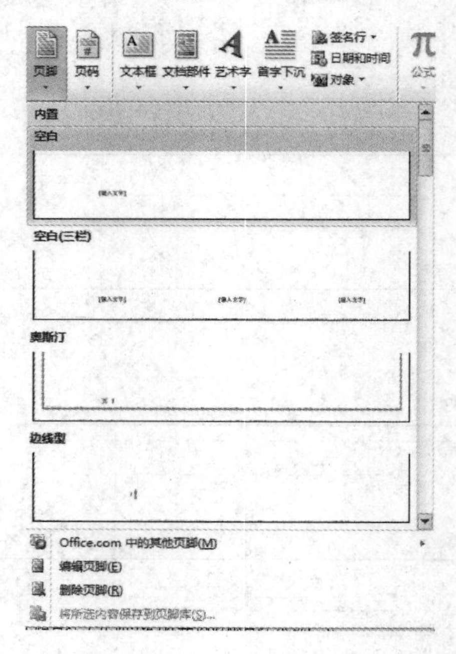

图 2.114　设置页脚

(7) 单击“下一节”按钮，在偶数页页脚区中，插入“自动图文集”→“页码”。

(8) 同样的方法设置中英文摘要和目录的页脚，页码形式为“Ⅰ、Ⅱ、Ⅲ、Ⅳ”。

(9) 单击“关闭”按钮，返回页面视图。

(10) 浏览各章节的页眉和页脚设置是否合理，如果不合理，重新进行修改。

步骤 9：自动生成目录。

(1) 将光标置于摘要和正文之间的页面，输入“目录”二字，并设置为宋体、3 号字、加粗、居中显示、一级标题。

(2) 单击 Enter 键，插入空行。在“引用”选项卡→“目录”组中，单击“目录”，然后从列表中单击“插入目录”命令，将显示“目录”对话框，如图 2.115 所示。

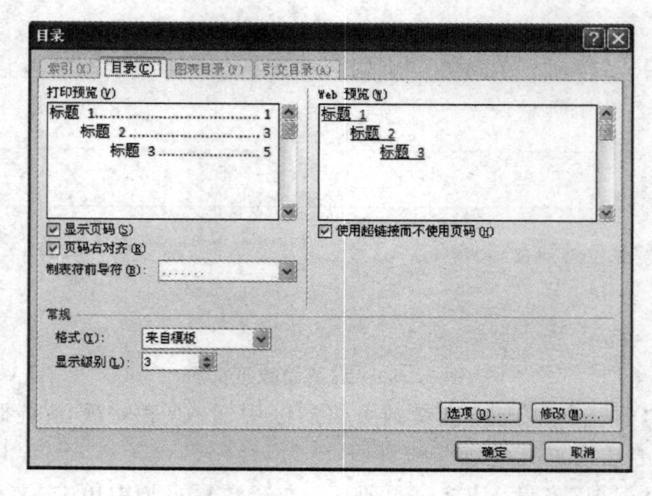

图 2.115　“目录”对话框

(3) 在“目录”对话框中，在“常规”下的“显示级别”框中输入所需的数目。

(4) 单击“确定”按钮，生成了毕业论文的目录，如图 2.87 右图所示。

(5) 目录生成以后可以对其进行进一步编辑修改。

(6) 如果论文的标题进行了修改，可以在目录中单击鼠标右键。在弹出的快捷菜单中，单击“更新域”项即可，另外用户也可以直接使用快捷键 F9 来“更新域”。

步骤 10：预览和打印。

(1) 对整篇论文进行浏览，对于有问题的地方进行修改。

(2) 单击“文件”选项卡中的“打印”项，在“打印”窗口中进行打印设置，单击“确定”按钮进行打印。

2.5　制作班级毕业十周年聚会邀请函

如果用户希望批量创建一组文档，可以通过 Word 2010 提供的邮件合并功能来实现。邮件合并主要是指在主文档的固定内容中，合并与发送信息相关的一组通信资料，从而批量生成需要的邮件文档。这种功能可以大大提高工作效率。

2.5.1　案例介绍

转眼间小李已经毕业十周年了，他非常想念大学里的同学，于是他决定组织一次班级聚会。为了通知到每一位同窗好友，他利用 Word 本身提供的邮件合并功能批量制作了漂亮的班级聚会邀请函，以便把聚会信息传达到每个同学，邀请函的效果如图 2.116 所示。

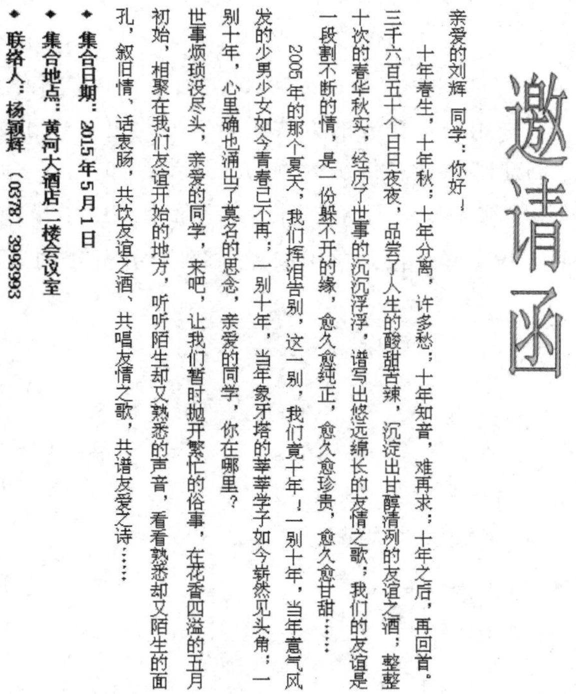

邀请函

亲爱的刘辉 同学：你好！

十年春生，十年秋；十年分离，许多愁；十年知音，难再求；十年之后，再回首。三千六百五十个日日夜夜，品尝了人生的酸甜苦辣，沉淀出甘醇清冽的友谊之酒；整整十次的春华秋实，经历了世事的沉沉浮浮，谱写出悠远绵长的友情之歌；我们的友谊是一段割不断的情，是一份躲不开的缘，愈久愈纯正，愈久愈珍贵，愈久愈甘甜……

2005 年的那个夏天，我们挥泪告别，这一别，我们竟十年！一别十年，当年意气风发的少男少女如今青春已不再；一别十年，当年象牙塔的莘莘学子如今崭然见头角；一别十年，心里确也涌出了莫名的思念，亲爱的同学，你在哪里？

世事烦琐没尽头，亲爱的同学，来吧，让我们暂时抛开繁忙的俗事，在花香四溢的五月初始，相聚在我们友谊开始的地方，听听陌生却又熟悉的声音，看看熟悉却又陌生的面孔，叙旧情，话衷肠，共饮友谊之酒、共唱友情之歌，共谱友爱之诗……

◆ **集合日期：2015 年 5 月 1 日**

◆ **集合地点：黄河大酒店二楼会议室**

◆ **联络人：杨颖辉　(0378) 3983993**

图 2.116　邀请函效果图

2.5.2 相关知识点

1. 邮件合并

当用户需要打印许多格式相近且内容相似，只是具体数据有差别的文档时，就可以使用 Word 提供的邮件合并功能。例如，某公司自制的信封，其回信地址和邮政编码对每封信都相同，需要改变的仅是客户的名称和收信人的地址。使用邮件合并功能来制作和打印这些信封可以减少工作量，提高速度。

1）基本概念

邮件合并需要两个文档，一个是主文档，一个是数据源。

(1) 主文档是指在 Word 的邮件合并操作中，所含文本和图形与合并文档的每个版本都相同的文档(即信函文档，仅包含公共内容)，例如套用信函中的寄信人的地址和称呼等。通常在新建立主文档时应该是一个不包含其他内容的空文档。

(2) 数据源是指包含要合并到文档中的信息的文件(即名单文档，通常是一个表格)，例如要在邮件合并中使用的名称和地址列表。必须连接到数据源，才能使用数据源中的信息。

(3) 数据记录是指对应于数据源中一行信息的一组完整的相关信息，例如客户邮件列表中的有关某位客户的所有信息为一条数据记录。

(4) 合并域是指可插入主文档中的一个占位符。例如，插入合并域“城市”，让 Word 插入“城市”数据字段中存储的城市名称，如“北京”。

(5) 套用就是根据合并域的名称用相应数据记录取代，以实现成批信函、信封的录制。

2）合并邮件的方法

“邮件合并向导”用于帮助用户在 Word 2010 文档中完成信函、电子邮件、信封、标签或目录的邮件合并工作，采用分步完成的方式进行，因此更适用于邮件合并功能的普通用户。以“邮件合并向导”创建邮件合并信函为例的操作步骤如下。

(1) 打开文档，单击“邮件”→“开始邮件合并”命令组中“开始邮件合并”按钮“”，打开如图 2.117 所示的下拉菜单，在菜单中选择“邮件合并分步向导”命令。

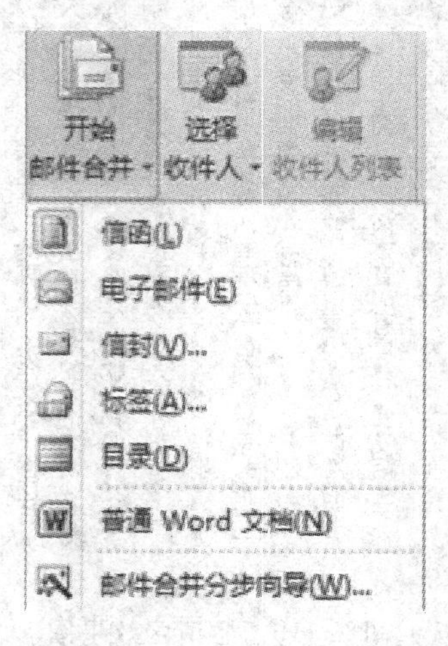

图 2.117　邮件合并下拉菜单

(2) 在窗口的右侧打开了"邮件合并"任务窗格，如图 2.118 所示。在"选择文档类型"向导页选中"信函"单选框，并单击"下一步：正在启动文档"超链接。

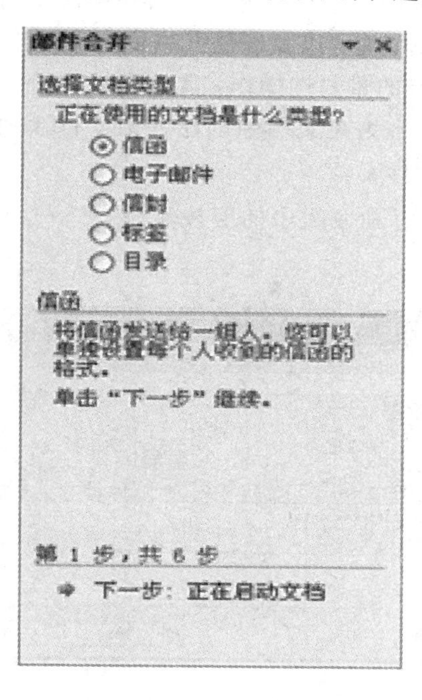

图 2.118　"邮件合并"向导

(3) 在打开的"选择开始文档"向导页中，选中"使用当前文档"单选框，并单击"下一步：选取收件人"超链接。

(4) 打开"选择收件人"向导页，选中"从 Outlook 联系人中选择"单选框，并单击"选择'联系人'文件夹"超链接。

(5) 在打开的"选择配置文件"对话框中选择事先保存的 Outlook 配置文件，然后单击"确定"按钮。

(6) 打开"选择联系人"对话框，选中要导入的联系人文件夹，单击"确定"按钮。

(7) 在打开的"邮件合并收件人"对话框中，可以根据需要取消选中联系人。如果需要合并所有收件人，则直接单击"确定"按钮。

(8) 返回文档窗口，在"邮件合并"任务窗格"选择收件人"向导页中单击"下一步：撰写信函"超链接。

(9) 打开"撰写信函"向导页，将插入点光标定位到 Word 2010 文档顶部，然后根据需要单击"地址块"、"问候语"等超链接，并根据需要撰写信函内容。撰写完成后单击"下一步：预览信函"超链接。

(10) 在打开的"预览信函"向导页可以查看信函内容，单击上一个或下一个按钮可以预览其他联系人的信函。确认没有错误后单击"下一步：完成合并"超链接。

(11) 打开"完成合并"向导页，用户既可以单击"打印"超链接开始打印信函，也可以单击"编辑单个信函"超链接针对个别信函进行再编辑。

2. 宏

如果需要在 Word 中反复进行某项工作，可以利用宏来自动完成这项工作。宏是一系列组合在一起的 Word 命令或指令，以实现任务执行的自动化。可以创建并执行宏，以替代人工进行的一系列费时而单调的重复性操作，自动完成所需任务。

操作实例：录制宏，其内容为在文档中创建一个 5 行 4 列的表格，并在表格第一行中填写序号 1、2、3、4。然后运行宏。

步骤 1：单击“视图”→“宏”命令组中的宏按钮“宏”→“录制宏”命令，打开如图 2.119 所示的“录制宏”对话框。

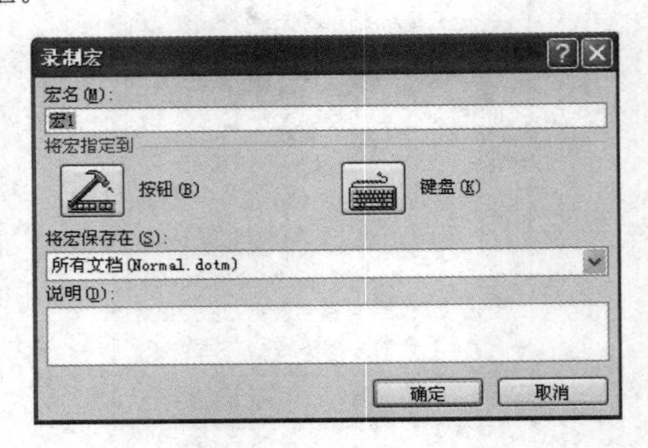

图 2.119 “录制宏”对话框

步骤 2：在对话框中“宏名”下的文本框中输入宏名为“表格”。

步骤 3：在“将宏保存在”框中，单击将保存宏的模板或文档。在“说明”框中键入对宏的说明，单击“确定”按钮。

步骤 4：选择“插入”→“表格”命令组中的“表格”按钮，插入一个 5 行 4 列的表格，并在表格第一行中填写 1、2、3、4。

步骤 5：单击“宏”命令组中的宏按钮“宏”→“停止录制”命令。

步骤 6：将光标移到文档插入表格处，单击“宏”命令组中的宏按钮“宏”→“查看宏”命令，打开“宏”对话框，如图 2.120 所示。

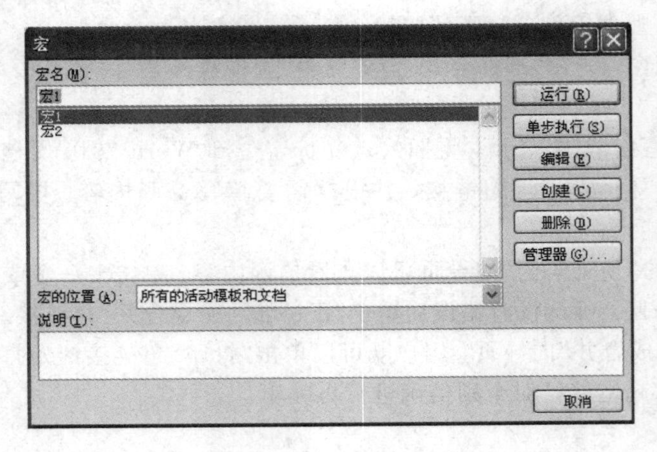

图 2.120 “宏”对话框

步骤 7：在“宏”对话框中“宏名”下的文本框中输入宏的名称，单击“运行”按钮，完成“宏”的运行。

3. 文档保护

Word 文档保护提供自动存盘、自动恢复、恢复受损文件和凭密码打开文档等功能。

1）改变保存自动恢复时间间隔

Word 2010 的自动保存功能，使文档能够在一定的时间范围内保存一次。若遇到突然断电或者其他特殊情况，它能帮用户减少损失。自动保存时间越短，保险系数越大，则占用系统资源越多。用户可以改变自动保存的时间间隔：选择“文件”→“选项”→“保存”命令，在右边窗口中选中“保存自动恢复时间间隔”复选框，在“分钟”框中，输入时间间隔，以确定 Word 2010 保存文档的频度。

2）恢复自动保存的文档

为了在断电或类似问题发生之后能够恢复尚未保存的工作，必须在问题发生之前选中“选项”对话框中“保存”选项卡上的“自动保存时间间隔”复选框，这样才能恢复。例如，如果设定“自动恢复”功能为每 5 分钟保存一次文件，这样就不会丢失超过 5 分钟的工作。恢复的方法如下：

(1) 单击“文件”→“信息”命令，打开如图 2.121 所示的“信息”窗口。

(2) 在版本区域中显示最近自动保存的版本，双击最新保存的版本，以只读方式打开。

(3) 打开所需要的文件之后，单击“另存为”按钮。

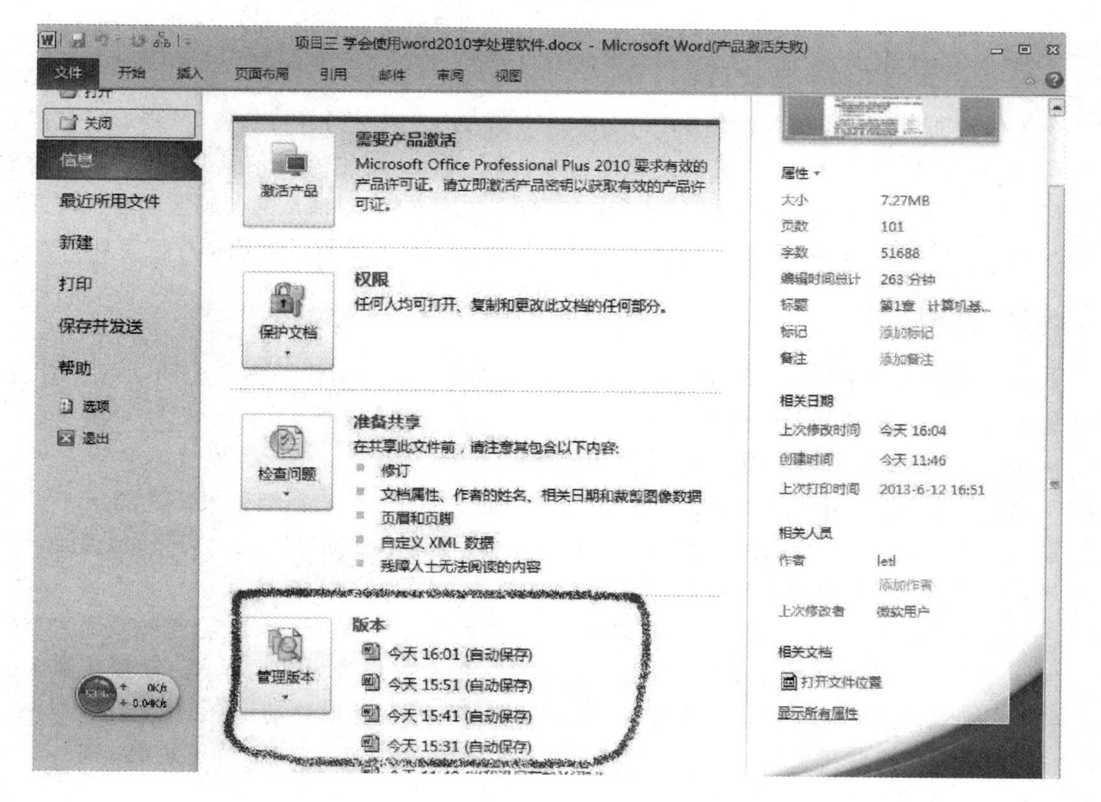

图 2.121　“信息”窗口

3）恢复受损文档中的文字

如果在试图打开一个文档时，计算机无响应，则该文档可能已损坏。下次启动 Word 时，Word 会自动使用专门的文件恢复转换器来恢复损坏文档中的文本，也可随时用此文件转换器打开已损坏的文档并恢复文本。成功打开损坏的文档后，可将它保存为 Word 格式或其他格式，段落、页眉、页脚、脚注、尾注和域中的文字将被恢复为普通文字。不能恢复的有：文档格式、图形、域、图形对象和其他非文本信息。恢复的步骤如下：

（1）单击“文件”→“打开”命令；

（2）通过地址栏定位到包含要打开的文件的文件夹；

（3）单击“打开”按钮旁边的下箭头，出现如图 2.122 所示的“打开”菜单，然后单击“打开并修复”命令，再次打开文档即可。

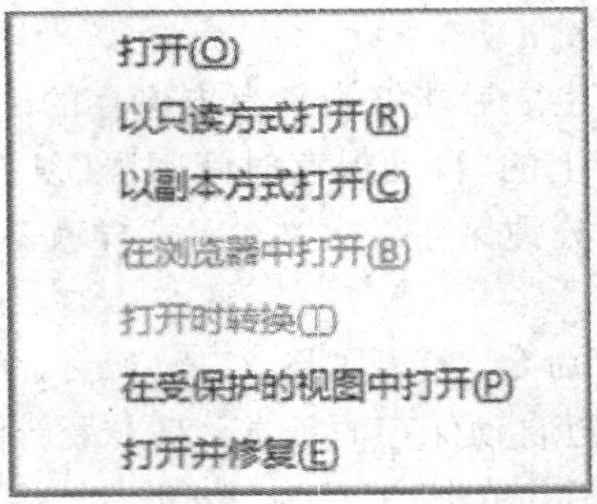

打开(O)
以只读方式打开(R)
以副本方式打开(C)
在浏览器中打开(B)
打开时转换(T)
在受保护的视图中打开(P)
打开并修复(E)

图 2.122 “打开”菜单

4. 保护文档不被非法使用

为保护文档信息不被非法使用，Word 2010 提供了“用密码进行加密”功能，只有持有密码的用户才能打开此文件。完成此操作的方法为：单击“文件”→“信息”选项，单击“保护文档”按钮，选择“用密码进行加密”命令，在弹出“加密文档”对话框的密码框中输入打开文件时要提供的密码内容。若要取消密码，则在“加密文档”对话框的密码框中置空即可。

2.5.3 案例实现

制作参会同学基本数据是制作邀请函的准备工作，需要制作一张参会同学的资料表，还要制作一个用于给每个参会人员发送的邀请函的主体内容文档。

步骤 1：制作邀请函主文档。

（1）页面设置。新建空白文档，设置“纸张方向”为“横向”；在纸张大小选项组中设置“宽度”为 16 厘米，“高度”为 12 厘米；在“页边距”选项组中分别设置“上”“下”页边距为 1.6 厘米，“左”“右”页边距为 1.8 厘米。

（2）插入艺术字。插入艺术字“邀请函”，艺术字样式为“填充—无，轮廓—强调文字颜色 2”，字号为 48，字体为华文行楷。也可根据个人的喜好设置为其他样式。设置艺术字的“文字方向”为垂直，“文本填充”为“渐变填充”，调整大小后将其移动到合适的位置。

（3）插入一个竖排文本框。设置“性状填充”为无填充，“性状轮廓”为无轮廓，调整文本框的大小后将其移动到合适位置。

（4）在文本框中，输入“邀请函”内容，如图 2.123 所示。

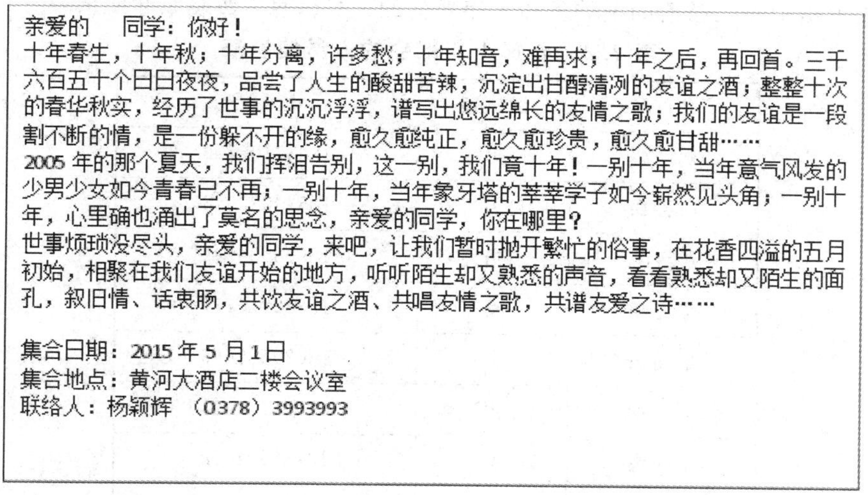

亲爱的　　同学：你好！
十年春生，十年秋；十年分离，许多愁；十年知音，难再求；十年之后，再回首。三千六百五十个日日夜夜，品尝了人生的酸甜苦辣，沉淀出甘醇清冽的友谊之酒；整整十次的春华秋实，经历了世事的沉沉浮浮，谱写出悠远绵长的友情之歌；我们的友谊是一段割不断的情，是一份躲不开的缘，愈久愈纯正，愈久愈珍贵，愈久愈甘甜……
2005 年的那个夏天，我们挥泪告别，这一别，我们竟十年！一别十年，当年意气风发的少男少女如今青春已不再；一别十年，当年象牙塔的莘莘学子如今崭然见头角；一别十年，心里确也涌出了莫名的思念，亲爱的同学，你在哪里？
世事烦琐没尽头，亲爱的同学，来吧，让我们暂时抛开繁忙的俗事，在花香四溢的五月初始，相聚在我们友谊开始的地方，听听陌生却又熟悉的声音，看看熟悉却又陌生的面孔，叙旧情、话衷肠，共饮友谊之酒、共唱友情之歌，共谱友爱之诗……

集合日期：2015 年 5 月 1 日
集合地点：黄河大酒店二楼会议室
联络人：杨颖辉　（0378）3993993

图 2.123　“邀请函”文档内容

（5）设置文本格式。选中输入的邀请函内容，设置字体为宋体、字号为小四号、颜色使用默认；选中集合日期、集合地点和联络人 3 列文本，设置字形为加粗，并添加项目符号。

（6）完成设置后，以“邀请函主文档. docx”为名进行保存。最终主文档效果图如图 2.124所示。

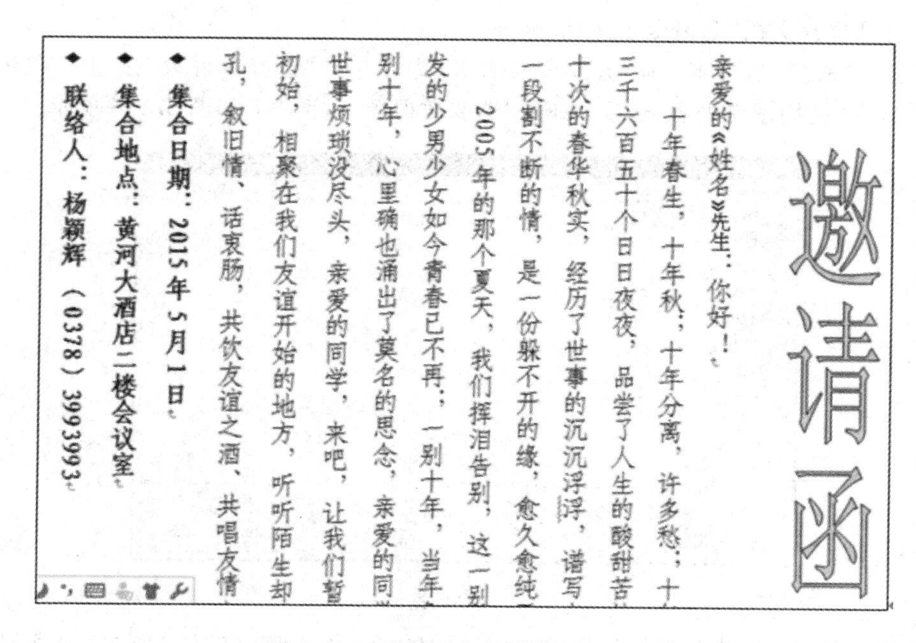

图 2.124　邀请函主文档最终效果图

步骤 2：制作邮件合并数据源。

（1）按 Ctrl＋N 组合键，新建一个空白文档，保存文档到桌面上，将文件命名为“邮件合并数据源. docx”。

（2）选择“插入”选项卡，在“表格”组的表格下拉列表中选择“插入表格”选项，弹出插入表格对话框，设置列数为3，行数为10。

(3) 在表格中输入邀请函中的参加十年聚会的人员信息，如表2.2所示。

表2.2 参加十年聚会的人员信息表

姓 名	性 别	电 话
刘 辉	男	18937106775
白会兵	男	18539039988
贾继凯	男	15903936999
李克娜	女	15382246777
李尚杰	男	13629886666
刘 钢	男	18091185433
丁 爽	女	13783902888
李美英	女	13526537996
李文娟	女	13223014567

(4) 按Ctrl+S键，保存文档。

步骤3：邮件合并。

(1) 打开主控文档“邀请函主文档.docx”。

(2) 选择“邮件”选项卡，在“开始邮件合并”组中单击“选择收件人”按钮，在打开的下拉列表中选择“使用现有列表”选项，弹出“选取数据源”对话框，如图2.125所示。

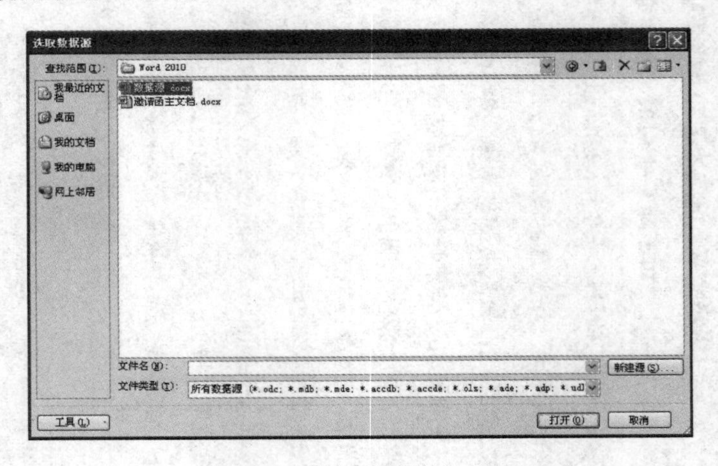

图2.125 “选取数据源”对话框

(3) 在左侧导航区中选择数据源数据保存的磁盘、文件夹，如“D:\素材\项目3”，选择数据源数据文件，单击“打开”按钮，将“参会人员信息表”加载到邀请函主文档中。

(4) 在主控文档中插入域。单击“亲爱的”三字下方，选择“邮件”选项卡，在“编写和插入域”组中单击“插入合并域”按钮，弹出“插入合并域”下拉列表，选择“姓名”选项，将在“你好”的上面插入“姓名”，如图2.126所示。

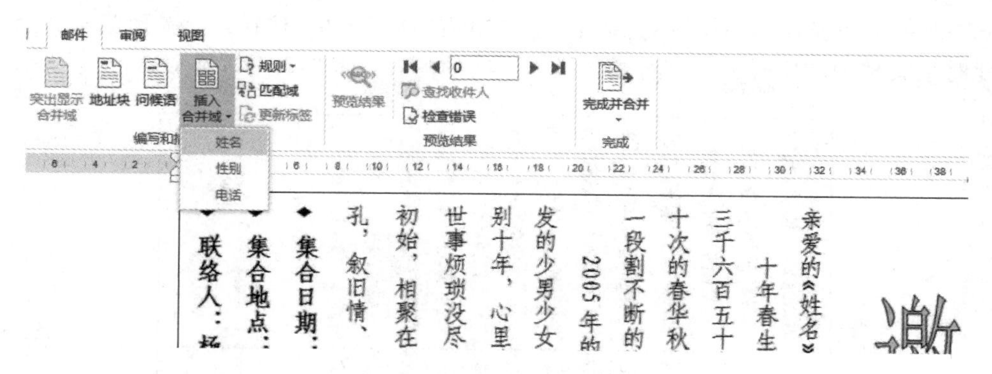

图 2.126　选择“姓名”选项

(5) 设置插入 Word 域“规则”。将插入点定位在“你好”的上方，选择邮件选项卡，在“编写和插入域”组中单击“规则”按钮，打开下拉“规则”列表，选择“如果…那么…否则(I)…”选项，弹出“插入 Word 域：IF”对话框，如图 2.127 所示。

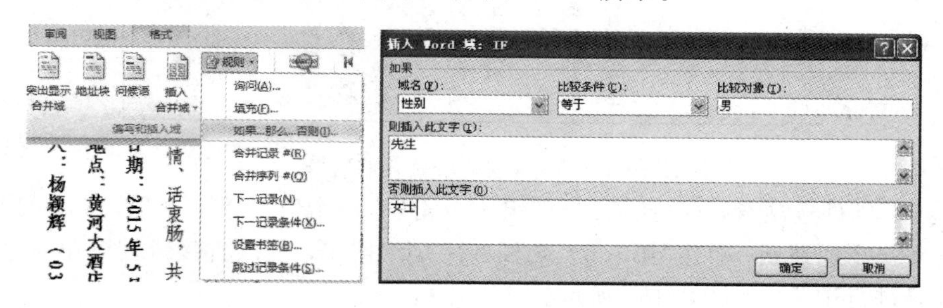

图 2.127　“插入 Word 域：IF”对话框

(6) 设置“性别”规则。在域名下拉列表框中选择“性别”选项，在“比较条件”下拉列表框中选择“等于”选项，在“比较对象”文本框中输入“男”，在“插入此文字”列表框中输入“先生”，在“否则插入此文字”文本框中输入“女士”。设置结束后，单击“确定”按钮，返回到主文档窗口，效果如图 2.128 所示。

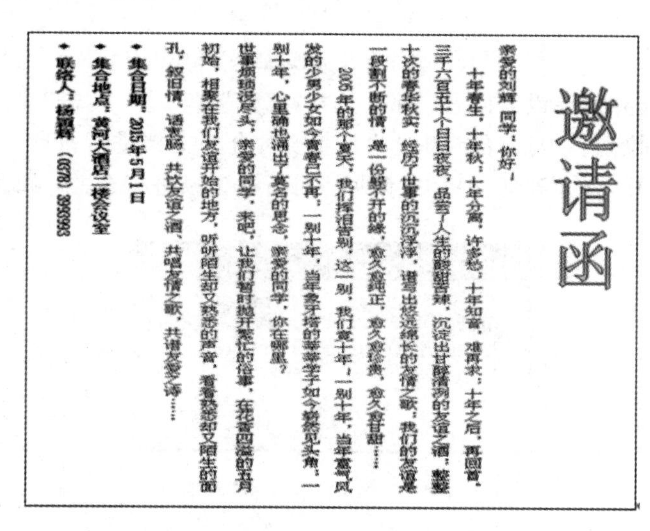

图 2.128　设置判断条件后的效果

(7) 选择邮件选项卡。在“预览结果”组中单击“预览结果”按钮，可以预览合并后的效果，此时主文档中的所有关键字将被替换为真实的内容，如图 2.129 所示。

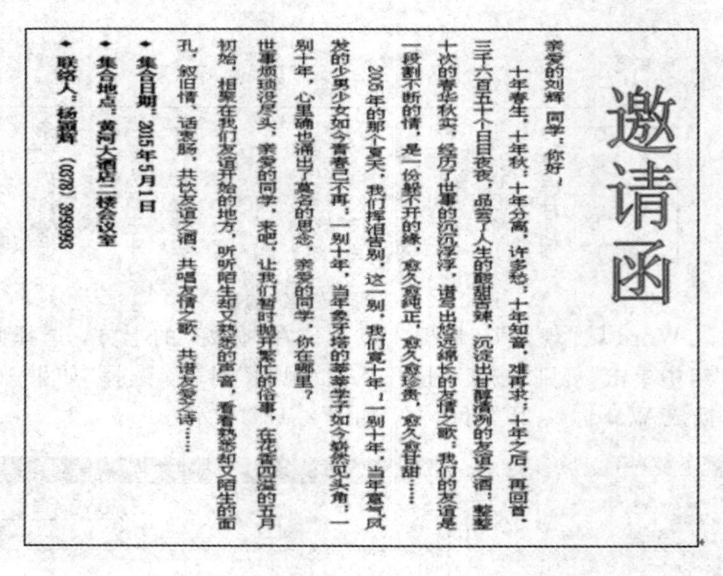

邀请函

亲爱的刘辉 同学：你好！

十年春生，十年秋；十年分离，许多愁；十年知音，难再求；十年之后，再回首，三千六百五十个日日夜夜，品尝了人生的酸甜苦辣，沉淀出甘醇清冽的友谊之酒；整整十次的春华秋实，经历了世事的沉沉浮浮，谱写出悠远绵长的友情之歌。我们的友谊是一段割不断的情，是一份解不开的缘，愈久愈纯正，愈久愈珍贵，愈久愈甘甜……

2005年的那个夏天，我们挥泪告别，这一别，我们竟十年！一别十年，当年意气风发的少男少女如今青春已不再，一别十年，当年象牙塔的莘莘学子如今依然见头角，一别十年，心里确也涌出了莫名的思念，亲爱的同学，你在哪里？

世事烦琐没尽头，亲爱的同学，走吧，让我们暂时抛开繁忙的俗事，在花香四溢的五月初始，相聚在我们友谊开始的地方，听听陌生却又熟悉的声音，看看熟悉却又陌生的面孔，叙旧情，话衷肠，共饮友谊之酒，共唱友情之歌，共谱友爱之诗……

◆ 集合日期：2015年5月1日

◆ 集合地点：黄河大酒店三楼会议室

◆ 联系人：杨颖辉 (0378) 3959993

图 2.129 预览邮件合并的效果

(8) 选择邮件选项卡，在“预览结果”组中单击“上一个”或“下一个”按钮，可以依次浏览生成的每一个邀请函；单击“第一个”或“最后一个”按钮，可以直接跳转到第一个或最后一个邀请函进行浏览，如图 2.130 所示。

图 2.130 邮件合并“预览结果”操作工具

(9) 如果确定合并效果没有问题，那么选择“邮件”选项卡，单击“完成”组中的“完成合并”下拉按钮，在下拉列表中选择打印选项，直接对合并文档进行打印。也可以选择“编辑单个文档”选项，打开“合并到新文档”对话框，对所有记录进行合并，如图 2.131 所示。

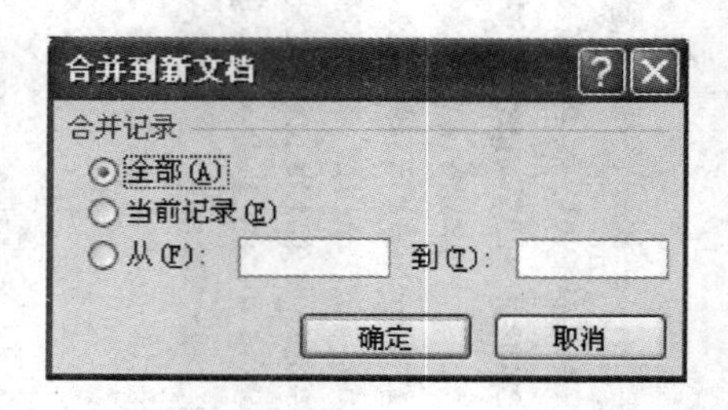

图 2.131 “合并到新文档”对话框

(10) Word 将自动在一个新文档中创建多份邀请函，邮件合并完成后的效果图，如图 2.132 所示，每个邀请函中除了参会者的姓名、称谓不同，其他内容都相同。

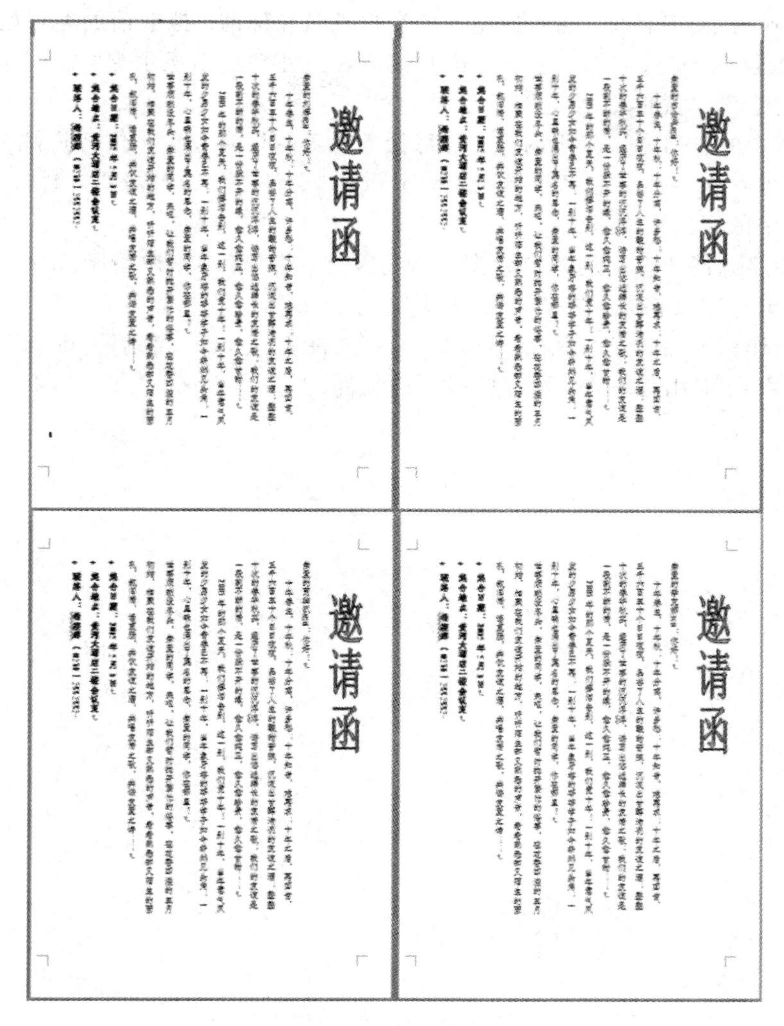

图 2.132 邮件合并完成后的效果图

课 后 练 习

公司将于今年举办“创新产品展示说明会”，市场部助理小王需要将会议邀请函制作完成，并寄送给相关的客户。

现在，请你按照如下需求，帮助小王在 Word.docx 文档中完成制作工作：

1. 将文档中“会议议程”段落后的 7 行文字转换为 3 列、7 行的表格，并根据窗口大小自动调整表格列宽。

2. 为制作完成的表格套用一种表格样式，使表格更加美观。

3. 为了可以在以后的邀请函制作中再次利用会议议程内容，将文档中的表格内容保存至“表格”部件库，并将其命名为“会议议程”。

4. 将文档末尾处的日期调整为可以根据邀请函生成日期而自动更新的格式，日期格式显示为“2014 年 1 月 1 日”。

5. 在“尊敬的”文字后面，插入拟邀请的客户姓名和称谓。拟邀请的客户姓名在考生文件夹下的“通讯录.xlsx”文件中，客户称谓则根据客户性别自动显示为“先生”或“女士”，例如“范俊弟(先生)”、“黄雅玲(女士)”。

6. 每个客户的邀请函占1页内容，且每页邀请函中只能包含1位客户姓名，所有的邀请函页面另外保存在一个名为“Word-邀请函.docx”文件中。如果需要，删除“Word-邀请函.docx”文件中的空白页面。

7. 本次会议邀请的客户均来自台资企业，因此，将“Word-邀请函.docx”中的所有文字内容设置为繁体中文格式，以便于客户阅读。

8. 文档制作完成后，分别保存“Word.docx”文件和“Word-邀请函.docx”文件。

9. 关闭Word应用程序，并保存所提示的文件。

第三章 电子表格软件 Excel 2010

Excel 2010 提供了强大的新功能，可以通过比以往更多的方法分析、管理和共享信息，帮助用户发现更好的模式或趋势，从而做出更明智的决策且能提高您分析大型数据集的能力。使用单元格内嵌的迷你图及带有新迷你图的文本数据可获得数据的直观汇总。使用新增的切片器功能可快速、直观地筛选大量信息，并增强了数据透视表和数据透视图的可视化分析。

本章主要以学生成绩的数据处理、员工工资表制作、计算机图书销售信息表处理为例，介绍 Excel 的数据采集、数据处理和数据输出，其中包括工作表的设置、条件格式的应用、公式与函数、多工作表操作、分类汇总等内容。

3.1 制作考生成绩单

3.1.1 案例介绍

小伟在自己在读的学院里面勤工俭学，兼职当副院长助理一职，平时主要负责各种文案或者数据的整理。现在，信息与计算科学专业的期末考试的部分成绩需要录入文件名为“考生成绩单.xlsx”的 Excel 工作薄文档中去。考生成绩单工作表如图 3.1 所示。

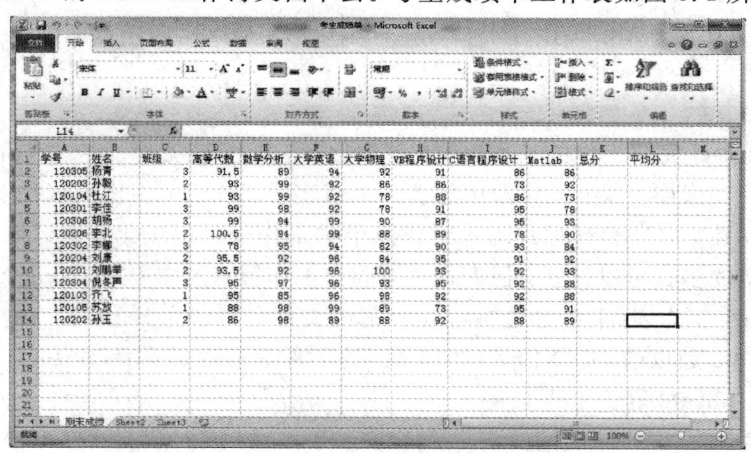

学号	姓名	班级	高等代数	数学分析	大学英语	大学物理	VB程序设计	C语言程序设计	Matlab	总分	平均分
120305	杨青	3	91.5	89	94	92	91	86	86		
120203	孙毅	2	93	99	92	86	86	73	92		
120104	杜江	1	93	99	92	78	88	86	73		
120301	李佳	3	99	98	92	78	91	95	78		
120306	胡杨	3	99	94	99	90	87	95	93		
120206	李北	2	100.5	94	99	88	89	78	90		
120302	李娜	3	78	95	94	82	90	93	84		
120204	刘康	2	95.5	92	96	84	95	91	92		
120201	刘鹏举	2	93.5	92	96	100	93	92	93		
120304	倪冬声	3	95	97	96	93	95	92	88		
120103	齐飞	1	95	85	96	98	92	92	88		
120105	苏放	1	88	98	99	89	73	95	91		
120202	孙玉	2	86	98	89	88	92	88	89		

图 3.1 考生成绩单工作表

请根据下列要求帮助小伟对该成绩单进行分析整理：

(1) 对工作表“考生成绩单.xlsx”中的数据列表进行如下格式化操作：将第一列“学号”设置为文本，设置成绩列为保留两位小数的数值。改变数据列表中的行高、列宽，改变字体、字号，设置边框和底纹、设置对齐方式。

(2) 利用“条件格式”功能进行下列设置：将大学物理和大学英语两科中低于 80 分的成绩所在的单元格以一种颜色填充，其他五科中大于或等于 95 分的成绩以另一种颜色标出，所用颜色以不遮挡数据为宜。

(3) 利用 sum 和 average 函数计算每一个学生的总分以及平均成绩。

(4) 复制工作表"考生成绩单.xlsx"，将副本放置于原表之后，新表重新命名为"成绩单分类汇总"。

3.1.2 相关知识点

1. Excel 的概述

1) Excel 基本功能

Microsoft Excel 是微软公司的办公软件 Microsoft office 的组件之一，是由 Microsoft 为 Windows 和 Apple Macintosh 操作系统编写和运行的一款电子表格软件。Excel 是微软办公套装软件的一个重要的组成部分，它可以进行各种数据的处理、统计分析和辅助决策操作，广泛地应用于管理、统计财经、金融等众多领域。

2) Excel 的基本概念

(1) 工作簿。

所谓工作簿是指 Excel 环境中用来储存并处理工作数据的文件。也就是说，Excel 文档就是工作簿，工作簿是 Excel 工作区中一个或多个工作表的集合，其扩展名为 XLS。每一本工作簿可以拥有许多不同的工作表，且一本工作簿中最多可建立 255 个工作表。

工作簿有多种类型。当保存一个新的工作簿时，可以在"另存为"对话框的"保存类型"中进行选择。在 Excel 2010 中，"*.xlsx"为普通 Excel 工作簿；"*.xlsm"为启用宏的工作簿(当工作簿中包含宏代码时，选择这种类型)；"*.xlsb"为二进制工作簿；"*.xls"为 Excel97-2003 工作簿。无论工作簿中是否包含宏代码，都可以保存为这种与 Excel 2003 兼容的文件格式。

(2) 工作表。

工作表是 Excel 完成工作的基本单位。打个比方，工作簿就像一本书或者一本账册，工作表就像其中的一张或一篇。工作簿中包含一个或多个工作表，工作表依托于工作簿存在。这些工作表相互独立，当然有时候同一工作簿中的工作表可以编组，执行统一操作。工作簿中工作表数量的多少可以设置，但有最大限量。工作簿有时被称为 Book。打开 Excel 程序，或者新建一个工作表(未命名之前)，工作簿的文件名默认为 Book1。工作簿保存时文件后缀为.XLS(2003 版以前)或.XLSX(2010 版)的工作表有时被称为 Sheet。工作表默认的名称是 Sheet1、Sheet2 等。

(3) 单元格。

每张工作表由列和行所构成的"存储单元"所组成。这些"存储单元"被称为"单元格"。输入的所有数据都保存在"单元格"中，这些数据可以是一个字符串、一组数字、一个公式、一个图形或一个声音文件等。

每个单元格都有其固定的地址，如 A3 就代表了 A 列、第 3 行的单元格。同样，一个地址也唯一地表示一个单元格，如 B5 指的是 B 列与第 5 行交叉位置上的单元格。

(4) 窗口介绍。

Excel 2010 在各方面带来了不小的改变，界面功能都有很大的提高，先来了解下 Excel 2010 的工作界面，其窗口如图 3.2 所示。

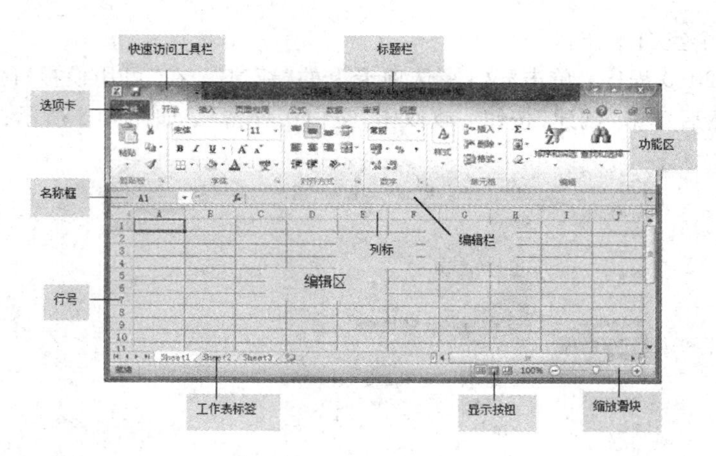

图 3.2　Excel 2010 窗口

快速访问工具栏：包含最常用操作的快捷按钮，方便用户使用。单击快速访问工具栏中的按钮，可以执行相应的功能。

标题栏：位于窗口的最上方，用于显示当前正在运行的程序名及文件名等信息。如果是刚打开的新工作簿文件，用户所看到的文件名是 Book1，这是 Excel 2010 默认建立的文件名。单击标题栏右端的按钮，可以最小化、最大化或关闭窗口。

选项卡：单击选项卡，功能区以组的形式出现，在组中进行各种设置。

功能区：是将旧版本 Excel 中的菜单栏与工具栏结合在一起，以选项卡的形式列出 Excel 2010 中的操作命令。默认情况下，功能区中的选项卡包括："开始"选项卡、"插入"选项卡、"页面布局"选项卡、"公式"选项卡、"数据"选项卡、"审阅"选项卡、"视图"选项卡以及"加载项"选项卡。

名称框：用于显示当前激活的单元格编号，例如"D1"(即第一行第四列)。

编辑栏：在此输入单元格的内容或公式，将同步在单元格中显示。自左至右依次由名称框、取消按钮、输入按钮、编辑公式按钮、编辑栏组成。"取消"按钮用于取消本次键入内容，恢复单元格中本次键入前的内容。"输入"按钮确定本次输入内容，也可按"回车"(Enter)键实现该功能。"编辑公式"按钮：输入公式和函数时使用。

编辑区：显示正在编辑的工作表。工作表由行和列组成。您可以输入或编辑数据。工作表中的方形称为"单元格"。

显示按钮：可以根据自己的需要更改正在编辑的工作表的显示模式，分别为"普通"模式、"页面布局"模式与"分页预览"模式，单击 Excel 2007 窗口左下角的按钮可以切换显示模式。

缩放滑块：可以更改正在编辑的工作表的缩放设置。

2. Excel 工作簿的基本操作

如前所述，工作簿就像一本书，工作表相当于书的页，对工作簿的操作，主要是对每张工作表的操作。

1) 新建工作簿

默认情况下，启动 Excel 2010 后，会自动创建一个新的空白的工作簿，在此基础上，用户还可以自行创建新的工作簿。

(1) 创建一个空白工作簿。

启动 Excel 2010 程序，单击“文件”选项卡上的“新建”，在“可用模板”区域中选择“空白工作簿”选项，然后单击“创建”按钮，或双击“空白工作簿”，如图 3.3 所示。

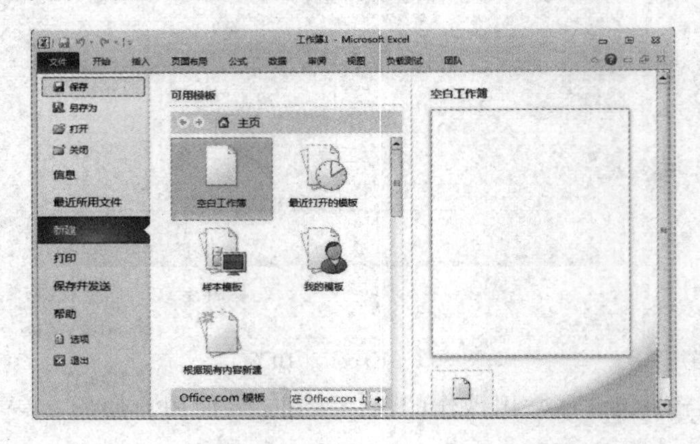

图 3.3　创建一个空白工作簿

若需快速创建一个空白工作簿，可以按 Ctrl+N 组合键。

(2) 基于模板创建工作簿。

从“文件”选项卡上单击”新建”，在”可用模板”区域中单击”样本模板”，会显示可用模板，从列表中选择具体的模板，如图 3.4 所示。

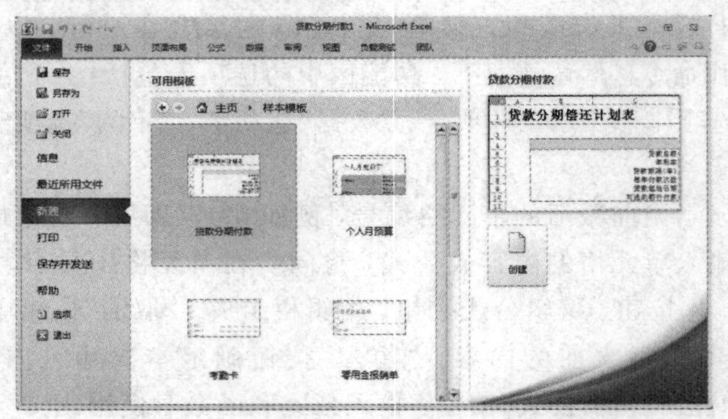

图 3.4　基于模板创建

如图 3.5 所示，若单击“货款分期付款”，再单击”创建”，会打开一个已经存在共用项目和基本格式的文件，在此基础上根据需要进行修改即可成为自己的文件。也可以自己创建模板，然后保存，通过单击“我的模板”创建自己需要格式的文件。

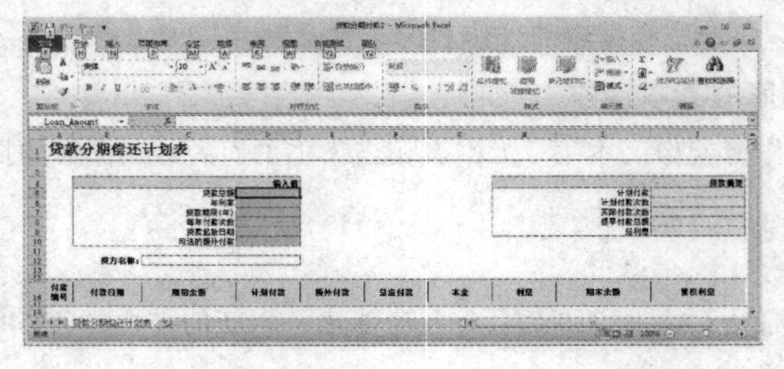

图 3.5　共用项目和基本格式的文件

（3）基于 Office.com 提供的模板创建工作簿。

当连接到 Internet 上时，还可以访问 Office.com 上提供的模板。“Office.com 模板”区域中有很多种模板，如图 3.6 所示，在列表中选择需要的模板，单击模板类别，然后在该类别下单击需要的模板，再单击”下载”按钮，或在该类别下双击需要的模板。

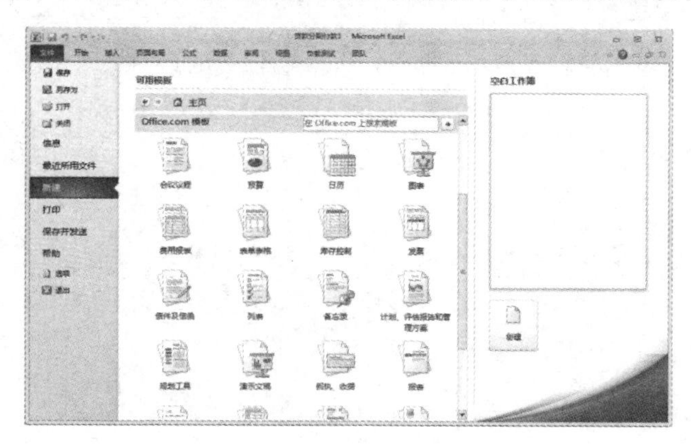

图 3.6　基于 Office.com 上提供的模板创建

若单击“会议议程”，会显示该类别下的会议议程模板。

2）打开工作簿

常用的打开工作簿的方法有以下 3 种。

（1）启动 Excel 2010，从“文件”选项卡上单击“打开”、按 Ctrl＋O 组合键或单击常用工具栏中的“打开”按钮，即可弹出“打开”对话框，然后选择需要打开的文件，双击该文件名或单击“打开”按钮即可，如图 3.7 所示。

图 3.7　打开工作簿

（2）直接在“我的电脑”或“资源管理器”的文件夹下找到要打开的相应 Excel 文件，选择该文件，用鼠标双击或右键单击然后选择“打开”命令即可打开。

（3）启动 Excel 2010，从“文件”选项卡上单击“最近所用文件”，右侧“最近所用的工作簿”文件列表中显示最近编辑过的 Excel 工作簿名，单击需要的文件名即可打开它。

3）保存工作簿

保存工作簿的方法有以下三种。

(1) 启动 Excel 2010 程序，单击“文件”选项卡上的“保存”，或按 Ctrl+S 组合键，弹出“另存为”对话框，如图 3.8 所示。选择工作簿保存的位置，在“文件名”文本框中输入工作簿的名称，单击“保存”按钮，即可完成保存工作簿的操作。

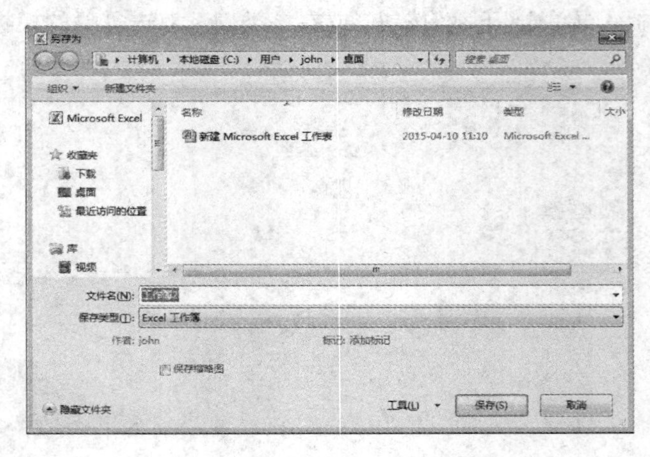

图 3.8 “另存为”对话框

(2) 直接单击常用工具栏中的“保存”按钮。如果要保存的 Excel 工作簿是新建的或刚修改过的，保存时会弹出“另存为”对话框，否则保存时不会弹出“另存为”对话框，而是直接将新文件的内容覆盖原文件的内容。

(3) 自动定时保存。单击“文件”选项卡上的“选项”按钮，在“Excel 选项”界面对话框中，选择“保存选项”，在右侧“保存自动恢复信息时间间隔”中设置所需要的时间间隔，如图 3.9 所示。

图 3.9 设置自动定时保存

4) 保护工作簿

启动 Excel 2010 程序，单击“文件”选项卡上的“信息”，在“有关工作簿 2 的信息”列表中，单击“保护工作簿”或在“审阅”选项卡的“更改”分组中点击“保护工作簿”，如图 3.10 所示。在弹出的“保护结构和窗口”对话框中输入密码后，单击确定，如图 3.11 所示。

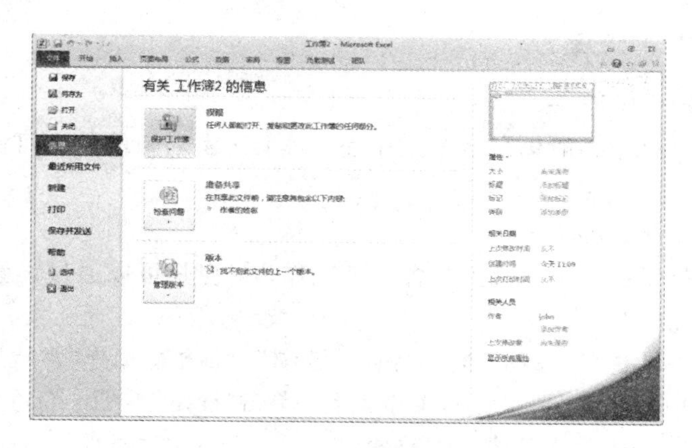

图 3.10　保护工作簿

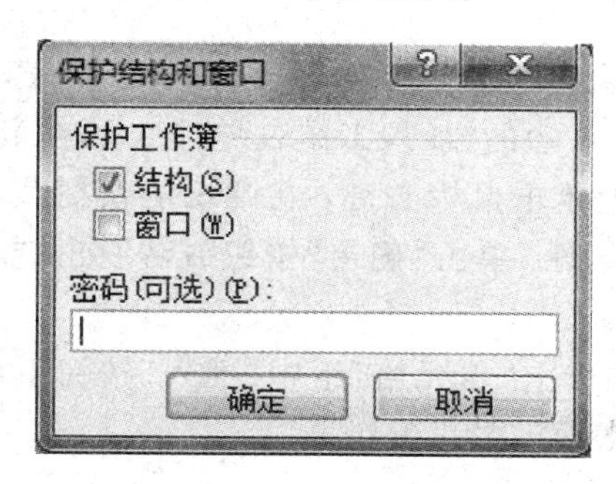

图 3.11　“保护结构和窗口”对话框

5）隐藏工作簿

在 Excel 程序中同时打开多个工作簿时，Windows 的任务栏就会显示所有的工作簿标签，可以暂时隐藏其中的一个或几个，需要时再显示出来。方法是：首先切换到需要隐藏的工作簿窗口，单击“视图”选项卡，在“窗口”组中单击“隐藏”按钮，当前工作簿就被隐藏起来，如图 3.12 所示。

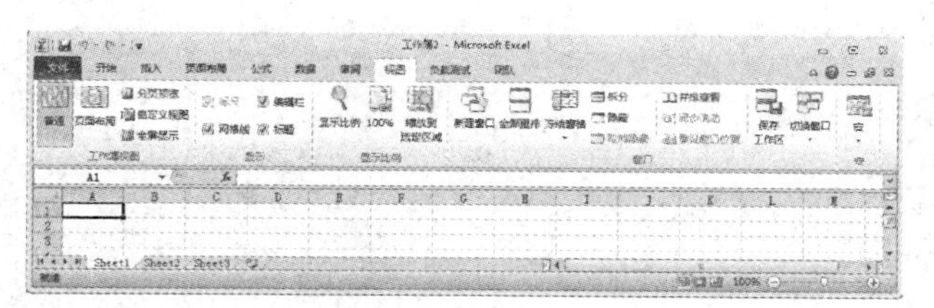

图 3.12　隐藏工作簿

若要取消隐藏，单击“视图”选项卡，在“窗口”组中单击“取消隐藏”按钮，在打开的“取消隐藏”对话框中选择需要取消隐藏的工作簿名称，再单击“确定”按钮，被隐藏的工作簿就会显示出来。

6）关闭工作簿和退出 Excel

若想关闭当前工作簿而不影响其他正在打开的 Excel 文档，则单击“文件”选项卡上的“关闭”。若想退出 Excel 程序，则单击“文件”选项卡上的“退出”。如果有未保存的文档，将会出现提示保存的对话框。

3. Excel 工作表的管理

1）工作表的基本操作

在一个 Excel 文件中一般包含多个工作表，而工作表之间的数据可能都有联系，下述内容将完成工作表之间的操作。

(1) 设定默认工作表的个数。

在默认的情况下，一个工作簿中包含三个工作表，但是可以通过设置来改变新工作簿中默认工作表的个数。其步骤如下：

打开“文件”菜单，选择“选项”命令，弹出“选项”对话框；选择“常规”选项卡，在“新工作簿内的工作表数”中输入想要设定的工作表数，单击“确定”按钮。经过以上设置后，在建立的新工作簿中包含的工作表数将发生改变。

(2) 插入工作表。

一个空白的工作簿中默认有三张工作表，若要增加工作表，可使用以下方法：

方法 1：单击工作表标签右边的“插入工作表”按钮，可在最右边插入一张空白工作表。

方法 2：在工作表标签上单击鼠标右键，在弹出的快捷菜单中单击“插入”命令，打开“插入”对话框，选择工作表类型。单击“确定”按钮或者双击选择的工作表，将会在当前工作表前插入一张空白工作表。

方法 3：单击“开始”选项卡上“单元格”组中“插入”按钮下的黑色箭头，从打开的下拉列表中击“插入工作表”，用来插入空白工作表。

(3) 删除工作表。

在要删除的工作表标签上单击鼠标右键，从弹出的快捷菜单中选择“删除”命令，即可删除当前选定的工作表。也可以在“开始”选项卡上的“单元格”组中，单击“删除”按钮，选择“删除工作表”实现对选中工作表的删除，如图 3.13 所示。

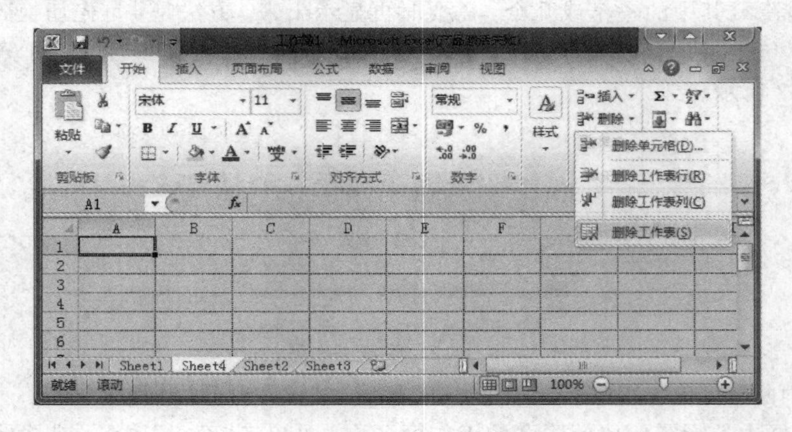

图 3.13　删除工作表

(4) 改变工作表名称。

在工作表标签上双击鼠标，或者在“开始”选项卡的“单元格”组中单击打开“格式”列表，从“组织工作表”下选择“重命名工作表”命令，工作表签名进入编辑状态，输入新的工作表名后按 Enter 键确认修改。也可以通过右键单击工作表，选择“重命名”实现名称的改变。

(5) 设置工作表标签颜色。

若想突出显示某张工作表，可以为该工作表标签设置颜色。在要改变颜色的工作表标签上单击鼠标右键，弹出快捷菜单，将光标指向“工作表标签颜色”命令；或者在“开始”选项卡的“单元格”组中单击打开“格式”列表，从“组织工作表”下选择“工作表标签颜色”命令，从随后显示的颜色列表中单击选择一种颜色。若要取消工作表标签颜色，选中“无颜色”即可。

(6) 在工作表间切换。

新建的 Excel 工作簿包含多个同样的工作表，它们用工作表标签 Sheet 标识。工作表标签位于工作簿窗口底部，每个工作表对应一个工作表标签。在工作表间进行切换时，只需单击要显示的工作表标签，它就会变为当前活动的工作表。

(7) 移动工作表。

如果需要改变当前工作表的顺序，把某一工作表从当前位置移动到新的位置，用拖动释放方法可以很容易地完成。单击该工作表的标签，再把它拖动到另外两个工作表标签的中间位置释放后，该工作表将出现在这个新的位置。

(8) 复制工作表。

在同一工作簿内复制工作表时，首先在工作簿的左下角带有 Sheet 的标签行选定要复制的工作表(按“Ctrl＋鼠标左键”可选定多页)，然后按 Ctrl 键，沿着标签行用鼠标拖动页的标签，直到指定的位置，释放鼠标键及 Ctrl 键完成复制工作。也可以使用“编辑”菜单的“复制”和“粘贴”命令进行复制。

例如，现要将工作簿 Book1 中的工作表 Sheet1 复制到 Book2 的 Sheet2 之前。首先选定工作簿 Book1，单击 Sheet1 的工作簿标签，在“编辑”菜单中选择“移动或复制工作表”命令，弹出“移动或复制工作表”对话框，在对话框的“工作簿”列举框中选择目标工作簿 Book2，在对话框的“选定工作表之前”列举框中，选择要复制工作表的位置 Sheet2，然后置“建立副本”选项框为有效，最后单击“确定”按钮。

2) 工作表中数据的编辑

(1) 单元格和区域的名称。

在执行 Excel 命令之前，要先确定被处理的单元格。可以选定一个单元格，或是单元格区域。若选定一个单元格，它会被粗框线包围，若选定单元格区域，这个区域会以高亮方式显示。选定的单元格称为活动单元格，也就是当前正在使用的单元格，它能接受键盘的输入或单元格的移动、复制、删除等操作。

选定单元格区域的目的是为了对此区域进行整体操作。如果要把 A 列单元格的内容都删去，可以先选定列 A，然后按 Delete 键。而如果要对某一范围的单元格都应用分数格式，可以先选定此范围，然后通过“单元格格式”对话框来指定分数格式。

用鼠标单击要选定的单元格，或按方向键(←、→、↑、↓)移到要选定的单元格即可选定某个单元格。选定连续的单元格区域时先将鼠标指向欲选区域中的第一个单元格，再按住鼠标并沿着要选定区域的对角线方向拖曳到最后一个单元，释放鼠标即可选定一个连续的单元格区域。也可以先选定区域的第一个单元格，按住“Shift”键，然后使用方向键(←、→、↑、↓)扩展选定的单元格区域。连续的单元格区域命名时取第一个单元格的名称和最后的单元格名称，中间用“:”分隔，例如图 3.14 所选单元格的区域为“A1:G12”。

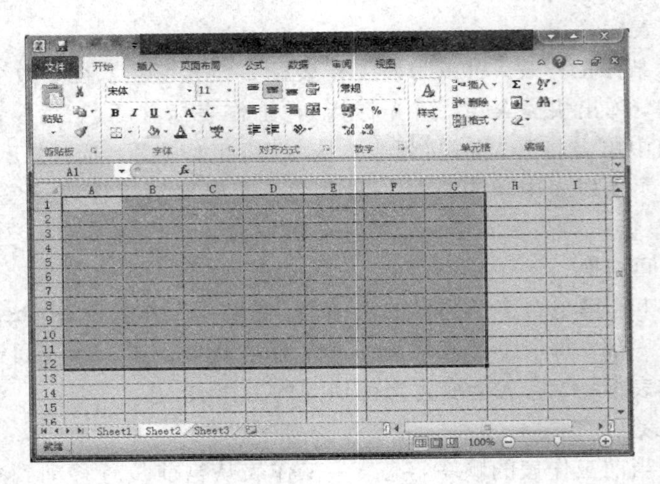

图 3.14 连续区域

选定互不相邻的单元格区域时，首先选定第一个单元格或区域，然后按住 Ctrl 键并单击需要选定的其他单元格，直到选定最后一个单元格或区域，再释放 Ctrl 键。也可以在名称框里输入地址，然后按回车键进行选定，例如，要选取不相邻的区域“A2:C10，F2:G9”，在地址栏中输入“A2:C10，F2:G9”，如图 3.15 所示。

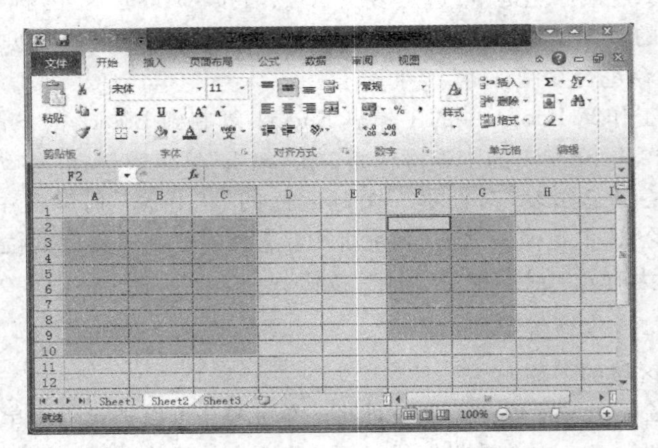

图 3.15 不连续区域

用鼠标单击某一行号或列号能选定该行或列。用鼠标单击工作表左上角的空白按钮，即行号与列标相交处，或者使用组合键 Ctrl＋A 能选定工作表的所有单元格。

若要改变所选定区域的大小，可以通过按 Shift 键并单击一个单元格，在激活的单元格和单击选取的单元格之间的区域，形成新的高亮选定区。或者通过按住 Shift 键，并使用方向键(←、→、↑、↓)，将所选取的区域扩展到需要的位置。

(2) 直接输入数据。

Excel 允许向单元格中输入中文、英文、数字和公式等。在向单元格中输入常量数据时，Excel 2010 根据输入自动区分数据的分类，主要包括文本、数值、日期或时间。双击单元格，单元格处于编辑状态，输入数据；或者单击选中单元格，在编辑栏输入数据，单击确定即可。

单元格中的数据有四种类型，它们是文本、数字、逻辑值和出错值。各种类型的数据都具有其特定的格式。Excel 以不同方式存储和显示各单元格中的数据。

文本：单元格中的文本包括任何字母、数字和键盘符号的组合，每个单元格最多可包含 32 000 个字符。如果单元格列宽容不下文本字符串，可占用相邻的单元格显示。如果相邻单元格中已有数据，就截断显示。

数字：数字可用货币记数法、科学记数法或某种其他格式表示。若单元格容纳不下一个未经格式化的数字时，就用科学记数法显示该数据。

日期和时间也是数字，它们有特定的格式，输入日期时，可以使用斜杠(/)或连字符(-)来分隔年、月、日。例如 2015 年 3 月 4 日，可采取如下格式输入：

YY - MM - DD 2015 - 03 - 04，15 - 03 - 04，03 - 04

YY/MM/DD 2015/03/04

输入时间时，常用格式为 hh:mm 或 hh:mm:ss(24 小时计时制)，如 9:45，9:45:32。

如果要使用 12 小时计时制，则需要输入 am 或 pm，例如：

hh:mm am|pm 9:30am

hh:mm:ss am|pm 3:30:15pm

逻辑值：在单元格中可输入逻辑值 True 和 False。逻辑值经常用于书写条件公式，一些公式也可返回逻辑值。

出错值：在使用公式时单元格中给出的出错结果代码。

(3) 输入数值。

数值可以直接输入到单元格中。首先用鼠标或键盘选中该单元格，然后键入数值，最后按 Enter 键。输入数值时，该数值同时出现在活动单元格和编辑栏中。如果在某个单元格中键入了很长内容后，发现其中某个位置的字符有错，可在编辑栏中查看出错位置，然后在该位置单击设置插入点，再更正出错的字符；也可双击该单元格，然后移动插入点到出错字符并更正。编辑栏左端有一个“取消”按钮，单击它可将刚刚键入但还未进入活动单元格的内容取消。

数值可以是整数、小数、分数或科学记数(如 4.09E＋13)。在数值中可出现正号、负号、百分号、分数线、指数符号以及美元符号等数学符号。例如，如果键入的数值太长，单元格中放不下，Excel 将自动拓宽该单元格，采用科学记数的方式减少显示的位数或减少小数位数以适应键入的内容。

在 Excel 中是以单元格作为输入的基本单元，因此编辑与输入均建立在此基础上，而不是通常使用的全屏幕编辑方式。如果 Excel 用科学记数的方式显示数据而超出单元格基本长度时，在单元格中会出现“＃＃＃＃＃＃”，而实际上数据是有效的，此时需要人工扩展单元格的列宽，以便能看到完整的数值。对任何单元格中的数值，无论 Excel 如何显示它，在系统内部总是按该数值实际键入的形式表示。当一个单元格被选定后，其中的数值即按键入时的形式显示在公式栏中。默认情况下，数值对齐单元格的右边界框。

(4) 输入文本。

要在一个单元格中键入一个文本值，应先选择该单元格，然后键入文本，最后按 Enter 键完成。文本值可以是字母、数字、字符(包括大小写字母、数字和符号)的任意组合。Excel自动识别文本值，并将文本值对齐单元格的左边界框。如果相邻单元格中无数据出现，Excel 允许长文本串覆盖在右邻单元格上；如果相邻单元格中有数据，当前单元格中过长的文本将被截断显示。和键入数值时的情况相同，Excel 在系统内部总是按实际键入的形式表示键入的文本。

如果想让 Excel 把一个数字型地址、日期和数值以文本值的方式存储，只需将该值之前置一个单引号即可。例如，在一个单元格中键入了“’55”，则数值 55 将以文本形式保存，显示时左对齐该单元格，单引号并不出现在该单元格中。但是该单引号会出现在公式栏中，以表明该数值是以文本值形式存储的。

(5) 数据“自动填充”。

① 填充相同的数据。

在同一行或同一列中填充相同的数据，选中要填充数据的行或列的第一个单元格，输入数据，然后拖动填充柄到最后一个单元格即可。

② 序列填充数据。

在同一行或同一列中填充数据序列，选中要填充数据的行或列的第一个单元格，输入数值数据，然后拖动填充柄到最后一个单元格，选择“填充序列”实现等差递增 1 的填充，如图 3.16 所示。若输入的是文本数据，则以已经定义好的序列填充。

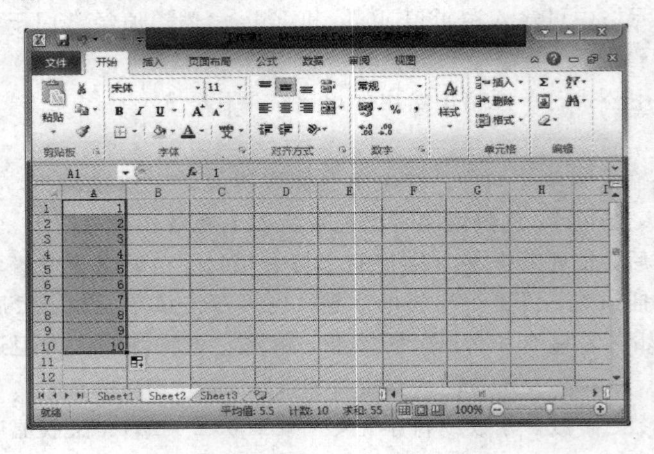

图 3.16　等差递增 1 的序列填充

若要填充其他序列用以下方法：

在“开始”选项卡的“编辑”组中单击“填充”按钮。从列表中选择“序列”，在如图 3.17 所示中选择相应选项即可。

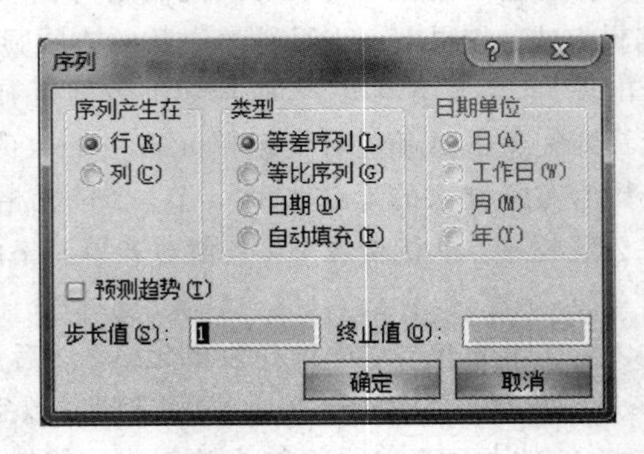

图 3.17　“序列”对话框

（6）自定义序列。

在“文件”选项卡中单击“选项”打开如图 3.18 所示的 Excel 选项对话框，选择“高级”中对应的“编辑自定义列表”，出现如图 3.19 所示自定义序列对话框。在“输入序列”中输入序列，序列中以 Enter 或 Tab 间隔，输入完毕单击“添加”按钮，实现添加到自定义序列，单击“确定”按钮即可。若是工作表中已有序列，可以通过导入实现自定义序列的添加，如图 3.19 所示。

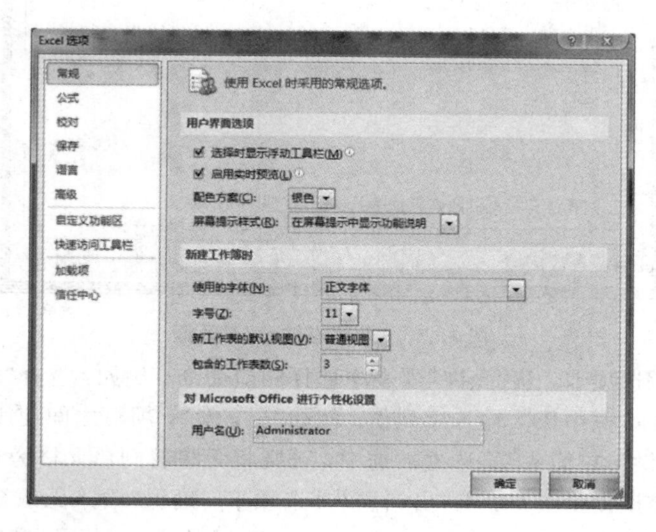

图 3.18　“Excel 选项”对话框

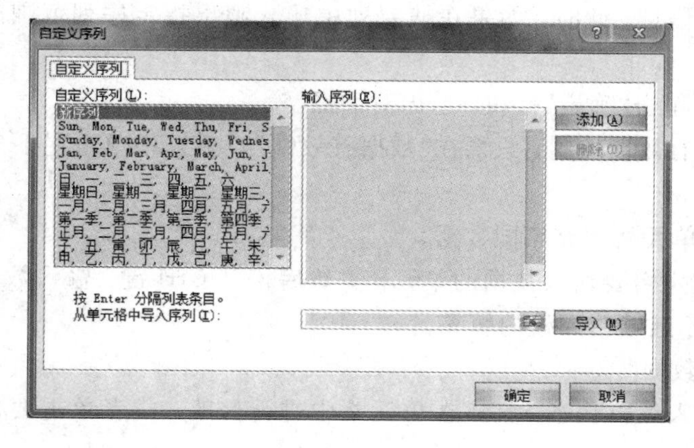

图 3.19　“自定义序列”对话框

（7）控制数据的有效性。

在 Excel 中，为了避免在输入数据时出现过多错误，可以通过在单元格中设置数据有效性来进行相关的控制，从而保证数据的准确性，提高工作效率。

数据有效性，用于定义可以在单元格中输入的数据类型、范围、格式等。可以通过配置数据有效性以防止输入无效数据，或者在录入无效数据时自动发出警告。

设置数据有效性的基本方法是：

① 首先选择需要进行数据有效性控制的单元格或区域。

② 在“数据”选项卡上的“数据工具”组中，单击“数据有效性”按钮，从列表中选择“数

据有效性”命令，打开“数据有效性”对话框，如图 3.20 所示。

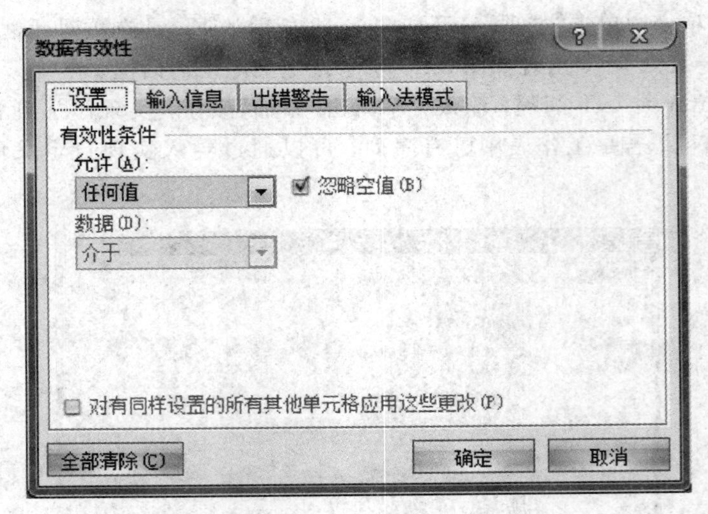

图 3.20 “数据有效性”对话框

③ 单击“设置”选项卡，从“允许”列表中选择相应命令。例如：选择“序列”命令。

④ 在“来源”文本框中依次输入序列值。例如“男，女”，项目之间使用西文逗号分隔。

⑤ 要确保“提供下拉箭头”复选框被选中，否则将无法看到单元格旁边的下拉箭头。

⑥ 设置输入错误提示语：单击“出错警告”选项卡，确保“输入无效数据时显示出错警告”复选框被选中；从“样式”下拉列表中选择“警告”，在右侧的“标题”和“错误信息”框中分别输入相关的提示信息。此时，如果在摘要列中输入超出指定序列范围的内容，则将出现警告信息。

⑦ 设置完毕，单击“确定”按钮，退出对话框。

如需取消数据有效性控制，只要在“数据有效性”对话框中单击左下角的“全部清除”按钮即可。

(8) 在不连续单元格填充相同数据。

按住 Ctrl 键选定需要输入数据的单元格，然后松开 Ctrl 键，输入数据，最后按 Ctrl+Enter 组合键实现不连续单元格的填充。

(9) 编辑修改数据。

双击单元格进入编辑状态，直接在单元格中进行修改；或者单击要修改的单元格，然后在编辑栏中进行修改。

若要删除数据，选择数据所在的单元格或区域，按 Delete 键。或者在“开始”选项卡上的“编辑”组中，单击“清除”，从打开的下拉列表中选择相应命令，可以指定删除格式还是内容。删除单元格是指把单元格及其内容从工作表中删除掉。选定要删除的单元格或区域，然后执行“开始”选项卡上“编辑”组中的“删除”命令，在“删除”对话框中选定删除方式。如：是右侧单元格左移、下方单元格上移，还是删除整行或整列。

在许多应用程序中，“删除”与“清除”含义相同，但在 Excel 中，这两个命令有显著的差别。“清除”如同是用橡皮擦掉单元格中的内容或格式，而“删除”就像是用刀子把该单元格切除一样。执行“删除”命令后，其余的单元格自动移动以填充留下的空缺。

3）单元格或区域的选取

（1）选定文本、单元格、区域、行和列。

① 选择单元格中的文本。如果对单元格进行编辑，选定并双击该单元格，然后选中其中的文本。

② 选择单个单元格。单击相应的单元格即可。

③ 选择某个单元格区域。单击选定该区域的第一个单元格，然后拖动鼠标直至选定最后一个单元格。

④ 选择工作表中所有单元格。单击“全选”按钮，位于行标和列标交叉处。

⑤ 选择不相邻的单元格或单元格区域。选定第一个单元格或单元格区域，然后再按住 Ctrl 键再选定其他的单元格或单元格区域。

⑥ 选择连续的单元格。单击选定该区域的第一个单元格，按住 Shift 键再单击区域中最后一个单元格。

⑦ 选择整行。单击行标题(行号)。

⑧ 选择整列。单击列标题(列号)。

⑨ 选择相邻的行或列。有以下两种方法：

方法 1：沿行号或列标拖动鼠标。

方法 2：先选定第一行或第一列，然后按住 Shift 键再选定其他的行或列。

⑩ 选择不相邻的行或列。先选定第一行或第一列，按住 Ctrl 键再选定其他的行或列。

（2）选择数据类型相同的单元格。

① 选定要实现选择的单元格区域。

② 在“开始”选项卡上单击“编辑”组中的“查找和选择”按钮，在下拉列表框中根据需要选择“公式(U)”、“批注(M)”、“条件格式(C)”、“常量(N)”和“数据验证(V)”中的某一项，如图 3.21 所示。即实现符合相应项的单元格被选中。

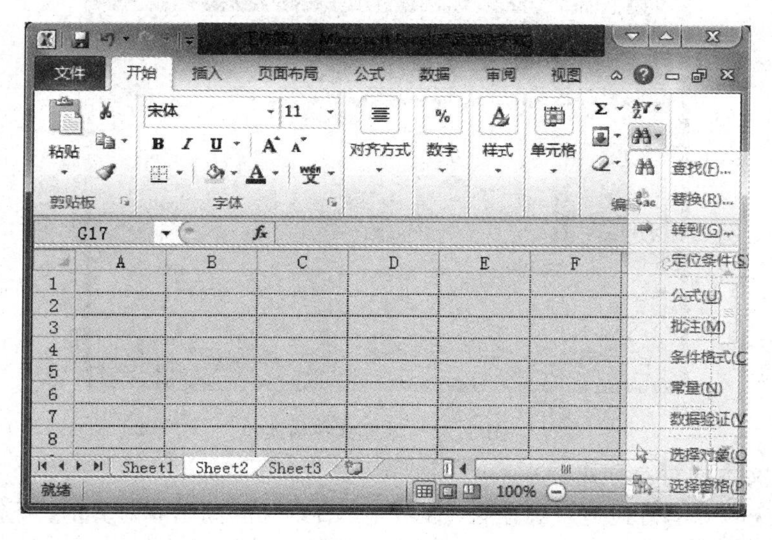

图 3.21　定位

③ 若想进一步详细定位，单击定位条件。在如图 3.22 所示的“定位条件”对话框中进行详细设置，例如：想选择常量数字。

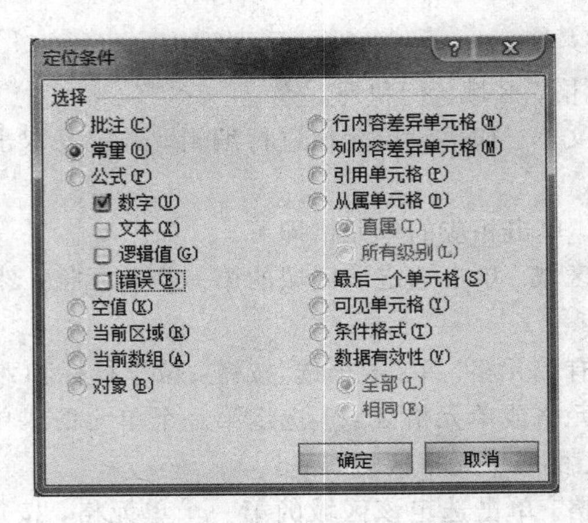

图 3.22 “定位条件”对话框

(3) 取消单元格选定区域。

如果要取消某个单元格选定区域，单击工作表中其他任意一个单元格即可。

4) 设置单元格的格式

Excel 2010 提供了各种方式来控制文本外观，包括设置单元格中数字的类型、文本的对齐方式、字体、单元格的边框、图案及单元格的保护。

(1) 设置数据显示格式。

数据格式是指表格中数据的外观形式，改变数据格式并不影响数据本身，数据本身会显示在编辑栏中。

选择需要设置数据格式的单元格，在“开始”选项卡上的“数字”组中，单击“数字”格式下拉列表可以选择相应格式。如图 3.23 所示。

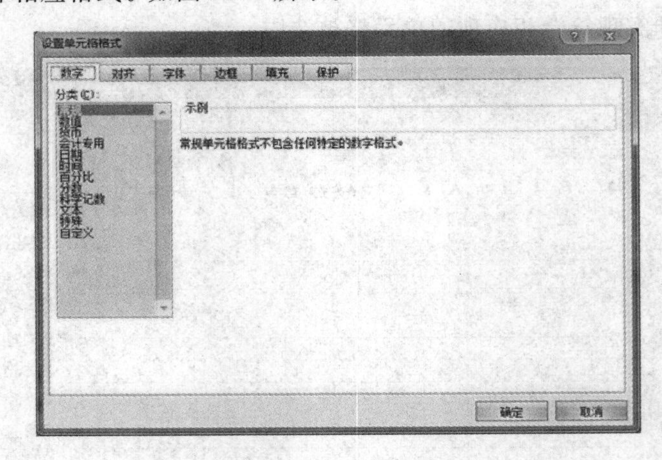

图 3.23 设置数字格式

(2) 设置文本的对齐方式。

Excel 默认的文本格式是左对齐的，而数字、日期和时间是右对齐的，更改对齐方式并不会改变数据类型。

选定要设置对齐方式的单元格区域或单个单元格，在“开始”选项卡上的“对齐方式”组中单击相应按钮即可。如果需要进一步设置，可单击“对齐方式”右侧的对话框启动器，打开“设置单元格格式”对话框中的“对齐”选项卡，进行详细设置，如图 3.24 所示。在此对话框中还可以通过选中“合并单元格”设置多个连续单元格的合并，通过选中“自动换行”实现在一个单元格中多行数据的输入。

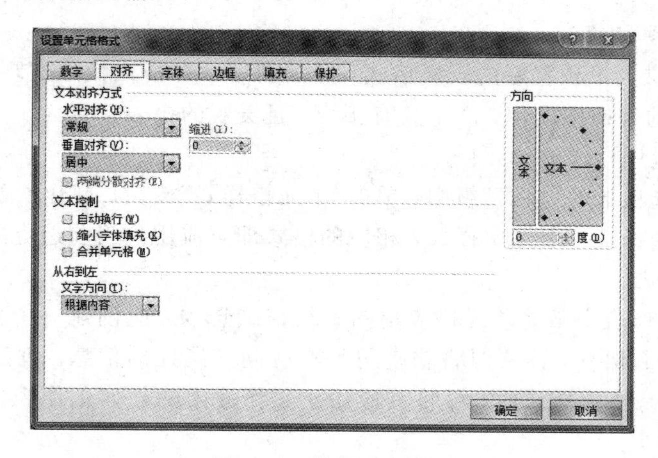

图 3.24　数据对齐设置

(3) 设置单元格字体。

选定要设置字体的单元格区域或单个单元格中的指定文本，在“文件”选项卡上的“字体”组中单击相应按钮即可。如果需要进一步设置，可单击对话框启动器，打开“设置单元格格式”对话框的“字体”选项卡，单击“字体”、“边框”和“填充”选项卡进行详细设置。

(4) 设置单元格边框。

默认情况下，工作表中的网格线只用于显示，不会被打印。为了表格更加美观易读，可以改变表格的边框线。设置的边框线是可以打印出来的。

选择含有要设置边框的单元格或单元格区域，在“文件”选项卡上的“字体”组中，单击“边框”按钮，从打开的下拉列表中可选择不同类型的边框。

(5) 设置单元格图案。

选择“单元格格式”对话框中的“图案” 选项卡，可以设置单元格背景颜色和图案。

(6) 设置单元格保护。

选择“单元格格式”对话框中的“保护”选项卡，Excel 提供了锁定、隐藏两种保护方式，可以设置对单元格的保护。

对单元格的保护就是在打开、关闭或覆盖单元格内容时出现报警信息。设置锁定单元格保护可防止对单元格进行移动、修改、删除及隐藏等操作，也可隐藏单元格中的公式。选中“隐藏”保护方式可隐藏单元格中的公式。

应注意的是，锁定或隐藏单元格只有在工作表被保护后才生效。

5) 设置工作表的格式

(1) 设置工作表列宽和行高有下列两种方法：

第一种方法是单击“开始”选项卡上“单元格”组中的“格式”按钮。首先选定单元格或区域，在“格式”按钮菜单中选择“行高”或“列宽”命令，并在“列宽”或“行高”对话框中指定所需列宽或行高值。

第二种方法是利用鼠标操作，这也是改变列宽和行高最快捷的方法。把鼠标指向拟要改变列宽(或行高)的工作表的列(或行)编号之间的竖线(或横线)，按住鼠标左键并拖动鼠标，将列宽(或行高)调整到需要的宽度(或高度)，释放鼠标键即可。

“格式”按钮菜单中还可以自动调整行高和列宽。

(2) 使用自动套用格式。

Excel 本身提供大量预置好的表格格式，可以利用已有格式快速实现表格格式化。“表格套用”是将制作的表格格式化，产生具有实线，且美观的报表。

① 选择需要应用样式的单元格。

② 在“开始”选项卡的“格式”组中，单击“单元格样式”按钮，打开预置样式列表。

③ 从中单击选择某一个预定样式，相应的格式即可应用到当前选定的单元格中。

(3) 自定义样式。

如果经常对工作表中某些单元格应用同一组格式选项，应创建一个格式样式。将这样的样式与工作簿一起保存，需要时将它应用于具有同样属性的信息。创建一个新的格式样式，或修改某一现有格式样式后，可将其应用于工作簿内的任何工作表，也可将其复制到其他打开的工作簿中。

通过“开始”组中的“单元格样式”新建命令创建样式。执行“样式”命令时，出现“样式”对话框，如图 3.25 所示。

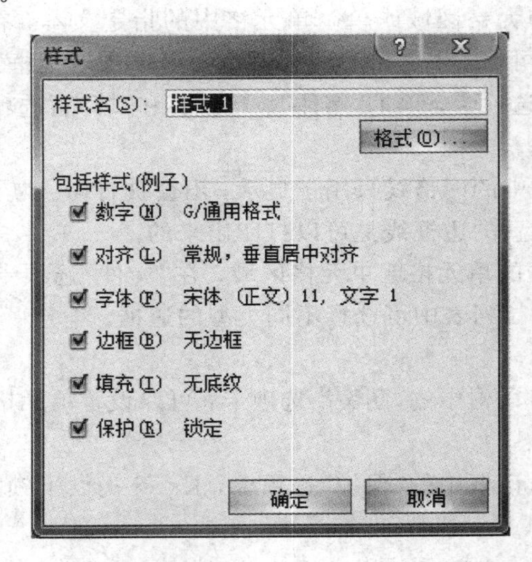

图 3.25 “样式”对话框

创建一种新样式时，选择具有所要求格式的单元格，选择“样式”命令，然后为该样式指定一个新名字。这种利用工作表中的格式定义样式的方法称为“示例法”。依据某单元格的样式创建样式，先格式化该单元格；之后选择刚刚格式化后的单元格；再在“样式”组中选择“单元格样式”命令。

建立新样式时，只能将该新样式应用于建立该样式的工作簿，并将之与当前工作簿一起存盘。这样的新样式不会出现在其他工作簿中。但是，可使用“单元格样式”中“合并样式”命令，将其他工作簿中的样式复制或合并到当前工作簿中。

(4) 使用条件格式。

设置条件格式，能让选中内容根据预定的条件设置格式，从而达到提醒或者警示作用。

例如一份成绩表中谁的成绩高于 90 分，谁的成绩低于 60 分，利用条件格式都可以快速找到并以特殊格式醒目地标示出这些特定数据所在的单元格。Excel 2010“条件格式”功能可以根据单元格内容有选择地自动应用格式，它为 Excel 增色不少的同时，还为我们带来更多的方便。

① 条件规则说明。

突出显示单元格规则：通过使用大于、小于、等于、包含等比较运算符限定数据范围，对属于该数据范围内的单元格设定格式。设定的格式可以是现有的格式，也可以通过“自定义格式”进行设置。例如，在一份成绩表中，将英语中小于 60 分的成绩用蓝色底纹填充突出显示。

项目选择规则：可以将选定单元格区域中的前若干个最高值或后若干个最低值，以及高于或低于该区域平均值的单元格设定特殊格式。例如，在一份学生成绩单中，对数学列用红色字体突出显示高于平均分的成绩。

数据条：数据条可帮助您查看某个单元格相对于其他单元格的值。数据条的长度代表单元格中的值。数据条越长，表示值越高；数据条越短，表示值越低。在观察大量数据中的较高值和较低值时，数据条尤其有用。

色阶：通过使用两种或三种颜色的渐变效果来直观地比较单元格区域中数据，用来显示数据分布和数据变化。一般情况下，颜色的深浅表示值的高低。

图标集：可以使用图标集对数据进行注释，每个图标代表一个值的范围。

② 利用规则设置格式。

a. 选择工作表中需要设置条件格式的单元格或单元格区域。

b. 在“开始”选项卡上的“样式”组中，单击“条件格式”按钮下方的黑色箭头，打开规则下拉列表，如图 3.26 所示。

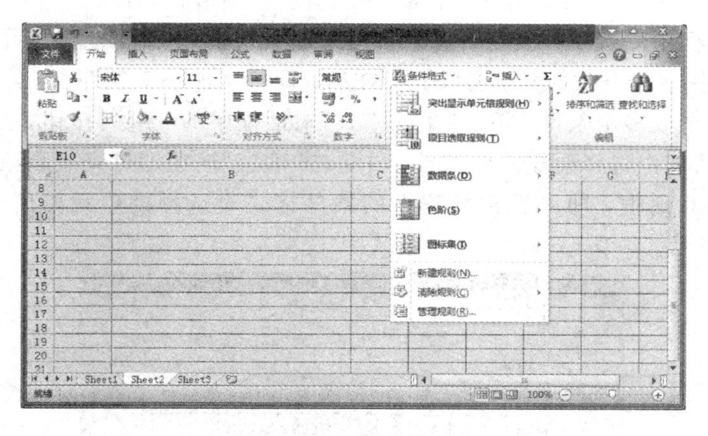

图 3.26 规则下拉列表

c. 选择一种规则项，从下级菜单选择具体规则，实现所选区域的格式化。

③ 自定义规则设置格式。

a. 选择工作表中需要设置条件格式的单元格或单元格区域。

b. 在“开始”选项卡上的“样式”组中，单击“条件格式”按钮下方的黑色箭头，单击“管理规则”，打开“条件格式规则管理器”对话框。如图 3.27 所示。

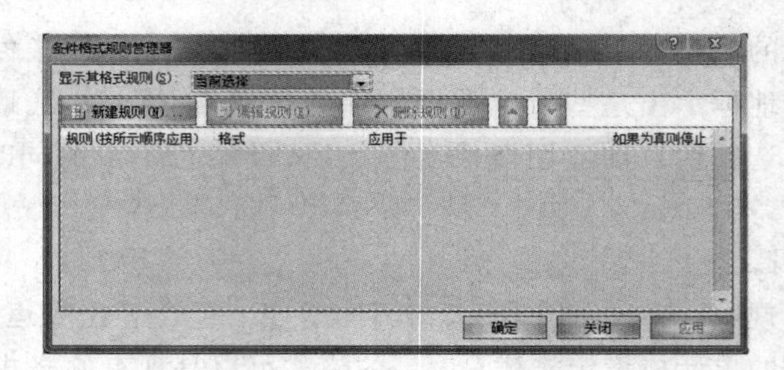

图 3.27 “条件格式规则管理器”对话框

c. 单击“新建规则”按钮，能根据自己的需要设置符合条件的格式。

d. 若要设置不同条件不同格式，需多次单击“新建规则”按钮实现。

依据“条件格式”对话框设置的条件，来强调数据中重要的变化趋势。利用这个功能使用该工作表时，重要的数据就会自己突出出来。

首先建立一个含有一个或多个数值单元格的工作表，选择拟应用条件格式的单元格范围。在“格式”菜单中执行“条件格式”命令，在弹出的“条件格式规则管理器”对话框进行设置，如图 3.28 所示。

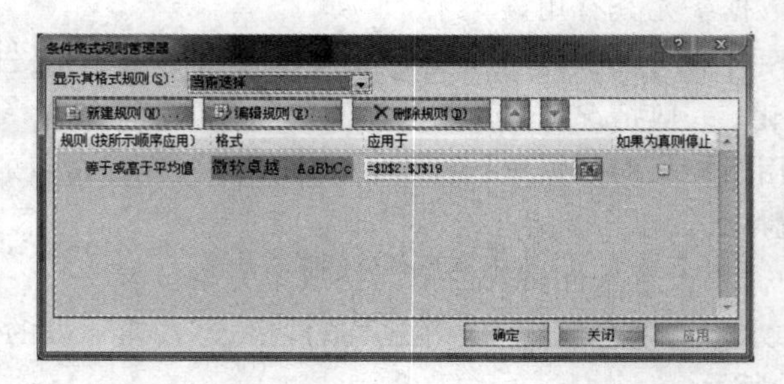

图 3.28 “条件格式规则管理器”对话框设置

根据该对话框中的选项设置条件参数，当某些数值落入指定的范围后，指定的格式即生效。当需要使用多个条件时，单击“添加”按钮，即可增加一个条件。

若要删除一个或多个条件，单击“条件格式”对话框中的“删除”按钮，然后在弹出的“删除条件格式”对话框中选择要删除的条件，并单击“确定”按钮即可完成删除操作。最后单击“确定”按钮关闭对话框，即可看到所建立的条件格式对选择的单元格所产生的格式化效果，如图 3.29 所示。

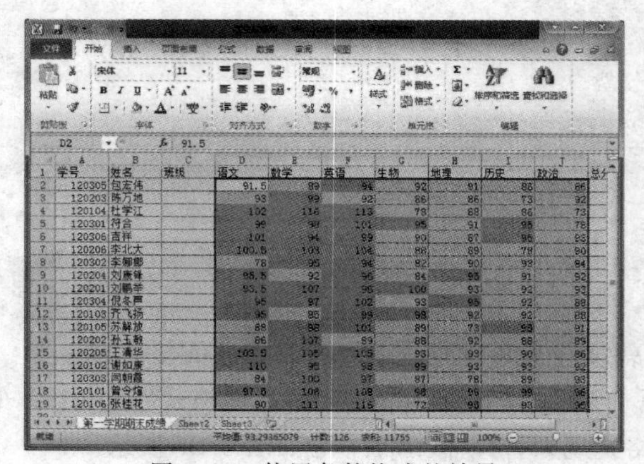

图 3.29 使用条件格式的效果

④ 清除设置的条件格式。

a. 选择工作表中需要清除条件格式的单元格或单元格区域。

b. 在“快速”选项卡上的“样式”组中，单击“条件格式”按钮下方的黑色箭头，单击“清除规则”，在下一级菜单中选择清除区域。

⑤ 清除所有设定格式。

a. 选定准备清除所有格式的单元格或者单元格区域。

b. 在“开始”选项卡上的“编辑”组中，单击“清除”按钮下方的黑色箭头，如图 3.30 所示。单击“清除格式”，被选中区域的所有格式都被清除。

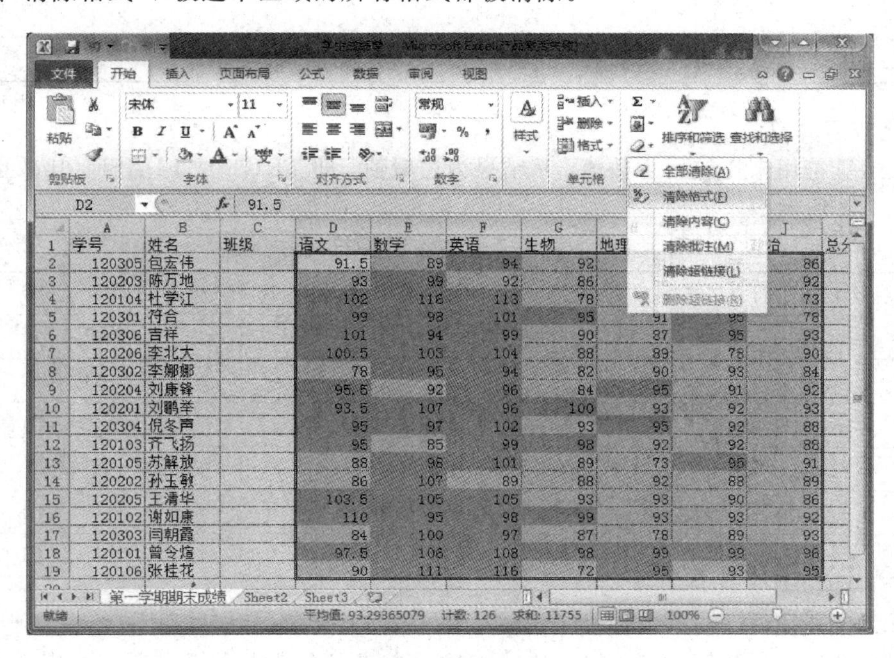

图 3.30　清除格式

4. 公式和函数的使用

使用公式和函数进行计算是 Excel 2010 的核心，正因为 Excel 2010 具有输入公式和函数计算的功能，使得 Excel 充分发挥了它的强大功能，为使用者进行数据处理和数据分析带来极大的便利。

公式用于对工作表中数值进行加、减、乘、除等基本运算。公式由运算符、常量、单元格地址、名称及工作表函数等元素组成。

1）公式的使用

（1）公式的运算符。

运算符用来对公式中的各种元素进行运算操作，Excel 2010 包含了算术运算符、比较运算符、文本运算符及引用运算符。

① 算术运算符。

算术运算符用来完成数学运算，如加、减、乘、除等基本运算，算术运算符的基本含义，如表 3.1 所示。

表 3.1　算术运算符

运算符	运算符名称	示　例
＋	加号	1＋2
－	减号	1－2
－	负号	－1
*	乘号	1*1
/	除号	2/1
％	百分号	20％
^	乘幂	2^2

② 比较运算符。

比较运算符用来比较两个数值，其结果为逻辑值，即 TRUE 或 FLASE，比较运算符的符号如表 3.2 所示。

表 3.2　比较运算符

比较运算符	运算符名称	示　例
＝	等号	A1＝B1
＞	大于号	A1＞B2
＞＝	大于等于号	A1＞＝B1
＜	小于号	A1＜B1
＜＝	小于等于号	A1＜＝B1
＜＞	不等于号	A1＜＞B1

③ 文本连接运算符。

使用文本连接运算符“&”可以加入或连接一个或多个文本字符串形成一串文本，文本连接运算符如表 3.3 所示。

表 3.3　文本连接运算符

运算符	符号名称	示　例
&	连接符号	“中”&“国”

④ 引用运算符。

引用运算符用于表示运算符在工作表中位置的坐标，其运算符的符号如表 3.4 所示。

表 3.4　引用运算符

运算符	运算符名称及功能	示　例
：(冒号)	区间运算符，包括两个引用单元格之间所有单元格	A1：G12
，(逗号)	联合操作符，将多个区域联合为一个引用	A1：D6，H4：K8
空格	交叉运算符，取两个区域的公共单元格	A1:B4 B2:C4 即是取 B2、B3 B4 单元格

Excel 中的运算符用于指定公式中的元素执行的计算类型，通常可以将运算符分为算术运算符、比较运算符、文本连接运算符、引用运算符四类。

(2) 运算符的优先级。

Excel 中一个公式中可以有多个运算符，运算符执行的先后顺序称为运算符的优先级，如果一个公式中的若干运算符具有相同的优先级，则按照从左到右的顺序进行计算。各种运算符的优先级见表 3.5 所示。

表 3.5　运算符优先级

引用运算符	含　义	示　例
1	引用运算符	:(冒号)
2		,(逗号)
3		空格
4	算术运算符	-(负数)
5		%(百分比)
6		^(乘方)
7		* 与/(乘与除)
8		+与-(加与减)
9	文本连接运算符	&(连接两个文本字符串)
10	比较运算符	=(等于)
11		<,>(小于、大于)
12		<=(小于等于)
13		>=(大于等于)
14		<>(不等于)

(3) 公式的输入。

在 Excel 中，公式是指能够进行数学运算的表达式，以"="号为开头，可以包含数值、字符、单元格地址、函数及其他公式。只要输入正确的计算公式，计算结果就将显示在对应的单元格中，并且单击该单元格，在编辑框中可以看到公式。

公式可以在编辑栏或单元格中进行输入，具体步骤如下：

① 在公式计算结果的单元格中单击鼠标，使其成为当前活动单元格。

② 编辑栏或单元格中输入"="，表示是正在输入公式，否则系统会将其判断为文本数据，不会产生计算结果。在公式中所输入的运算符都必须是西文的半角字符。

③ 输入公式，公式中若包含单元格地址，可用鼠标拖拉选择需要引用的单元格区域，或用键盘输入。按 Enter 键或用鼠标单击"输入"按钮完成输入，计算结果显示在相应单元格中，如图 3.31 所示。

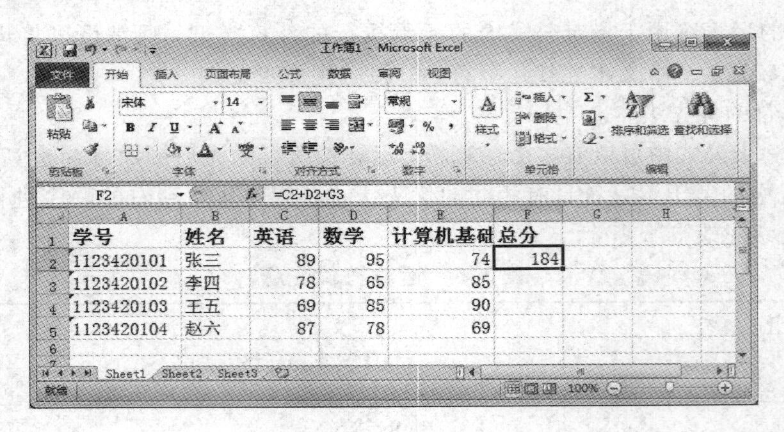

	A	B	C	D	E	F
1	学号	姓名	英语	数学	计算机基础	总分
2	1123420101	张三	89	95	74	184
3	1123420102	李四	78	65	85	
4	1123420103	王五	69	85	90	
5	1123420104	赵六	87	78	69	

图 3.31　公式的输入

注意：

① 在单元格中输入公式时，必须先输入“＝”号，否则得不到结果。

② 公式中的字符总数不能超过 1024 个，每个字符串不能多于 255 个字符。

③ 公式的文字必须使用双引号，如果文字本身包含有引号，那么文字就应该使用两个双引号。

④ 在 Excel 中，可以通过“填充柄”进行自行填充，以实现公式的自动写入。

2）单元格的引用

Excel 中最重要的问题是什么？是公式。那么，公式中最重要的又是什么？是单元格的引用。客观地讲，公式的运用是 Excel 区别于 Word 和 PowerPoint 的重要特征，而公式又是由引用的单元格和运算符号或函数构成的，因此，单元格的引用就成为了 Excel 中最基本和最重要的问题。不懂得怎样引用单元格，就无法利用公式对数据进行操作。

(1) 单元格的绝对引用。不论包含公式的单元格处在什么位置，公式中所引用的单元格位置都是其工作表的确切位置。单元格的绝对引用通过在行号和列标前加一个符号“$”来表示，如$A$1。如果公式所在单元格的位置改变，绝对引用保持不变。如果多行或多列地复制公式，绝对引用将不作调整。

(2) 单元格相对引用。公式中的相对单元格引用(例如 A1)是基于包含公式和单元格引用的单元格的相对位置。如果公式所在单元格的位置改变，引用也随之改变。如果多行或多列地复制公式，引用会自动调整。

(3) 单元格的混合引用。混合引用是指包含一个绝对引用坐标和一个相对引用坐标的单元格引用，或者绝对引用行相对引用列，如 B$5，或者绝对引用列相对引用行，如$B5。选中单元格后按 F4 可在绝对引用和相对引用之间切换。

3）常用函数及其使用

Excel 中所提的函数其实是一些预定义的公式，它们使用一些称为参数的特定数值按特定的顺序或结构进行计算。用户可以直接用它们对某个区域内的数值进行一系列运算，如分析和处理日期值和时间值、确定贷款的支付额、确定单元格中的数据类型、计算平均值、排序显示和运算文本数据等。

函数是指由函数名与参数组成，它是电子表格中极为重要的组成部分。

格式：

函数名(参数 1，参数 2…参数 N)(N<=30)

例如：求和函数为：=SUM(A1:A5，B2:b7，C3:C8)，其中，SUM()是函数名，“A1:A5”，“B2”，“C3:C8”是三个参数。

(1) 数学函数。

① SUM 函数。

SUM 将您指定为参数的所有数字相加。每个参数都可以是区域、单元格引用、数组、常量、公式或另一个函数的结果。例如，SUM(A1:A6) 将单元格 A1 至 A6 中的所有数字相加。

语法：

SUM(number1，[number2]，...])

SUM 函数语法具有下列参数：

number1 必需。要相加的第一个数值参数。

number2，... 可选。要相加的其他数值参数。

② SUMIF 函数。

使用 SUMIF 函数可以对区域中符合指定条件的值求和。

语法：

SUMIF(range，criteria，[sum_range])

SUMIF 函数语法具有以下参数：

range 必需。用于条件计算的单元格区域。每个区域中的单元格都必须是数字或名称、数组或包含数字的引用。空值和文本值将被忽略。

criteria 必需。用于确定对哪些单元格求和的条件，其形式可以为数字、表达式、单元格引用、文本或函数。

sum_range 可选。要求和的实际单元格(如果要对未在 range 参数中指定的单元格求和)。如果 sum_range 参数被省略，Excel 会对在 range 参数中指定的单元格(即应用条件的单元格)求和。

可以在 criteria 参数中使用通配符(包括问号(?) 和星号(*))。(?)匹配任意单个字符；(*)匹配任意一串字符。

③ SUMIFS 函数。

对区域中满足多个条件的单元格求和。

语法：

SUMIFS(sum_range，criteria_range1，criteria1，[criteria_range2，criteria2]，...)

SUMIFS 函数语法具有以下参数：

sum_range 必需。对一个或多个单元格求和，包括数字或包含数字的名称、区域或单元格引用。忽略空白和文本值。

criteria_range1 必需。在其中计算关联条件的第一个区域。

criteria1 必需。条件的形式为数字、表达式、单元格引用或文本，可用来定义将对 criteria_range1参数中的哪些单元格求和。

criteria_range2，criteria2，… 可选。附加的区域及其关联条件。

(2) 统计函数。

① AVERAGE 函数。

返回参数的平均值(算术平均值)。

语法：

AVERAGE(number1，[number2]，...)

AVERAGE 函数语法具有下列参数：

Number1 必需。要计算平均值的第一个数字、单元格引用或单元格区域。

Number2，... 可选。要计算平均值的其他数字、单元格引用或单元格区域，最多可包含 255 个。

② AVERAGEIF 函数。

返回某个区域内满足给定条件的所有单元格的平均值(算术平均值)。

语法：

AVERAGEIF(range，criteria，[average_range])

AVERAGEIF 函数语法具有以下参数：

range 必需。要计算平均值的一个或多个单元格，其中包括数字或包含数字的名称、数组或引用。

criteria 必需。数字、表达式、单元格引用或文本形式的条件，用于定义要对哪些单元格计算平均值。

average_range 可选。要计算平均值的实际单元格集。如果忽略，则使用 range。

3.1.3 案例实现

在本节中，将应用 Excel 相关的基本知识点完成对考生成绩单的制作，本项目主要讲述对 Excel 表格如何进行美化，如改变数据列表中的行高、列宽，改变字体、字号，设置边框和底纹、设置对齐方式等。运用 sum、average 函数求和、求平均值。

步骤 1：选中“学号”所在的列，单击鼠标右键，在弹出的下拉菜单中选择“设置单元格格式”命令，在弹出的“设置单元格格式”对话框中切换至“数字选项卡”，在“分类”下选择“文本”，如图 3.32 所示。

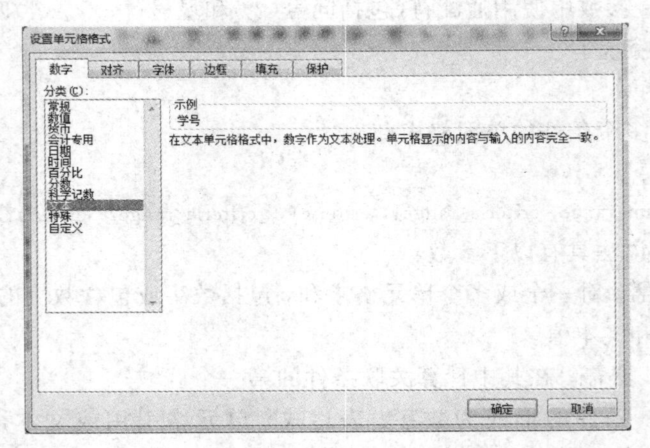

图 3.32　设置“学号”列单元格格式

步骤 2：选中所有成绩列，单击鼠标右键，选择“设置单元格格式”命令，在弹出的“设置单元格格式”对话框中切换至“数字选项卡”，在“分类”下选择“数值”，在小数位数微调框中设置小数位数为“2”，如图 3.33 所示。

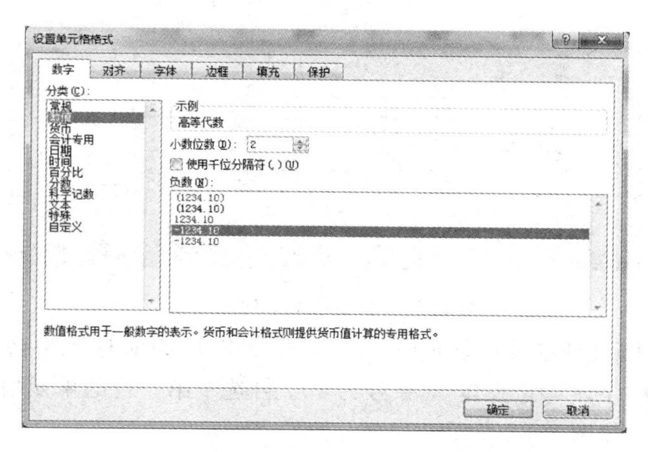

图 3.33 设置所有成绩列单元格格式

步骤 3：设置完毕。设置完格式后的成绩单如图 3.34 所示。

学号	姓名	班级	高等代数	数学分析	大学英语	大学物理	VB程序设计	C语言程序设计	Matlab	总分	平均分
120305	杨青	3	91.50	89.00	94.00	92.00	91.00	86.00	86.00		
120203	孙毅	2	93.00	99.00	92.00	86.00	86.00	73.00	92.00		
120104	杜江	1	93.00	99.00	92.00	78.00	88.00	86.00	73.00		
120301	李佳	3	99.00	98.00	92.00	78.00	91.00	95.00	78.00		
120306	胡杨	3	99.00	94.00	99.00	90.00	87.00	95.00	93.00		
120206	李北	2	100.50	94.00	99.00	88.00	89.00	78.00	90.00		
120302	李娜	3	78.00	95.00	94.00	82.00	90.00	93.00	84.00		
120204	刘康	2	95.50	92.00	96.00	84.00	95.00	91.00	92.00		
120201	刘鹏举	2	93.50	92.00	96.00	100.00	93.00	92.00	93.00		
120304	倪冬声	3	95.00	97.00	96.00	93.00	95.00	92.00	88.00		
120103	齐飞	1	95.00	85.00	96.00	98.00	92.00	92.00	88.00		
120105	苏放	1	88.00	98.00	99.00	89.00	73.00	95.00	91.00		
120202	孙玉	2	86.00	98.00	89.00	88.00	92.00	88.00	89.00		

图 3.34 设置完格式后的成绩单

步骤 4：选中数据区域，单击“开始”选项卡下“单元格”组中的“格式”按钮，在下拉菜单中选择“行高”，弹出“行高”对话框，设置行高为 16，如图 3.35 所示。

步骤 5：单击“开始”选项卡下“单元格”组中的“格式”按钮，在弹出的下拉菜单中选择“列宽”，弹出“列宽”对话框，设置列宽为 11，如图 3.36 所示。

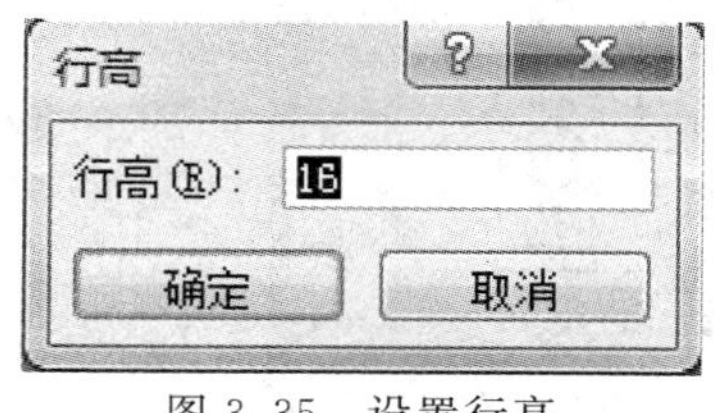

图 3.35 设置行高

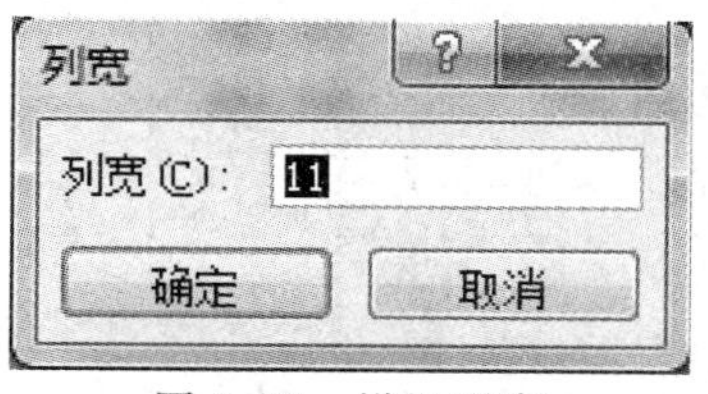

图 3.36 设置列宽

步骤 6：设置完毕。设置效果如图 3.37 所示。

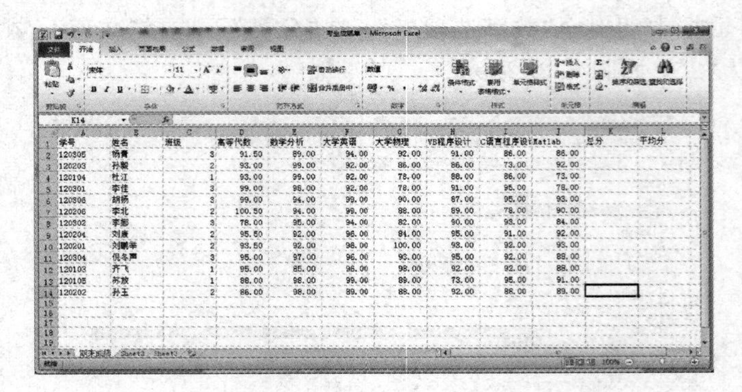

图 3.37　设置行高、列宽效果

步骤 7：右击鼠标选择“设置单元格格式”，在弹出的“设置单元格格式”对话框中的“字体”选项卡下，设置“字体”为“黑体”，字号为 10。再选中第一行的单元格，按照同样的方式设置字形为“加粗”，如图 3.38 所示。

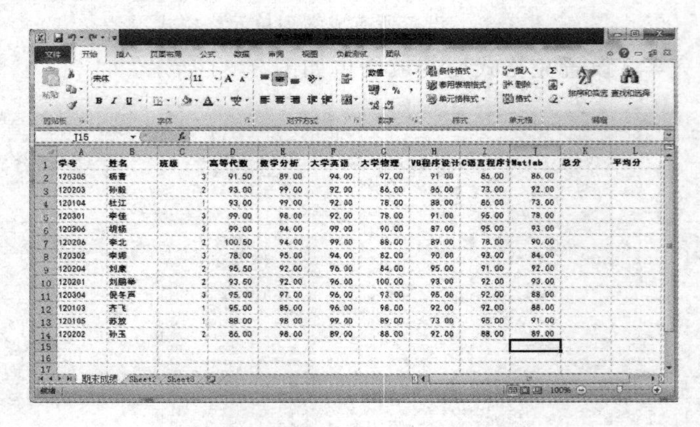

图 3.38　设置字体类型及大小

步骤 8：继续选中数据区域，按照上述同样的方式打开“设置单元格格式”对话框，在“设置单元格格式”对话框中的“对齐”选项卡下，设置“水平对齐”与“垂直对齐”都为“居中”，如图 3.39 所示。

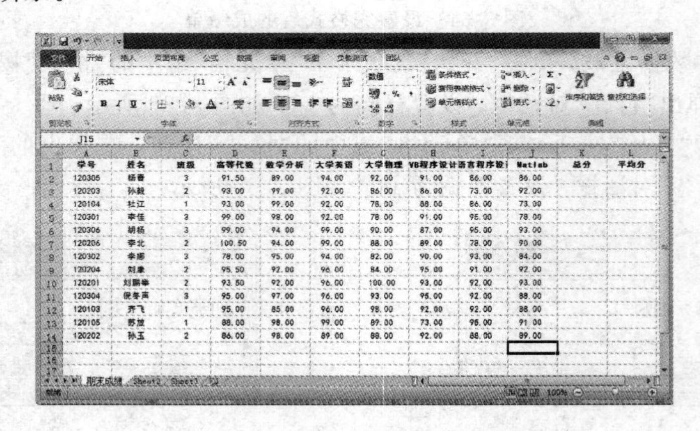

图 3.39　垂直、水平对齐效果

步骤 9：切换至“边框”选项卡，在“预置”组中选择“外边框”和“内部”，如图 3.40 所示。

学号	姓名	班级	高等代数	数学分析	大学英语	大学物理	VB程序设计	C语言程序设计	Matlab	总分	平均分
120305	杨青	3	91.50	89.00	94.00	92.00	91.00	86.00	86.00		
120203	孙毅	2	93.00	99.00	92.00	86.00	86.00	73.00	92.00		
120104	杜江	1	93.00	99.00	92.00	78.00	88.00	86.00	73.00		
120301	李佳	3	99.00	98.00	92.00	78.00	91.00	95.00	78.00		
120306	胡杨	3	99.00	94.00	99.00	90.00	87.00	95.00	93.00		
120206	李北	2	100.50	94.00	99.00	88.00	89.00	78.00	90.00		
120302	李娜	3	78.00	95.00	94.00	82.00	90.00	93.00	84.00		
120204	刘康	2	95.50	92.00	96.00	84.00	95.00	91.00	92.00		
120201	刘鹏举	2	93.50	92.00	96.00	100.00	93.00	92.00	93.00		
120304	倪冬声	3	95.00	97.00	96.00	93.00	95.00	92.00	88.00		
120103	齐飞	1	95.00	85.00	96.00	98.00	92.00	92.00	88.00		
120105	苏放	1	88.00	98.00	99.00	89.00	73.00	95.00	91.00		
120202	孙玉	2	86.00	98.00	89.00	88.00	92.00	88.00	89.00		

图 3.40　设置边框效果

步骤 10：再切换至“填充”选项卡下，在“背景色”组中选择“浅绿”，如图 3.41 所示。

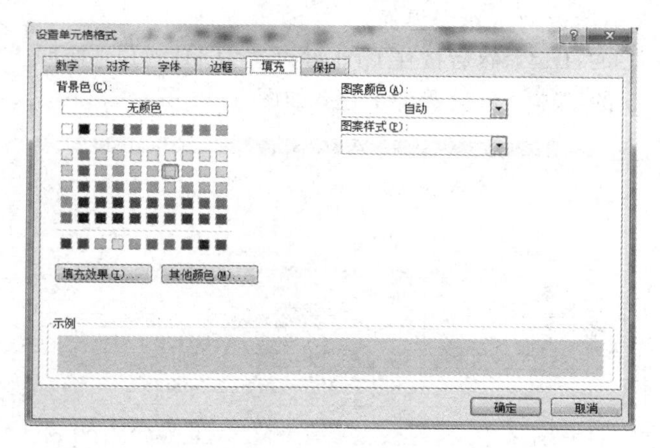

图 3.41　设置背景色

步骤 11：最后单击“确定”按钮，如图 3.42 所示。

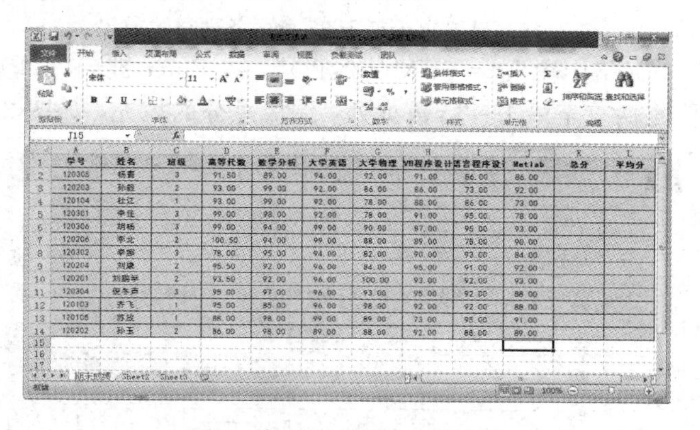

图 3.42　设置格式后成绩单

步骤 12：选中 F2:G14，单击“开始”选项卡下“样式”组中的“条件格式”按钮，选择“突出显示单元格规则”中的“其他规则”，弹出“新建格式规则”对话框，在“编辑规则说明”选项下设置单元格值小于 80。然后单击“格式”按钮，弹出“设置单元格格式”对话框，在“填充”

选项卡下选择“红色”，单击“确定”按钮，如图 3.43 所示。

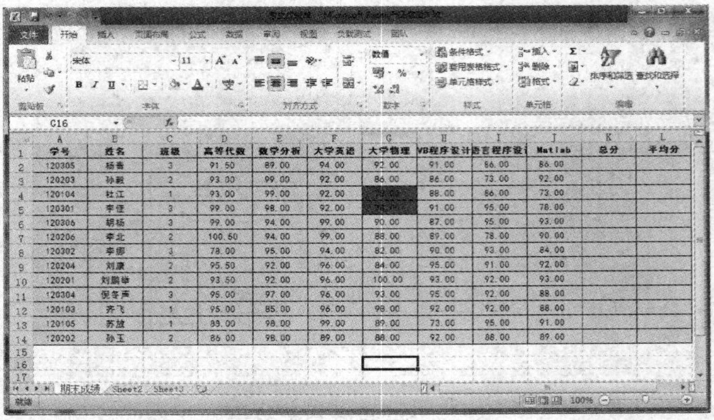

	A	B	C	D	E	F	G	H	I	J	K	L
1	学号	姓名	班级	高等代数	数学分析	大学英语	大学物理	VB程序设计	语言程序设	Matlab	总分	平均分
2	120305	杨青	3	91.50	89.00	94.00	92.00	91.00	86.00	86.00		
3	120203	孙毅	2	93.00	99.00	92.00	86.00	86.00	73.00	92.00		
4	120104	杜江	1	93.00	99.00	92.00	[illegible]	88.00	86.00	73.00		
5	120301	李佳	3	99.00	98.00	92.00	[illegible]	91.00	95.00	78.00		
6	120306	胡杨	3	99.00	94.00	99.00	90.00	87.00	95.00	93.00		
7	120206	李北	2	100.50	94.00	99.00	88.00	89.00	78.00	90.00		
8	120302	李娜	3	78.00	95.00	94.00	82.00	90.00	93.00	84.00		
9	120204	刘康	2	95.50	92.00	96.00	84.00	95.00	91.00	92.00		
10	120201	刘鹏举	2	93.50	92.00	96.00	100.00	93.00	92.00	93.00		
11	120304	倪冬声	3	95.00	97.00	96.00	93.00	95.00	92.00	88.00		
12	120103	齐飞	1	95.00	85.00	96.00	98.00	92.00	92.00	88.00		
13	120105	苏放	1	88.00	98.00	99.00	89.00	73.00	95.00	91.00		
14	120202	孙玉	2	86.00	98.00	89.00	88.00	92.00	88.00	89.00		

图 3.43　设置小于 80 分的条件格式效果

步骤 13：设置完毕后返回工作表界面。

步骤 14：先选中 D2:E14，然后按住 Ctrl 键再选中 H2:J14，按照上述同样方法，把单元格值大于或等于 95 的字体颜色设置为黄色，如图 3.44 所示。

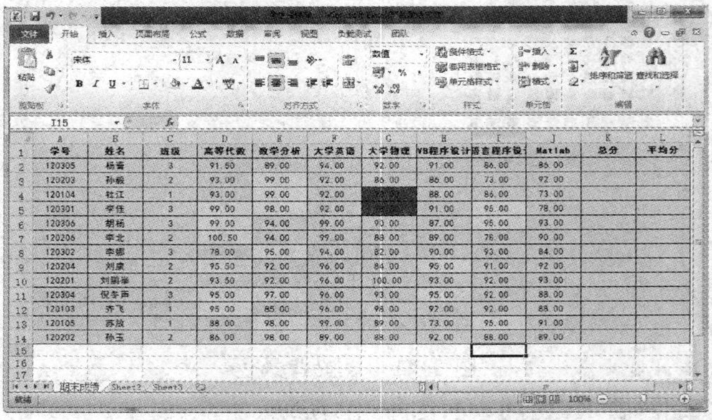

	A	B	C	D	E	F	G	H	I	J	K	L
1	学号	姓名	班级	高等代数	数学分析	大学英语	大学物理	VB程序设计	语言程序设	Matlab	总分	平均分
2	120305	杨青	3	91.50	89.00	94.00	92.00	91.00	86.00	86.00		
3	120203	孙毅	2	93.00	99.00	92.00	86.00	86.00	73.00	92.00		
4	120104	杜江	1	93.00	99.00	92.00	[illegible]	88.00	86.00	73.00		
5	120301	李佳	3	99.00	98.00	92.00	[illegible]	91.00	95.00	78.00		
6	120306	胡杨	3	99.00	94.00	99.00	90.00	87.00	95.00	93.00		
7	120206	李北	2	100.50	94.00	99.00	88.00	89.00	78.00	90.00		
8	120302	李娜	3	78.00	95.00	94.00	82.00	90.00	93.00	84.00		
9	120204	刘康	2	95.50	92.00	96.00	84.00	95.00	91.00	92.00		
10	120201	刘鹏举	2	93.50	92.00	96.00	100.00	93.00	92.00	93.00		
11	120304	倪冬声	3	95.00	97.00	96.00	93.00	95.00	92.00	88.00		
12	120103	齐飞	1	95.00	85.00	96.00	98.00	92.00	92.00	88.00		
13	120105	苏放	1	88.00	98.00	99.00	89.00	73.00	95.00	91.00		
14	120202	孙玉	2	86.00	98.00	89.00	88.00	92.00	88.00	89.00		

图 3.44　设置大于等于 95 分的条件格式效果

步骤 15：在 K2 单元格中输入“=SUM(D2:J2)”，按 Enter 键后该单元格值为“629.50”，拖动 K2 右下角的填充柄直至最下一行数据处，完成总分的填充，如图 3.45 所示。

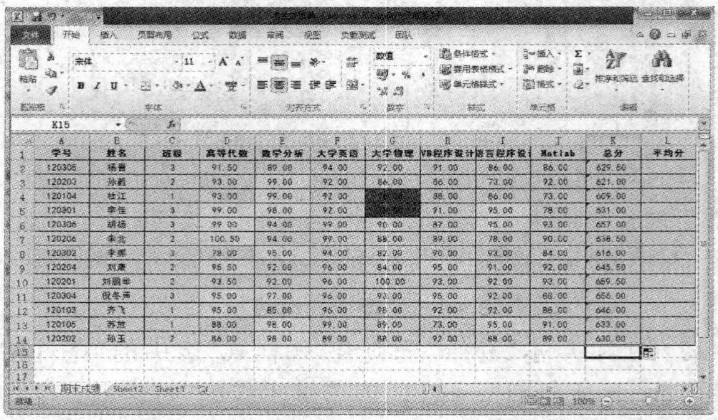

	A	B	C	D	E	F	G	H	I	J	K	L
1	学号	姓名	班级	高等代数	数学分析	大学英语	大学物理	VB程序设计	语言程序设	Matlab	总分	平均分
2	120305	杨青	3	91.50	89.00	94.00	92.00	91.00	86.00	86.00	629.50	
3	120203	孙毅	2	93.00	99.00	92.00	86.00	86.00	73.00	92.00	621.00	
4	120104	杜江	1	93.00	99.00	92.00	[illegible]	88.00	86.00	73.00	609.00	
5	120301	李佳	3	99.00	98.00	92.00	[illegible]	91.00	95.00	78.00	631.00	
6	120306	胡杨	3	99.00	94.00	99.00	90.00	87.00	95.00	93.00	657.00	
7	120206	李北	2	100.50	94.00	99.00	88.00	89.00	78.00	90.00	638.50	
8	120302	李娜	3	78.00	95.00	94.00	82.00	90.00	93.00	84.00	616.00	
9	120204	刘康	2	95.50	92.00	96.00	84.00	95.00	91.00	92.00	645.50	
10	120201	刘鹏举	2	93.50	92.00	96.00	100.00	93.00	92.00	93.00	659.50	
11	120304	倪冬声	3	95.00	97.00	96.00	93.00	95.00	92.00	88.00	656.00	
12	120103	齐飞	1	95.00	85.00	96.00	98.00	92.00	92.00	88.00	646.00	
13	120105	苏放	1	88.00	98.00	99.00	89.00	73.00	95.00	91.00	633.00	
14	120202	孙玉	2	86.00	98.00	89.00	88.00	92.00	88.00	89.00	630.00	

图 3.45　计算第一学生的总分

步骤 16：在 L2 单元格中输入“=AVERAGE(D2:J2)”，按 Enter 键后该单元格值为“89.93”，拖动 L2 右下角的填充柄直至最下一行数据处，完成平均分的填充，如图 3.46 所示。

	A	B	C	D	E	F	G	H	I	J	K	L
1	学号	姓名	班级	高等代数	数学分析	大学英语	大学物理	VB程序设计	语言程序设	Matlab	总分	平均分
2	120305	杨音	3	91.50	89.00	94.00	92.00	91.00	86.00	86.00	629.50	89.93
3	120203	孙毅	2	93.00	99.00	92.00	86.00	86.00	73.00	92.00	621.00	88.71
4	120104	杜江	1	93.00	99.00	92.00	[illegible]	88.00	86.00	73.00	609.00	87.00
5	120301	李佳	3	99.00	98.00	92.00	[illegible]	91.00	95.00	78.00	631.00	90.14
6	120306	胡杨	3	99.00	94.00	99.00	90.00	87.00	95.00	93.00	657.00	93.86
7	120206	李北	2	100.50	94.00	99.00	88.00	89.00	78.00	90.00	638.50	91.21
8	120302	李娜	3	78.00	95.00	94.00	82.00	90.00	93.00	84.00	616.00	88.00
9	120204	刘康	2	95.50	92.00	96.00	84.00	95.00	91.00	92.00	645.50	92.21
10	120201	刘鹏举	2	93.50	92.00	96.00	100.00	93.00	92.00	93.00	659.50	94.21
11	120304	倪冬声	3	95.00	97.00	96.00	93.00	95.00	92.00	88.00	656.00	93.71
12	120103	齐飞	1	95.00	85.00	96.00	98.00	92.00	92.00	88.00	646.00	92.29
13	120105	苏放	1	88.00	98.00	99.00	89.00	73.00	95.00	91.00	633.00	90.43
14	120202	孙玉	2	86.00	98.00	89.00	88.00	92.00	88.00	89.00	630.00	90.00

图 3.46　计算第一个学生的平均分

步骤 17：复制工作表“学生成绩单”，粘贴到“Sheet2”工作表中。在“期末成绩”上右击鼠标，在弹出的快捷菜单中选择“移动或复制”命令。然后在弹出的“移动或复制工作表”对话框中的“下列选定工作表之前”中选择“Sheet2”，并勾选“建立副本”复选框，如图 3.47 所示。

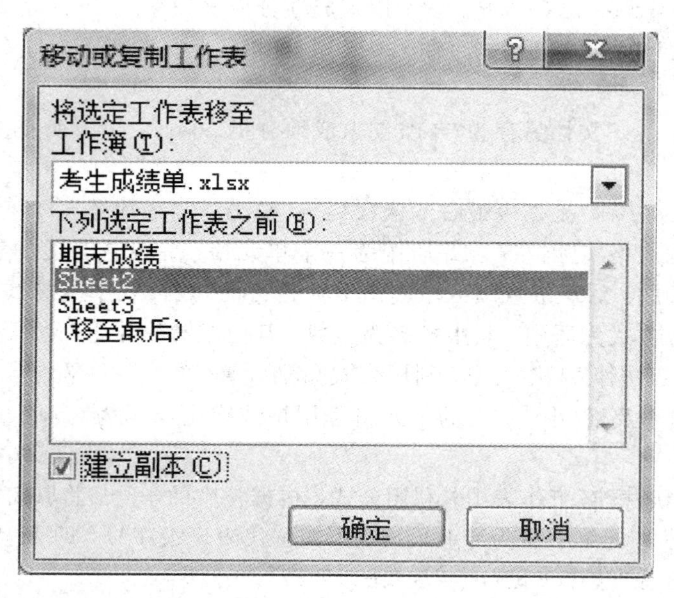

图 3.47　复制工作表

步骤 18：建立的副本完毕。

步骤 19：为副表重新命名。双击“期末成绩(2)”呈可编辑状态，然后输入“成绩单分类汇总”字样，如图 3.48 所示。

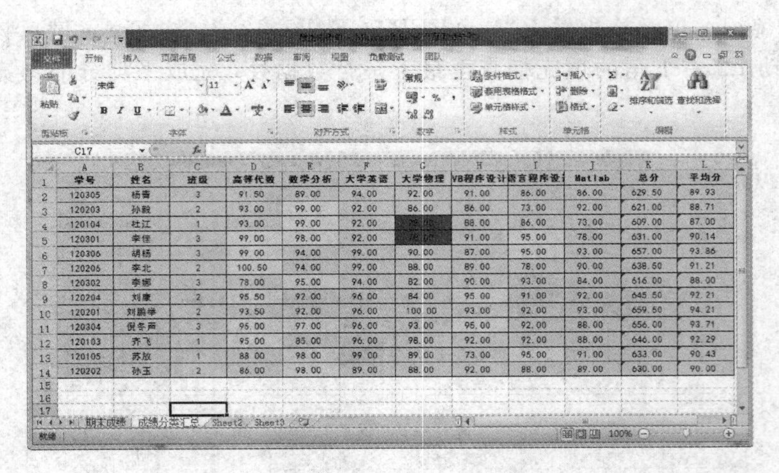

学号	姓名	班级	高等代数	数学分析	大学英语	大学物理	VB程序设计	语言程序设	Matlab	总分	平均分
120305	杨青	3	91.50	89.00	94.00	92.00	91.00	86.00	86.00	629.50	89.93
120203	孙毅	2	93.00	99.00	92.00	86.00	86.00	73.00	92.00	621.00	88.71
120104	杜江	1	93.00	99.00	92.00	[illegible]	88.00	86.00	73.00	609.00	87.00
120301	李佳	3	99.00	98.00	92.00	[illegible]	91.00	95.00	78.00	631.00	90.14
120306	胡杨	3	99.00	94.00	99.00	90.00	87.00	95.00	93.00	657.00	93.86
120206	李北	2	100.50	94.00	99.00	88.00	89.00	78.00	90.00	638.50	91.21
120302	李娜	3	78.00	95.00	94.00	82.00	90.00	93.00	84.00	616.00	88.00
120204	刘康	2	95.50	92.00	96.00	84.00	95.00	91.00	92.00	645.50	92.21
120201	刘鹏举	2	93.50	92.00	96.00	100.00	93.00	92.00	93.00	659.50	94.21
120304	倪冬声	3	95.00	97.00	96.00	93.00	95.00	92.00	88.00	656.00	93.71
120103	齐飞	1	95.00	85.00	96.00	98.00	92.00	92.00	88.00	646.00	92.29
120105	苏放	1	88.00	98.00	99.00	89.00	73.00	95.00	91.00	633.00	90.43
120202	孙玉	2	86.00	98.00	89.00	88.00	92.00	88.00	89.00	630.00	90.00

图 3.48　重命名工作表

3.2　制作学生期末成绩分析表

3.2.1　案例介绍

小李是北京某政法学院教务处的工作人员，法律系提交了 2012 级四个法律专业教学班的期末成绩单，为更好地掌握各个教学班学习的整体情况，教务处领导要求她制作成绩分析表，供学院领导掌握宏观情况。学生期末成绩分析表如图 3.49 所示。请根据考生文件夹下的“素材.xlsx”文档，帮助小李完成 2012 级法律专业学生期末成绩分析表的制作。具体要求如下：

(1) 将“素材.xlsx”文档另存为“年级期末成绩分析.xlsx”，以下所有操作均基于此新保存的文档。

(2) 在“2012 级法律”工作表最右侧依次插入“总分”、“平均分”、“年级排名”列。将工作表的第一行根据表格实际情况合并居中为一个单元格，并设置合适的字体、字号，使其成为该工作表的标题。对班级成绩区域套用带标题行的“表样式中等深浅 15”的表格格式。设置所有列的对齐方式为居中，其中排名为整数，其他成绩的数值保留 1 位小数。

(3) 在“2012 级法律”工作表中，利用公式分别计算“总分”、“平均分”、“年级排名”列的值。对学生成绩不及格(小于 60)的单元格套用格式突出显示为“黄色(标准色)填充色红色(标准色)文本”。

(4) 在“2012 级法律”工作表中，利用公式、根据学生的学号、将其班级的名称填入“班级”列，规则为：学号的第三位为专业代码、第四位代表班级序号，即 01 为“法律一班”，02 为“法律二班”，03 为“法律三班”，04 为“法律四班”。

(5) 根据“2012 级法律”工作表，创建一个数据透视表，放置于表名为“班级平均分”的新工作表中，工作表标签颜色设置为红色。要求数据透视表中按照英语、体育、计算机、近代史、法制史、刑法、民法、法律英语、立法法的顺序统计各班各科成绩的平均分，其中行标签为班级。为数据透视表格内容套用带标题行的“数据透视表样式中等深浅 15”的表格格式，所有列的对齐方式设为居中，成绩的数值保留 1 位小数。

(6) 在"班级平均分"工作表中，针对各课程的班级平均分创建二维的簇状柱形图，其中水平簇标签为班级，图例项为课程名称，并将图表放置在表格下方的 A10:H30 区域中。

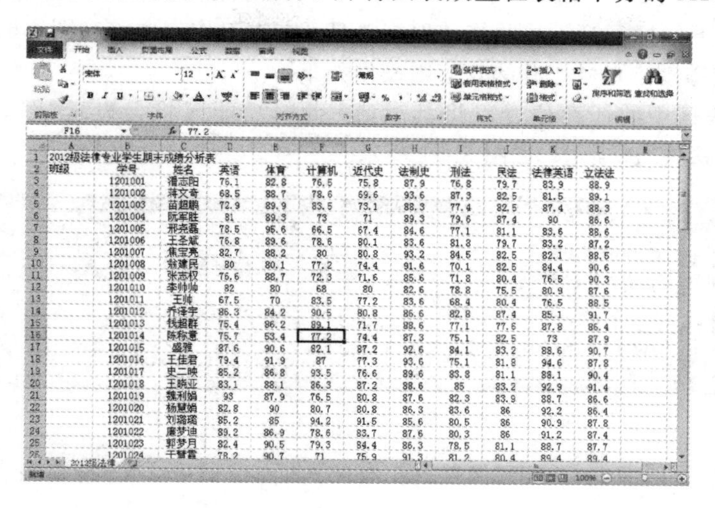

图 3.49　学生期末成绩分析表

3.2.2　相关知识点

1. 图表的创建

1) 创建图表

(1) 创建图表的方法。

图表能生动形象的反映数据。创建图表的方法如下：

① 选择要用于创建图表的数据所在的单元格区域，可以选择不相邻的多个区域。

② 在"插入"选项卡上的"图表"组中，单击某一图表类型，然后在下拉列表中选择要使用的图表子类型。如果选择最下边的"所有图表类型"命令或单击"图表"右侧的"插入图表"扩展按钮，则可以打开"插入图表"对话框，如图 3.50 所示，从中选择合适的图表类型后单击"确定"按钮，则相应的图表即可插入到当前的工作表中。

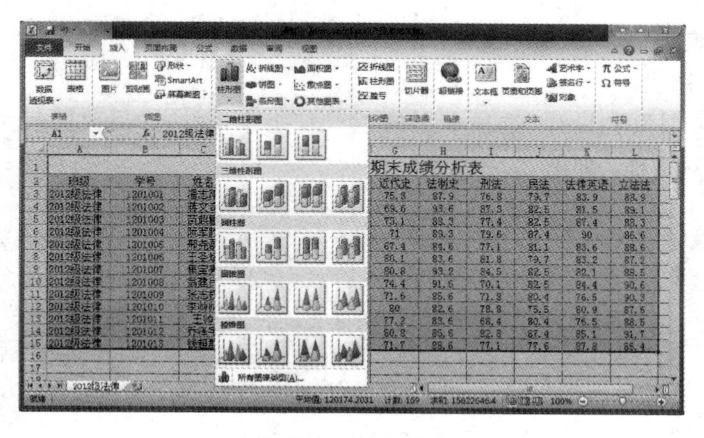

图 3.50　插入图表

(2) 更改图表位置。

默认图表是以对象格式嵌入到工作表中的。将光标指向空白的图表区，当光标变成十字箭头状时，按下鼠标左键不放并拖动鼠标，即可在本工作表中移动图表的位置。

若要将图表移动到单独工作表中，则操作如下：

① 单击图表区中的任意位置以将其激活，此时功能区将会显示“图表工具”下的“设计”、“布局”和“格式”选项卡，如图 3.51 所示。

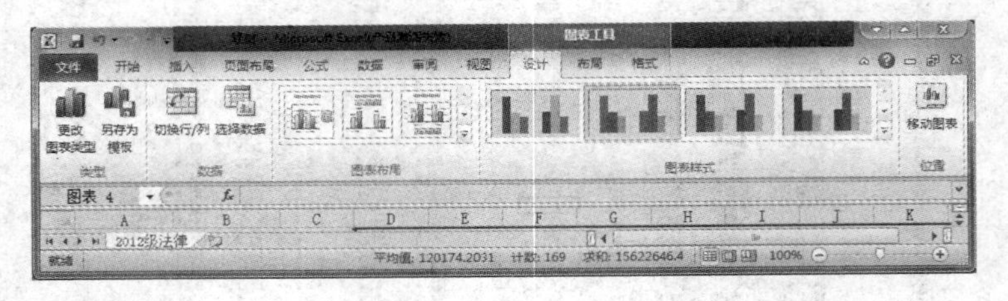

图 3.51 图表工具

② 在“设计”选项卡上，单击“位置”组“移动”图表按钮，打开“移动图表”对话框，如图 3.52 所示。

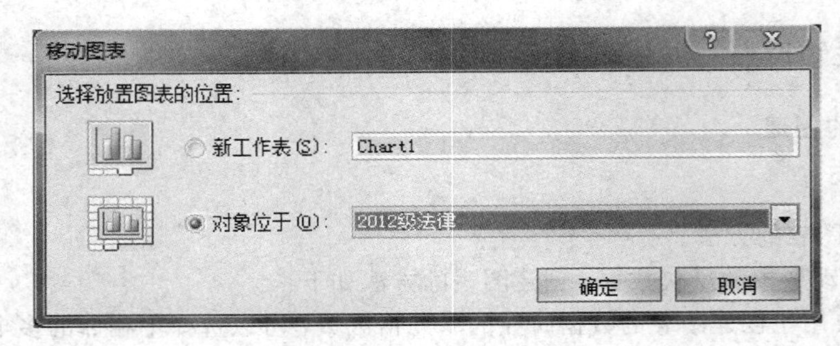

图 3.52 “移动图表”对话框

③ 在“选择放置图表的位置”下，单击选中“新工作表”，然后在“新工作表”框中输入工作表的名称。单击“确定”按钮，新的图表工作表即可插入到当前数据工作表之前。

2) 图表的编辑

(1) 更改图表类型。

① 单击选中图表。

② 在“图表工具”的“设计”选项卡上的“类型”组中，单击“更改图表类型”按钮，打开“更改图表类型”对话框，如图 3.53 所示。

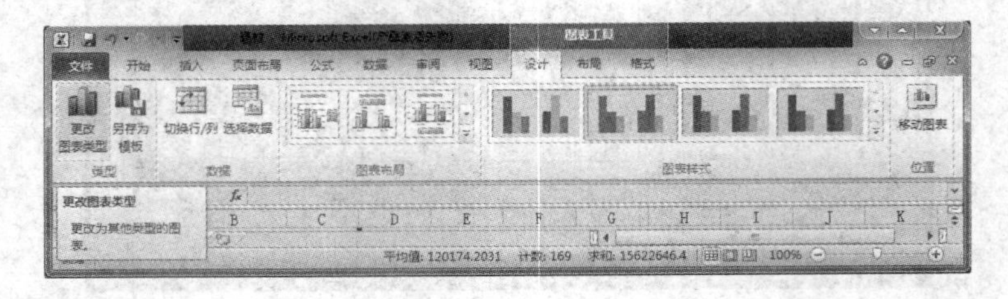

图 3.53 打开“更改图表类型”对话框

③ 选择新的图表类型后，单击“确定”按钮。

(2) 行列互换。

① 单击选中图表。

② 在“图表工具”的“设计”选项卡上的“数据”组中，单击“切换行/列”按钮。

(3) 重新选择数据源。

① 单击选中图表。

② 在“图表工具”的“设计”选项卡上的“数据”组中，单击“选择数据”按钮。打开“选择数据源”对话框，如图 3.54 所示。

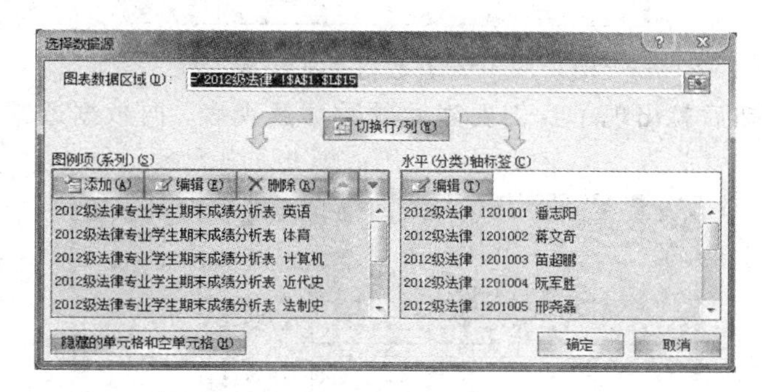

图 3.54　“选择数据源”对话框

③ 通过折叠框可以重新在工作表内选择数据源。

(4) 图表布局。

① 单击选中图表。

② 在“图表工具”的“布局”选项卡上，可以进行图表的标题、图例、数据标签等细节的设置，如图 3.55 所示。

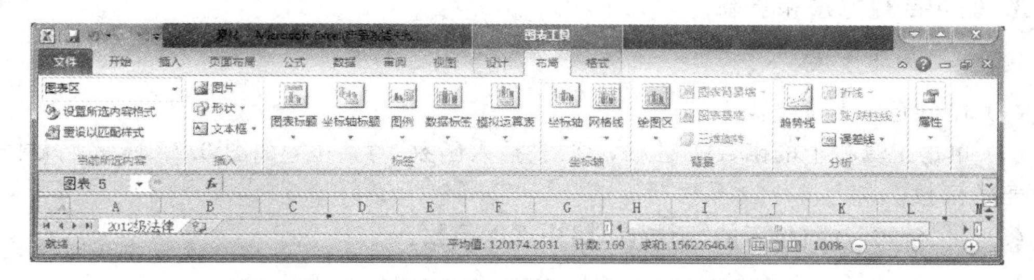

图 3.55　图表布局

2. 数据透视表

数据透视表是一种对大量数据快速汇总和建立交叉列表的交互式动态表格，能帮助用户分析、组织数据。例如，计算平均数、标准差，建立列联表、计算百分比、建立新的数据子集等。建好数据透视表后，可以对数据透视表重新安排，以便从不同的角度查看数据。数据透视表可以从大量看似无关的数据中寻找背后的联系，从而将纷繁的数据转化为有价值的信息，以供研究和决策所用。其创建方法如下所示：

选择创建数据透视表所依据的源数据，在“插入”选项卡上的“表格”组中单击“数据透视表”按钮，打开“创建数据透视表”对话框，如图 3.56 所示，可指定数据来源和数据透视表存放的位置。

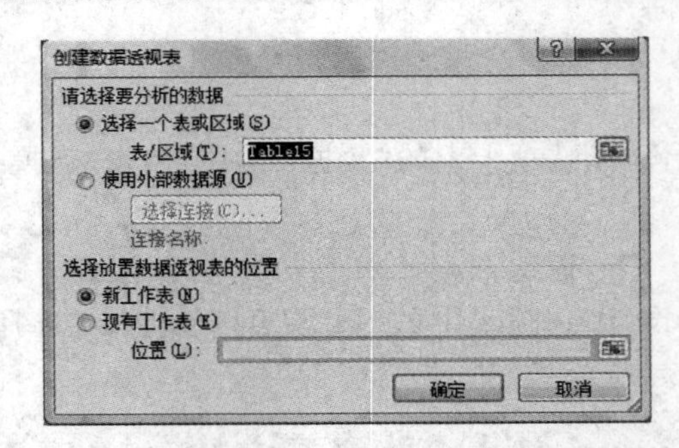

图 3.56 “创建数据透视表”对话框

单击“确定”按钮后就出现了我们要建立的数据透视表，向数据透视表添加字段即可，如图 3.57 所示。

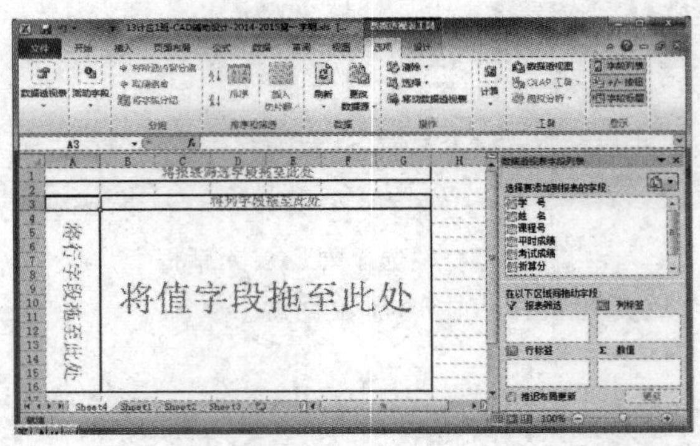

图 3.57 数据透视表

3. 输入函数方法和步骤

1）输入函数方法

(1) 在单元格中直接输入。

(2) 单击工具栏上的函数按钮 fx，弹出“插入函数”对话框，如图 3.58 所示，从中选择所需要的函数。

(3) 在“公式”选项板下的“函数库”组中选取函数。

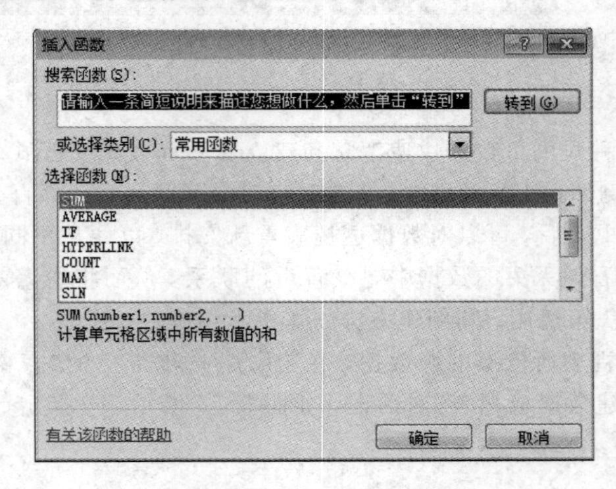

图 3.58 “插入函数”对话框

2）使用函数的步骤

在 Excel 中使用函数的步骤如下：

(1) 单击需要输入函数的单元格。

(2) 单击编辑栏中左侧的“fx”按钮，会打开“插入函数”对话框，选择需要的函数；或单击“公式”选项卡，在“函数库”组中选择需要的函数，打开“函数参数”对话框，进行相应的设置，如图 3.59 所示。

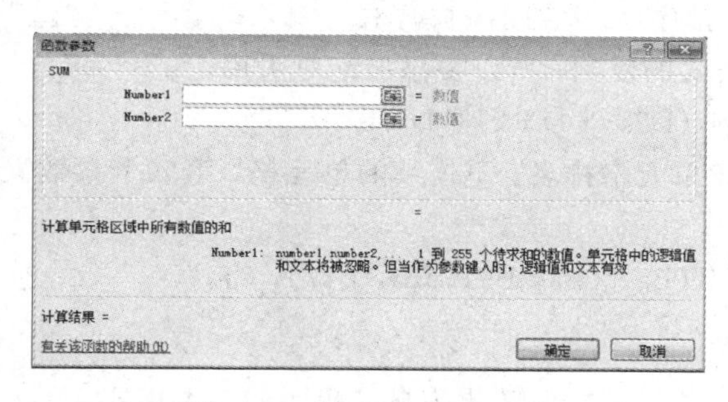

图 3.59　“函数参数”对话框

4. 常用函数

1）字符串截取函数

Excel 中的 MID 函数可以用来从指定的字符串中截取出指定数量字符的函数。

MID 函数的语法格式如下：

=MID(text，start_num，num_chars)

其中，text 是一串我们想从中截取字符的“字符串”；

start_num 是一个数字，是指从“字符串”的左边第几位开始截取；

num_chars 也是数字，是指从 start_num 开始，向右截取的长度。

下面用一个例子来说明其用法。

举例：求三位数 497 的个位、十位、百位数字的和。

497 位于单元 D6 中，我们在单元格中输入“=MID(D6，1，1)”，按回车键就得到了 497 的百位数 4。

这个公式的意思就是从 D6 单元格中的字符的第 1 个开始截取，向右截取的长度为 1，所以得到的字符是 4。

紧接着在下一个单元格中输入“=MID(D6，2，1)”，即从 D6 单元格中的字符的第 2 个开始截取，向右截取的长度为 1，所以得到的字符是 9。

然后在下一个单元格中输入“=MID(D6，3，1)”，即从 D6 单元格中的字符的第 3 个开始截取，向右截取的长度为 1，所以得到的字符是 7。

通过上面 3 步的分解，想必大家对 MID 函数已经有了初步了解，那么我们下面来求 497 的个位、十位、百位数字的和。在下一个单元格中输入“=MID(D6，1，1)+MID(D6，2，1)+MID(D6，3，1)”，最后得到的结果是 20。

2）rank 函数

rank 函数的含义：求某一个数值在某一区域内一组数值中的排名。

rank 函数的语法格式如下：

=rank(number，ref，[order])

其中：number 表示参与排名的数值；

ref 表示排名的数值区域；

order 表示有 1 和 0 两种：0 表示从大到小排名(降序)，1 表示从小到大排名(升序)；0 默认不用输入，得到的就是从大到小的排名。

举例：对成绩进行排序(从大到小，降序)。

因为要下拉进行公式的复制，所以要添加绝对引用。

输入公式"=RANK(D2，$D$2:$D$8，0)。"

rank 函数对不连续单元格排名：不连续的单元格，第二个参数需要用括号和逗号形式连接起来。

输入公式"=RANK(B5，(B5，B9，B13，B17)，0)。"

3）Text 函数

Text 函数的含义：表示将数值转化为自己想要的文本格式。

text 函数的语法格式如下：

=text(value，format_text)

其中：

Value 为数字值；

Format_text 为设置单元格格式中自己所要选用的文本格式。

Format_text 为以下参数时含义：

[dbnum1]是将阿拉伯数字转换为汉字，如 123 转换为一二三。

[dbnum2]是转换成大写汉字，如 123 转换为壹贰叁。

[dbnum3]是转换为全角数字，如 123 转换为１２３。

d 代表日期中的日，m 代表日期中的月，y 代表日期中的年，h 代表日期中的小时，m 代表日期中的分，s 代表日期中的秒。

例：

TEXT(10，"[DBnum1]")显示"一十"。

TEXT(10，"[DBnum1]d")则显示"十"。

3.2.3 案例实现

本节中，将应用 Excel 相关知识点完成对学生期末成绩分析表的制作，主要讲述利用公式如何计算"总分"、"平均分"、"年级排名"列的值，如何按"班级"进行分类汇总并生成图表。

步骤 1：打开考生文件夹下的"素材.xlsx"文档，单击"文件"选项卡下的"另存为"选项，弹出"另存为"对话框，在该对话框中将其文件名设置为"年级期末成绩分析.xlsx"，单击"保存"按钮。

步骤 2：在 M2、N2、02 单元格内分别输入文字"总分"、"平均分"、"年级排名"以增加列效果，如图 3.60 所示。

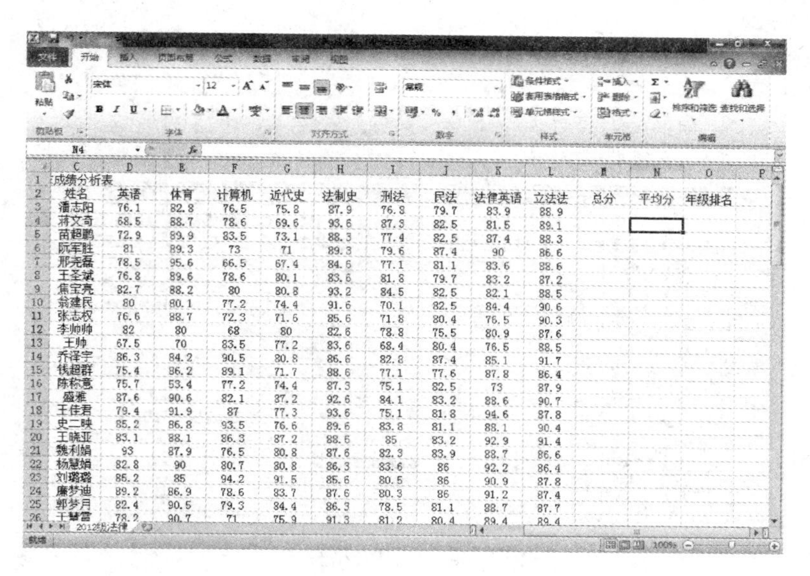

图 3.60　增加列效果

步骤 3：选择 A1:01 单元格，单击“开始”选项卡下“对齐方式”组中“合并后居中”按钮，即可将工作表的第一行合并居中为一个单元格，如图 3.61 所示。

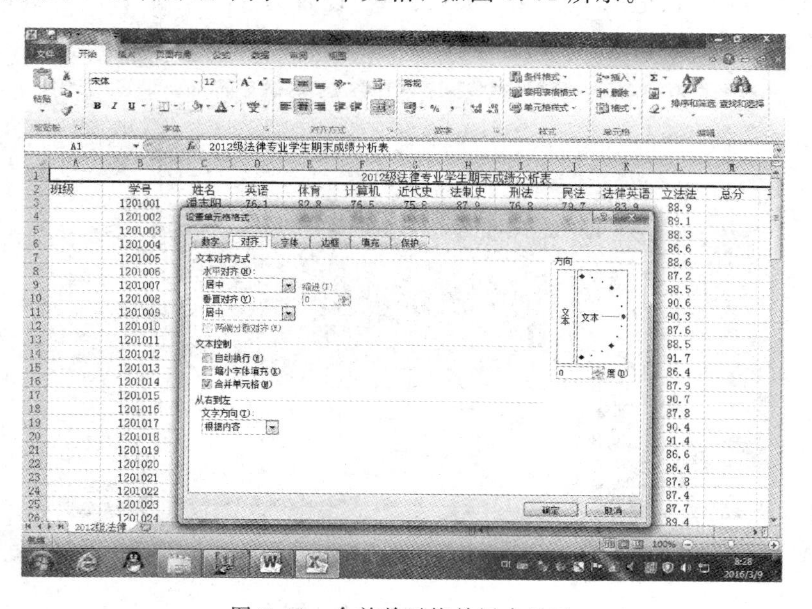

图 3.61　合并单元格并居中显示

步骤 4：选择合并后的单元格，在“开始”选项卡下的“字体”组中将“字体”设置为黑体，将“字号”设置为 15。

步骤 5：选中 A2:A102 区域的单元格，单击“开始”选项卡“样式”组中的“套用表格样式”下拉按钮，在弹出的下拉列表中选择“表样式中等深浅 15”。在弹出的对话框中保持默认设置，单击“确定”按钮即可为选中的区域套用表格样式。确定单元格处于选中状态，在“开始”选项卡下“对齐方式”组中单击“居中”按钮，将对齐方式设置为居中，如图 3.62 所示。

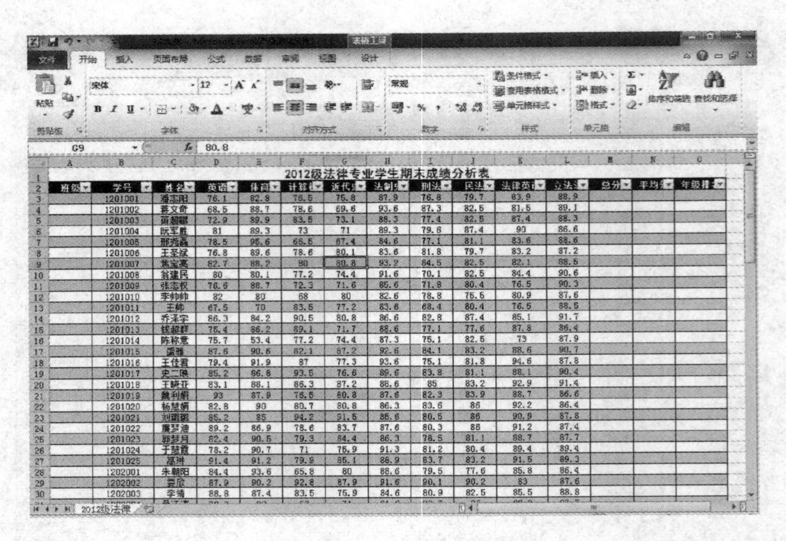

图 3.62　套用表格样式

步骤 6：选中 D3:N102 区域的单元格，单击鼠标右键，在弹出的快捷菜单中选择“设置单元格格式”选项，弹出“设置单元格格式”对话框。在该对话框中选择“数字”选项卡，在“分类”列表框中选择“数值”选项，将“小数位数”设置为 1，单击“确定”按钮，如图 3.63 所示。

图 3.63　设置小数位数

步骤 7：选中 O3:O102 单元格，按上述同样方式，将“小数位数”设置为 0。

步骤 8：选择 M3 单元格，在该单元格内输入“=SUM(D3:L3)”，然后按 Enter 键完成求和。将光标移动至 M3 单元格的右下角，当光标变成实心黑色十字时，单击鼠标左键，将其拖动至 M102 单元格进行自动填充。求得的总分如图 3.64 所示。

步骤 9：选择 N3 单元格，在该单元格内输入“=AVERAGE(M4/9)”，然后按 Enter 键，完成平均值的运算。然后利用自动填充功能，对 N4:N102 单元格进行填充计算。求得的平均值如图 3.64 所示。

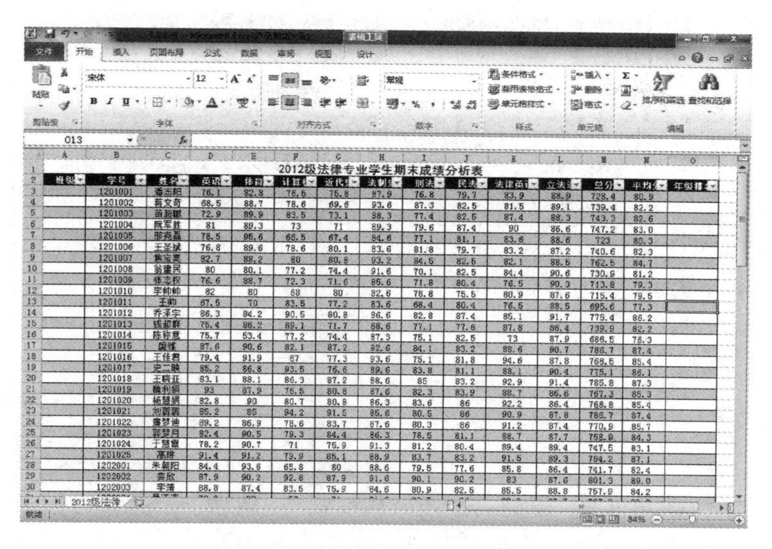

图 3.64　求总分、平均分

步骤 10：选择 O3 单元格，在该单元格内输入“=RANK(M3，M$3:M$102，0)”，按Enter键，然后利用自动填充功能对余下的单元格进行填充计算。求得的年级排名如图3.65所示。

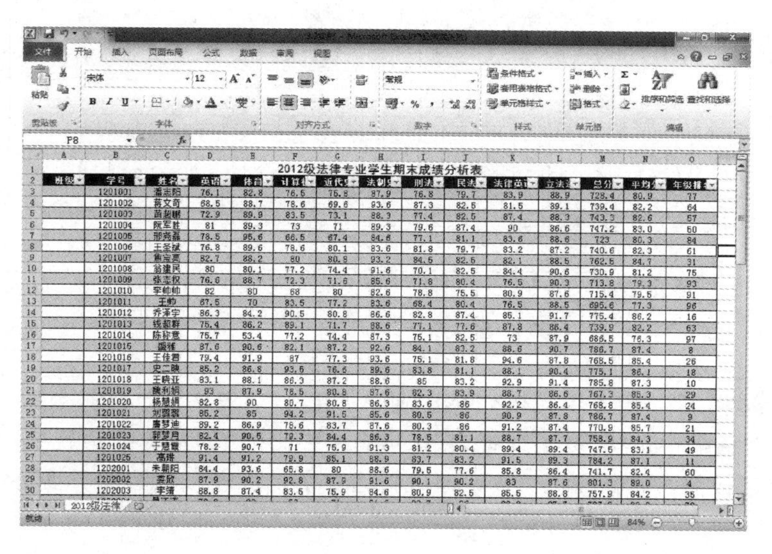

图 3.65　求得年级排名

步骤 11：选择 D3:L102 单元格，单击“开始”选项卡“样式”组中的“条件格式”下拉按钮，在弹出的下拉列表中选择“突出显示单元格规则”→“小于”选项，弹出“小于”对话框，在该对话框的文本框中输入文字“60”，然后单击“设置为”右侧的下三角按钮，在弹出的下拉列表中选择“自定义格式”选项。弹出“设置单元格格式”对话框，在该对话框中切换至“字体”选项卡，将“颜色”设置为“标准色”中的红色，再切换至“填充”选项卡，将“背景色”设置为“标准色”中的黄色。单击“确定”按钮，返回到“小于”对话框中，再次单击“确定”按钮，小于 60 的单元格套用格式突出显示的效果如图 3.66 所示。

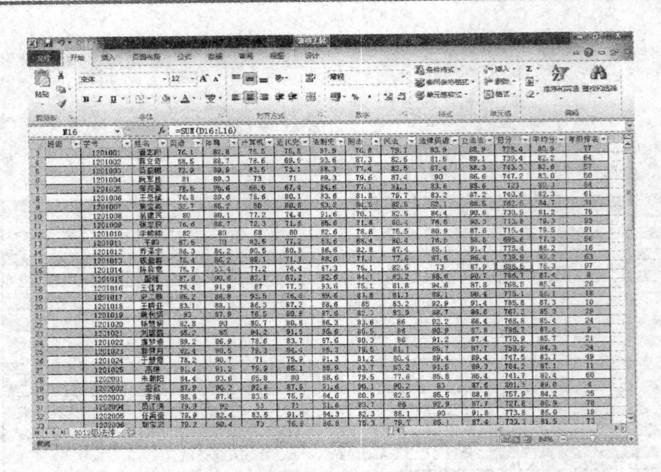

图 3.66　小于 60 的单元格套用格式突出显示

步骤 12：选择 A3 单元格，在该单元格内输入“="法律"&TEXT(MID(B3，3，2)，"[DBNum1]")&"班"”，按 Enter 键完成操作，利用自动填充功能对余下的单元格进行填充计算，填充列效果如图 3.67 所示。

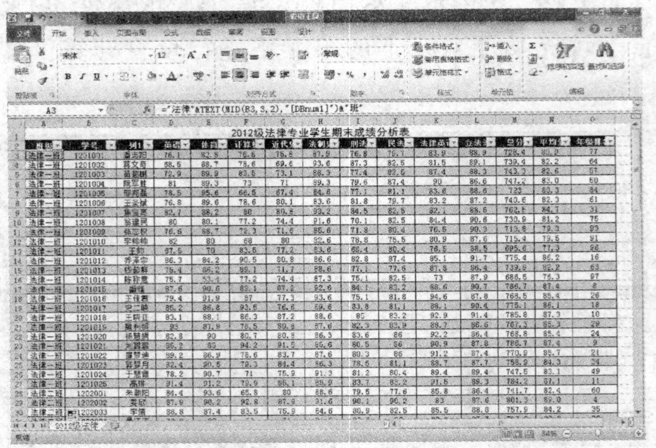

图 3.67　填充班级列

步骤 13：选择 A2:O102 单元格，单击“插入”选项卡“表格”组中的“数据透视表”下拉按钮，在弹出的对话框中选择“数据透视表”选项，在弹出的“创建数据透视表”对话框中选择“新工作表”单选按钮。单击“确定”按钮即可新建一个工作表，如图 3.68 所示。

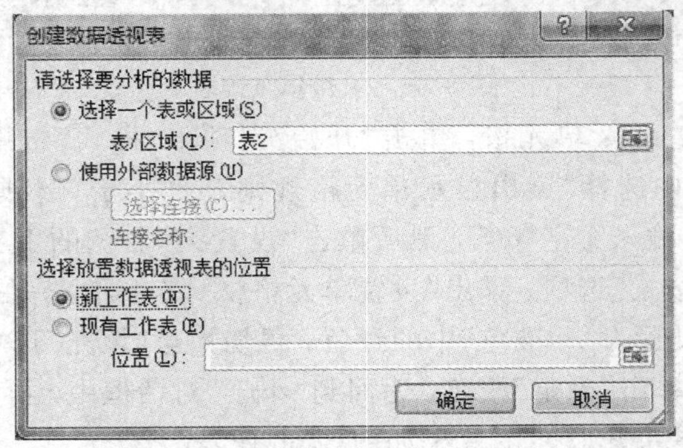

图 3.68　“创建数据透视表”对话框

步骤 14：双击“Sheet2”使其处于可编辑状态，将其重命名为“班级平均分”，在标签上单击鼠标右键，在弹出的快捷菜单中选择“工作表标签颜色”选项，在弹出的级联菜单中选择“标准色”中的红色。

步骤 15：在“数据透视表字段列表”中将“班级”拖曳至“行标签”中，将“英语”拖曳至“∑ 数值”中。

步骤 16：在“∑ 数值”字段中选择“值字段设置”选项，在弹出的对话框中将“计算类型”设置为“平均值”。使用同样的方法将“体育”、“计算机”、“近代史”、“法制史”、“刑法”、“民法”、“法律英语”、“立法法”拖曳至“∑ 数值”中，并更改计算类型，如图 3.69 所示。

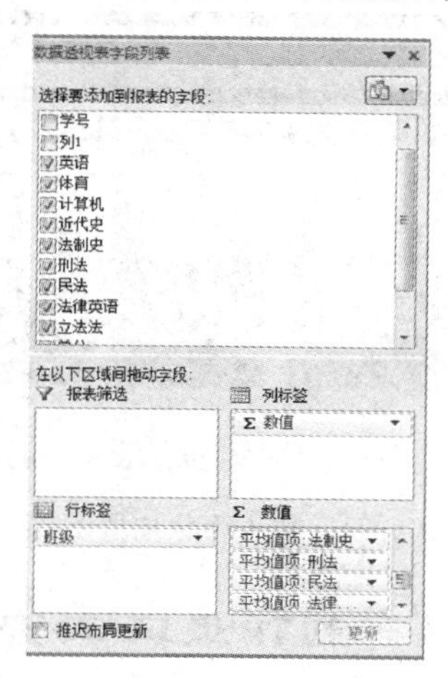

图 3.69　“数据透视表字段列表”对话框

步骤 17：选中 A3:J8 单元格，进入“设计”选项卡中，单击“数据透视表样式”组中的“其他”下拉三角按钮，在弹出的下拉列表中选择“数据透视表样式中等深浅 15”。

步骤 18：确定 A3:J8 单元格处于选择状态，单击鼠标右键，在弹出的快捷菜单中选择“设置单元格格式”选项，在弹出的对话框中选择“数字”选项卡，选择“分类”选项下的“数值”选项，将“小数位数”设置为 1。切换至“对齐”选项卡，将“水平对齐”、“垂直对齐”均设置为居中，单击“确定”按钮，如图 3.70 所示。

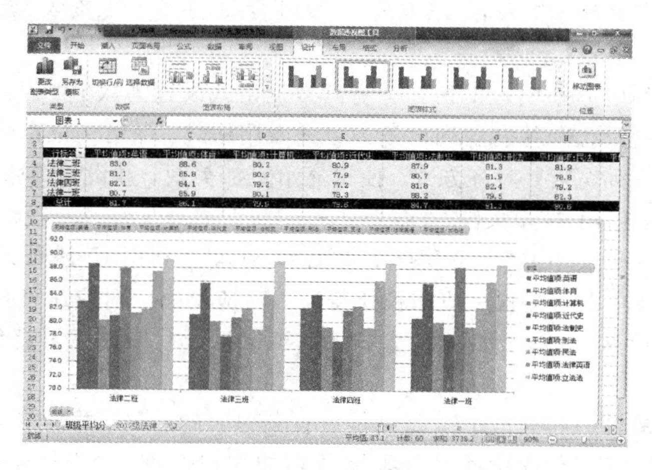

图 3.69　数据透视表设置效果

步骤 19：选择 A3:J8 单元格，单击“插入”选项卡中“图表”组中的“柱形图”下拉列表按钮，在弹出的下拉列表中选择“二维柱形图”下的“簇状柱形图”，即可插入簇状柱形图，适当调整柱形图的位置和大小，使其放置在表格下方的 A10:H30 区域中，插入簇状柱形图的效果如图 3.71 所示。

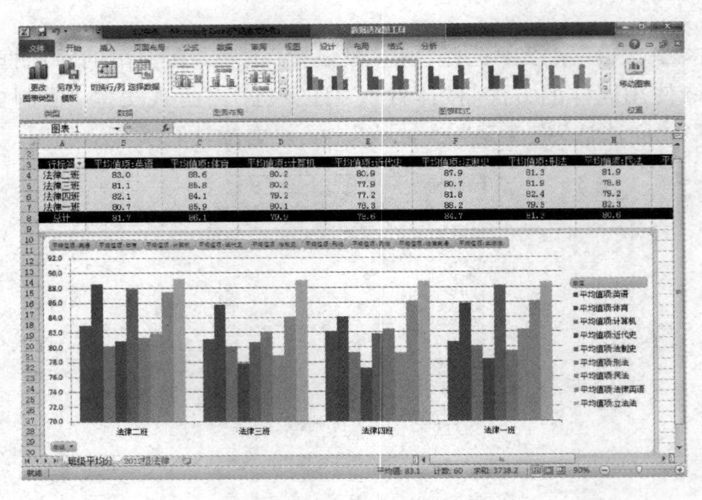

图 3.71　插入簇状柱形图效果

3.3　制作员工工资表

3.3.1　案例介绍

小李是东方公司的会计，利用自己所学的办公软件进行记账管理。为节省时间，同时又能确保记账的准确性，她打算使用 Excel 编制 2014 年 3 月员工工资表“Excel. xlsx”。

请你根据下列要求帮助小李对该工资表进行整理和分析(提示：本题中若出现排序问题则采用升序方式)：

(1) 通过合并单元格，将表名"东方公司 2014 年 3 月员工工资表"放于整个表的上端，居中，并调整字体、字号。

(2) 在“序号”列中分别填入 1 到 15，将其数据格式设置为数值、保留 0 位小数、居中。

(3) 将“基础工资”(含)往右各列设置为会计专用格式、保留 2 位小数、无货币符号。

(4) 调整表格各列宽度、对齐方式，使得显示更加美观。并设置纸张大小为 A4、横向，将整个工作表调整在 1 个打印页内。

(5) 参考考生文件夹下的“工资薪金所得税率. xlsx”，利用 IF 函数计算“应交个人所得税”列。(提示：应交个人所得税＝应纳税所得额 * 对应税率－对应速算扣除数)

(6) 利用公式计算“实发工资”列，公式为：实发工资＝应付工资合计－扣除社保－应交个人所得税。

(7) 复制工作表“2014 年 3 月”，将副本放置到原表的右侧，并命名为“分类汇总”。

(8) 在“分类汇总”工作表中通过分类汇总功能求出各部门“应付工资合计”、“实发工资”的和，每组数据不分页。

3.3.2　相关知识点

1. 数据的排序

在用 Excel 制作相关的数据表格时，我们可以利用其强大的排序功能，浏览、查询、统计相关的数字。Excel 提供了多种方法对工作表区域进行排序，用户可以根据需要按行或列、按升序或降序以及使用自定义排序命令。当用户按行进行排序时，数据列表中的列将被重新排列，但行保持不变；如果按列进行排序，行将被重新排列而列保持不变。

我们以图 3.72 所示的“教师基本信息表”为例。

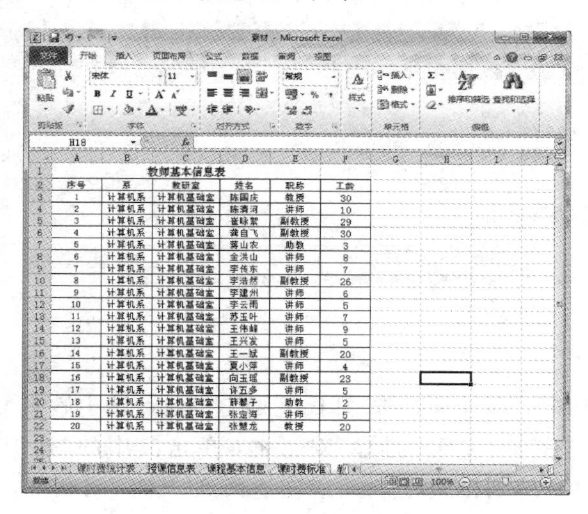

图 3.72　教师基本信息表

(1) 快速排序。

如果我们希望对教师资料按某列属性(如“工龄”由长到短)进行排列，可以这样操作：选中“工龄”列任意一个单元格，然后按一下“常用”工具栏上的“降序排序”按钮即可，如图 3.73 所示。

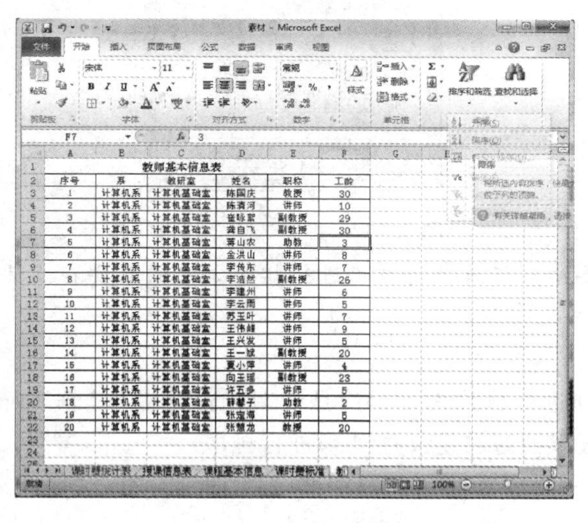

图 3.73　快速排序(降序)

小提示：① 如果按“常用”工具栏上的“升序排序”按钮，则将“工龄”由短到长进行排序；② 如果排序的对象是中文字符，则按“汉语拼音”顺序排序；③ 如果排序的对象是西文字符，则按“西文字母”顺序排序。

（2）多条件排序。

如果我们需要按“学历、工龄、职称”对数据进行排序，可以这样操作：选中数据表格中任意一个单元格，执行“数据选项卡→排序”命令，打开“排序”对话框，将“主要关键词、次要关键词、第三关键词”分别设置为“姓名、工龄、职称”，并设置好排序方式（“升序”或“降序”）。“排序”对话框如图 3.74 所示。

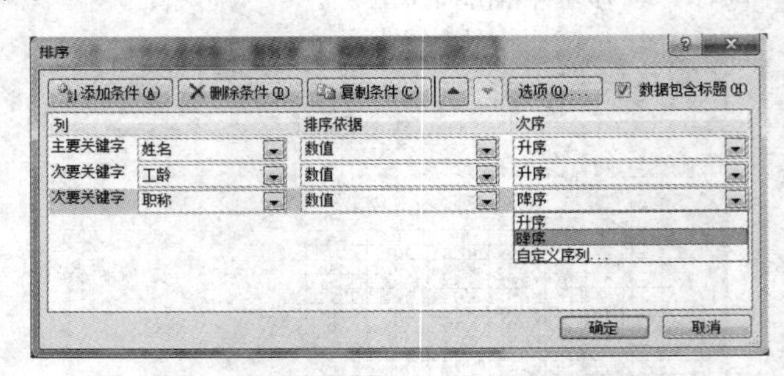

图 3.74 “排序”对话框

（3）按笔划排序。

对“姓名”进行排序时，国人喜欢按“姓氏笔划”来进行：选中姓名列任意一个单元格，执行“数据选项卡→排序”命令，打开“排序”对话框，单击其中的“选项”按钮，打开“排序选项”对话框，选中其中的“笔划排序”选项，确定返回到“排序”对话框，再按下“确定”按钮即可。“排序选项”对话框如图 3.75 所示。

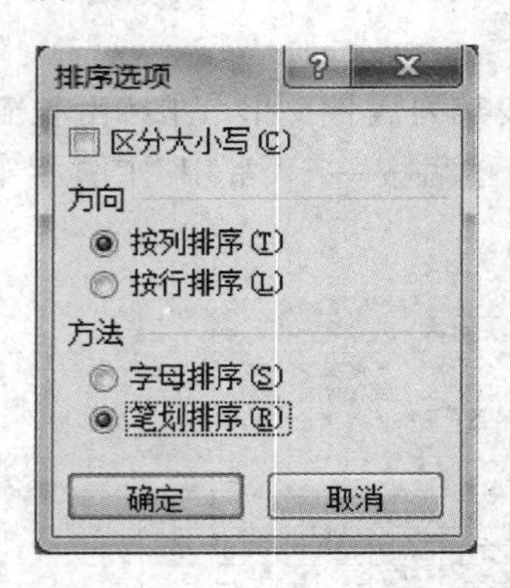

图 3.75 “排序选项”对话框

小提示：如果需要按某行属性对数据进行排序，我们只要在上述“排序选项”对话框中选中“按行排序”选项即可。

（4）自定义排序。

当我们对“职称”列进行排序时，无论是按“拼音”还是“笔划”，都不符合我们的要求。对于这个问题，我们可以通过自定义序列来进行排序：

执行“开始选项卡→排序和筛选→自定义序列”命令，打开“自定义序列”对话框，在“输入序列”右侧的方框中输入，然后单击“添加”按钮，将相应的序列导入到系统中，“自定义序列”对话框如图 3.76 所示。

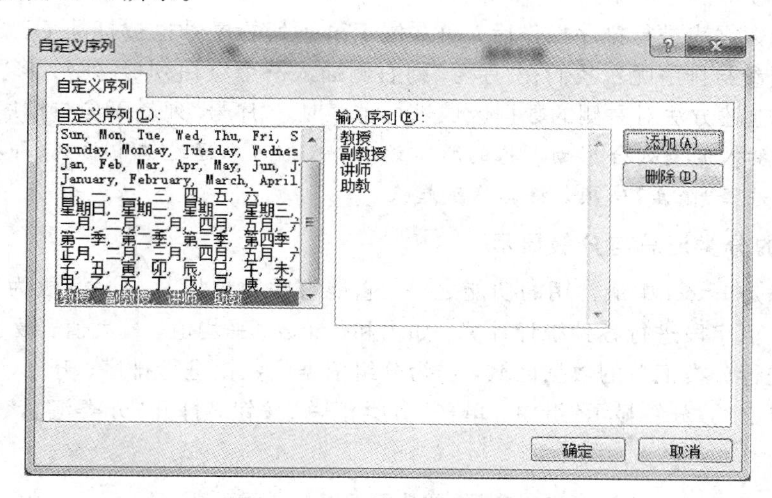

图 3.76　“自定义序列”对话框

(5) 用函数进行排序。

有时，我们对某些数值列(如“工龄、工资”等)进行排序时，不希望打乱表格原有数据的顺序，而只需要得到一个排列名次。对于这个问题，我们可以用函数来实现(以“工龄”为例)：在“工龄”右侧插入一个空白列(G 列)，用于保存次序，然后选中 J2 单元格，输入公式“＝RANK(F3，$F$3：$F$22)”，然后再次选中 G3 单元格，将鼠标移至该单元格右下角呈“十字”型时(这种状态，我们通常称之为“填充柄”状态)，按住左键向下拖拉至最后一条数据，次序即刻显示出来，如图 3.77 所示。

G3　=RANK(F3,$F$3:$F$22)

教师基本信息表

序号	系	教研室	姓名	职称	工龄	次序
1	计算机系	计算机基础室	陈国庆	教授	30	1
2	计算机系	计算机基础室	陈清河	讲师	10	8
3	计算机系	计算机基础室	崔咏寰	副教授	29	3
4	计算机系	计算机基础室	龚自飞	副教授	30	1
5	计算机系	计算机基础室	蒋山农	助教	3	19
6	计算机系	计算机基础室	金洪山	讲师	8	10
7	计算机系	计算机基础室	李传东	讲师	7	11
8	计算机系	计算机基础室	李浩然	副教授	26	4
9	计算机系	计算机基础室	李建州	讲师	6	13
10	计算机系	计算机基础室	李云雨	讲师	5	14
11	计算机系	计算机基础室	苏玉叶	讲师	7	11
12	计算机系	计算机基础室	王伟峰	讲师	9	9
13	计算机系	计算机基础室	王兴发	讲师	5	14
14	计算机系	计算机基础室	王一斌	副教授	20	6
15	计算机系	计算机基础室	夏小萍	讲师	4	18
16	计算机系	计算机基础室	向玉瑶	副教授	23	5
17	计算机系	计算机基础室	许五多	讲师	5	14
18	计算机系	计算机基础室	薛馨子	助教	2	20
19	计算机系	计算机基础室	张定海	讲师	5	14
20	计算机系	计算机基础室	张慧龙	教授	20	6

图 3.77　使用函数排序

(6) 让序号不参与排序。

当我们对数据表进行排序操作后，通常位于第一列的序号也被打乱了。那么如何不让这个“序号”列参与排序呢？我们在“序号”列右侧插入一个空白列(B列)，将“序号”列与数据表隔开。用上述方法对右侧的数据区域进行排序时，“序号”列就不参与排序了。

小提示：插入的空列会影响表格的打印效果，我们可以通过选中B列(即插入的空列)，右击鼠标，再选择“隐藏”选项，将其隐藏起来。

2. 数据的分类汇总与分级显示

分类汇总是Excel中最常用的功能之一，它能够快速地以某一个字段为分类项，对数据列表中的数值字段进行各种统计计算，如求和、计数、平均值、最大值、最小值、乘积等。

选择要进行分类汇总的数据区域，作为分组依据的数据进行排序、升序、降序均可。在“数据”选项卡上的“分级显示”组中，单击“分类汇总”按钮，打开“分类汇总”对话框，如图3.78所示。

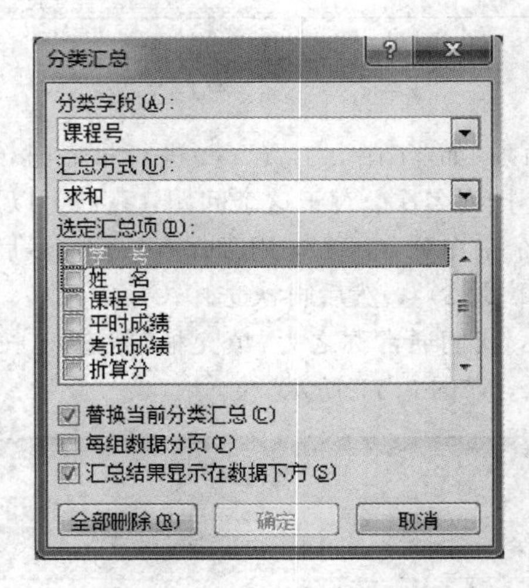

图3.78 “分类汇总”对话框

在分类汇总中我们的数据是分级显示的，分类汇总后工作表的左上角出现了这样的一个区域“1 2 3”，我们单击1，在表中就只有这个总计项出现了；单击2，出现的就只有这些汇总的部分，这样我们可以清楚地看到各分类的汇总。单击3，可以显示所有的内容。

3. 常用函数

(1) ROUND函数。

Round函数进行数据的四舍五入计算。ROUND语法格式：

=ROUND(number, num_digits)

其中

number表示需要进行四舍五入的数值或单元格内容。

num_digits表示需要取多少位的参数。

num_digits＞0时，表示取小数点后对应位数的四舍五入数值。

num_digits＝0时，表示将数字四舍五入到最接近的整数。

num_digits＜0时，表示对小数点左侧前几位进行四舍五入。

例：以 15.5627 这个数值为例，求它四舍五入得到的值。因为 15.5627 在 A19 单元格内，所有后面公式中 number 都选择 A19。

在 B20 单元格内输入公式＝ROUND(A19，2)。

取小数点后两位得到的结果是 15.76。

在 B22 单元格内输入公式＝ROUND(A19，0)。

取最接近的整数得到的结果是 18。

在 B24 单元格内输入＝ROUND(A19，－1)。

得到的结果是 20。

(2) IF 函数。

IF 语法格式：

＝IF(logical_test，value_if_true，value_if_false)。

含义：判断一个条件是否满足，如果满足返回一个值，如果不满足则返回另一个值。

3.3.3　案例实现

本节中，应用 Excel 相关知识点对工资表进行整理和分析，运用 IF 函数和公式计算个人所得税及实发工资，并在数据排序后按部门进行分类汇总。

步骤 1：打开考生文件夹下的 EXCEL.XLSX。

步骤 2：在“2014 年 3 月”工作表中选中“A1:M1”单元格，单击“开始”选项卡下“对齐方式”组中的“合并后居中”按钮。

步骤 3：选中 A1 单元格，切换至“开始”选项卡下“字体”组，为“东方公司 2014 年 3 月员工工资表”选择合适的字体和字号，这里我们选择“楷体”和“18 号”。如图 3.79 所示。

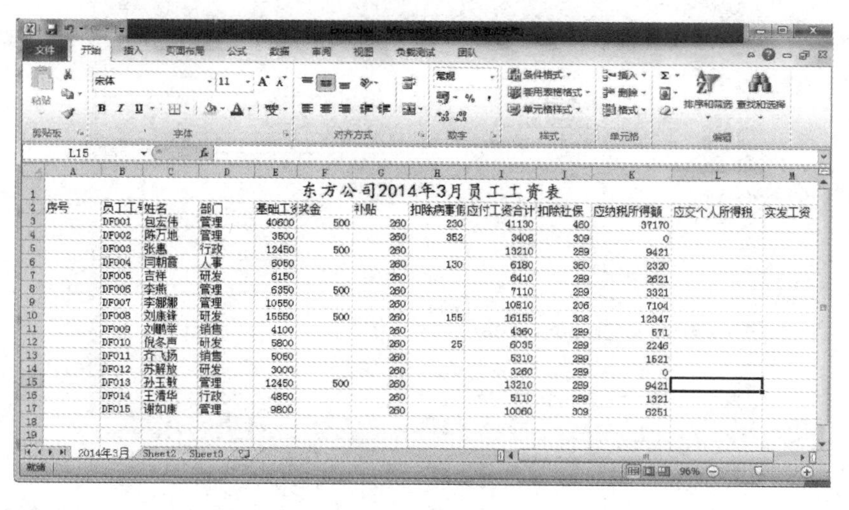

东方公司2014年3月员工工资表

序号	员工工	姓名	部门	基础工	奖金	补贴	扣除病事假	应付工资合计	扣除社保	应纳税所得额	应交个人所得税	实发工资
	DF001	包宏伟	管理	40600	500	260	230	41130	460	37170		
	DF002	陈万地	管理	3500		260	352	3408	309	0		
	DF003	张惠	行政	12450	500	260		13210	289	9421		
	DF004	闫朝霞	人事	6050		260	130	6180	360	2320		
	DF005	吉祥	研发	6150		260		6410	289	2621		
	DF006	李燕	管理	6350	500	260		7110	289	3321		
	DF007	李娜娜	管理	10550		260		10810	206	7104		
	DF008	刘康锋	研发	15550	500	260	155	16155	308	12347		
	DF009	刘鹏举	销售	4100		260		4360	289	571		
	DF010	倪冬声	研发	5800		260	25	6035	289	2246		
	DF011	齐飞扬	销售	5050		260		5310	289	1521		
	DF012	苏解放	研发	3000		260		3260	289	0		
	DF013	孙玉敏	管理	12450	500	260		13210	289	9421		
	DF014	王清华	行政	4850		260		5110	289	1321		
	DF015	谢如康	管理	9800		260		10060	309	6251		

图 3.79　设置表头效果

步骤 4：在“2014 年 3 月”工作表 A3 单元格中输入“1”，在 A4 单元格中输入“2”。按住 Ctrl 键向下填充至单元格 A17。

步骤 5：选中“序号”列，单击鼠标右键，在弹出的快捷菜单中选择“设置单元格格式”命令，弹出“设置单元格格式”对话框。切换至“数字”选项卡，在“分类”列表框中选择“数值”命令，在右侧的“示例”组的“小数位数”微调框中输入“0”。

步骤6：在“设置单元格格式”对话框中切换至“对齐”选项卡，在“文本对齐方式”组中“水平对齐”，下拉列表框中选择“居中”，单击“确定”按钮关闭对话框，如图3.80所示。

东方公司2014年3月员工工资表

序号	员工工	姓名	部门	基础工	奖金	补贴	扣除病事	应付工资合计	扣除社保	应纳税所得额	应交个人所得税	实发工资
1	DF001	包宏伟	管理	40600	500	260	230	41130	460	37170		
2	DF002	陈万地	管理	3500		260	352	3408	309	0		
3	DF003	张惠	行政	12450	500	260		13210	289	9421		
4	DF004	闫朝霞	人事	6050		260	130	6180	360	2320		
5	DF005	吉祥	研发	6150		260		6410	289	2621		
6	DF006	李燕	管理	6350	500	260		7110	289	3321		
7	DF007	李娜娜	管理	10550		260		10810	206	7104		
8	DF008	刘康锋	研发	15550	500	260	155	16155	308	12347		
9	DF009	刘鹏举	销售	4100		260		4360	289	571		
10	DF010	倪冬声	研发	5800		260	25	6035	289	2246		
11	DF011	齐飞扬	销售	5050		260		5310	289	1521		
12	DF012	苏解放	研发	3000		260		3260	289	0		
13	DF013	孙玉敏	管理	12450	500	260		13210	289	9421		
14	DF014	王清华	行政	4850		260		5110	289	1321		
15	DF015	谢如康	管理	9800		260		10060	309	6251		

图3.80　序列填充序号列

步骤7：在“2014年3月”工作表选中“E:M”列，单击鼠标右键，在弹出的快捷菜单中选择“设置单元格格式”命令，弹出“设置单元格格式”对话框。切换至“数字”选项卡，在“分类”列表框中选择“会计专用”，在“小数位数”微调框中输入“2”，在“货币符号”下拉列表框中选择“无”，如图3.81所示。

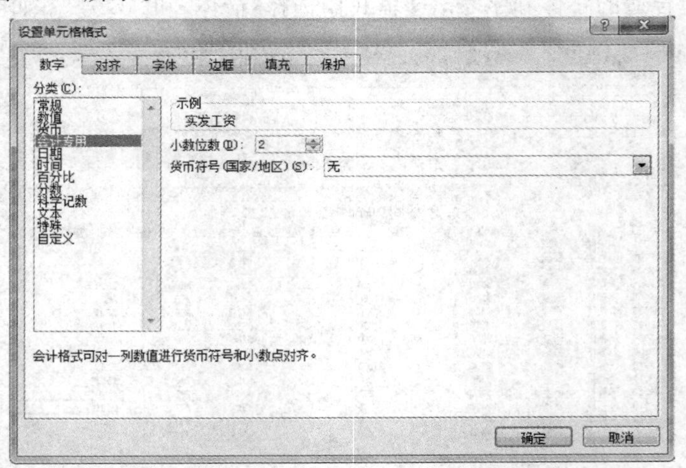

图3.81　设置基础工资、实发工资的单元格格式

步骤8：在“2014年3月”工作表中，单击“页面布局”选项卡下“页面设置”组中的“纸张大小”按钮，在弹出的下拉列表中选择“A4”。

步骤9：单击“页面布局”选项卡下“页面设置”组中的“纸张方向”按钮，在弹出的下拉列表中选择“横向”。

步骤10：适当调整表格各列宽度、对齐方式，使得显示更加美观，并且使得页面在A4虚线框的范围。页面设置效果图如图3.82所示。

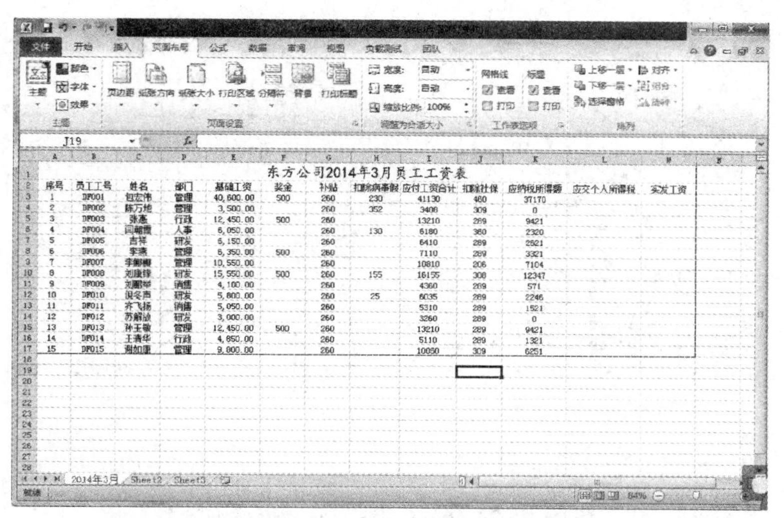

图 3.82 页面设置效果

步骤 11：在“2014 年 3 月”工作表 L3 单元格中输入“＝ROUND(IF(K3＜＝1500，K3＊3/100，IF(K3＜＝4500，K3＊10/100－105，IF(K3＜＝9000，K3＊20/100－555，IF(K3＜＝35000，K3＊25％－1005，IF(K3＜＝5500，K3＊30％－2755，IF(K3＜＝80000，K3＊35％－5505，IF(K3＞80000，K3＊45％－13505)))))))，2)”，按 Enter 键后完成“应交个人所得税”的填充。然后向下填充公式到 L17 即可，如图 3.83 所示。

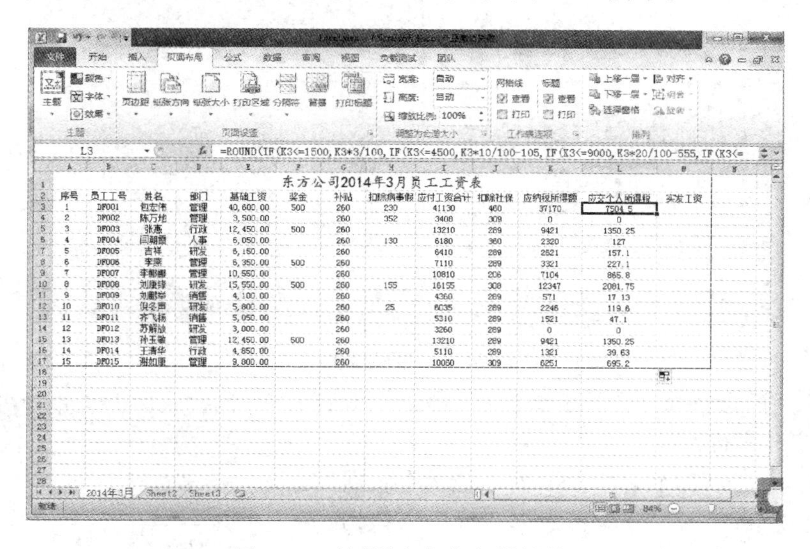

图 3.83 计算“应交个人所得税”

步骤 12：在“2014 年 3 月”工作表 M3 单元格中输入“＝I3－J3－L3”，按“Enter”键后完成“实发工资”的填充。然后向下填充公式到 M17 即可，如图 3.84 所示。

步骤 13：选中“2014 年 3 月”工作表，单击鼠标右键，在弹出的快捷菜单中选择“移动或复制”命令。

步骤 14：在弹出的“移动或复制工作表”对话框中，在“下列选定工作表之前”列表框中选择“Sheet2”，勾选“建立副本”复选框。设置完成后单击“确定”按钮即可。

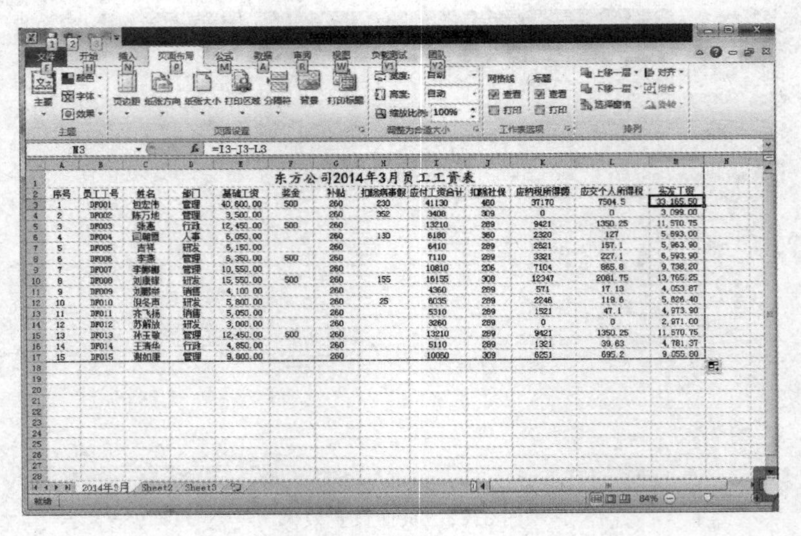

图 3.84　计算“实发工资”

步骤 15：选中“2014 年 3 月(2)”工作表，单击鼠标右键，在弹出的快捷菜单中选择“重命名”命令，更改“2014 年 3 月(2)”为“分类汇总”，如图 3.85 所示。

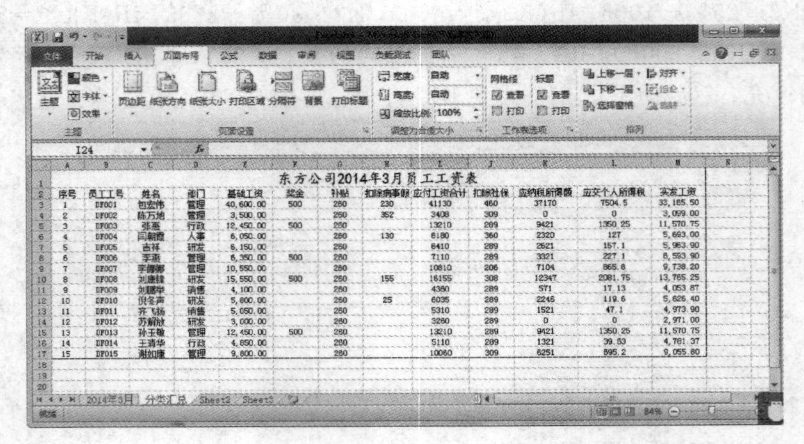

图 3.85　复制工作表

步骤 16：在“分类汇总”工作表中对“部门”列进行排序，此处按升序排。

步骤 17：在“分类汇总”工作表中选择“数据”选项卡下“分级显示”组的“分类汇总”，“分类字段”选择“部门”，“汇总方式”选择“求和”，“选定汇总项”选择“应付工资合计”、“实发工资”，分类汇总的设置如图 3.86 所示。

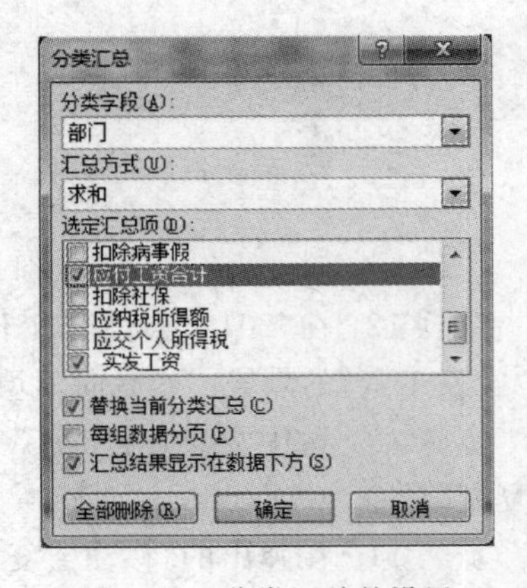

图 3.86　分类汇总的设置

步骤 18：按 Enter 键确认，显示如图 3.87 所示结果。

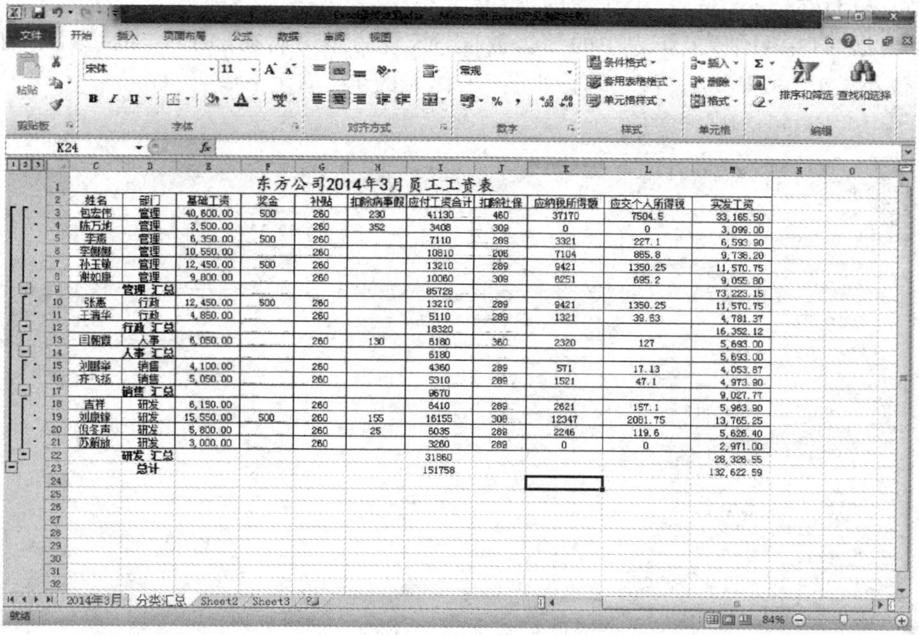

东方公司2014年3月员工工资表

姓名	部门	基础工资	奖金	补贴	扣除病事假	应付工资合计	扣除社保	应纳税所得额	应交个人所得税	实发工资
包宏伟	管理	40,600.00	500	260	230	41130	460	37170	7504.5	33,165.50
陈万地	管理	3,500.00		260	352	3408	309	0	0	3,099.00
李燕	管理	6,350.00	500	260		7110	289	3321	227.1	6,593.90
李娜娜	管理	10,550.00		260		10810	206	7104	885.8	9,738.20
孙玉敏	管理	12,450.00	500	260		13210	289	9421	1350.25	11,570.75
谢如康	管理	9,800.00		260		10060	309	6251	695.2	9,055.80
	管理 汇总					85728				73,223.15
张惠	行政	12,450.00	500	260		13210	289	9421	1350.25	11,570.75
王清华	行政	4,850.00		260		5110	289	1321	39.63	4,781.37
	行政 汇总					18320				16,352.12
闫朝霞	人事	6,050.00		260	130	6180	360	2320	127	5,693.00
	人事 汇总					6180				5,693.00
刘鹏举	销售	4,100.00		260		4360	289	571	17.13	4,053.87
齐飞扬	销售	5,050.00		260		5310	289	1521	47.1	4,973.90
	销售 汇总					9670				9,027.77
吉祥	研发	6,150.00		260		6410	289	2621	157.1	5,963.90
刘康锋	研发	15,550.00	500	260	155	16155	308	12347	2081.75	13,765.25
倪冬声	研发	5,800.00		260	25	6035	289	2246	119.6	5,626.40
苏解放	研发	3,000.00		260		3260	289	0	0	2,971.00
	研发 汇总					31860				28,326.55
	总计					151758				132,622.59

图 3.87　按部门汇总的应付工资、实发工资

3.4　计算机图书销售信息分析与汇总

3.4.1　案例介绍

小李今年毕业后，在一家计算机图书销售公司担任市场部助理，主要的工作职责是为部门经理提供销售信息的分析和汇总。

请你根据销售数据报表(“Excel. xlsx”文件)，如图 3.88、图 3.89 和图 3.90 所示，按照如下要求完成统计和分析工作。要求对文件做如下操作：

(1) 请对“订单明细”工作表进行格式调整，通过套用表格格式方法将所有的销售记录调整为一致的外观格式，并将“单价”列和“小计”列所包含的单元格调整为“会计专用”(人民币)数字格式。

(2) 根据图书编号，请在“订单明细”工作表的“图书名称”列中，使用 VLOOKUP 函数完成图书名称的自动填充。“图书名称”和“图书编号”的对应关系在“编号对照”工作表中。

(3) 根据图书编号，请在“订单明细”工作表的“单价”列中，使用 VLOOKUP 函数完成图书单价的自动填充。“单价”和“图书编号”的对应关系在“编号对照”工作表中。

(4) 在“订单明细”工作表的“小计”列中，计算每笔订单的销售额。

(5) 根据“订单明细”工作表中的销售数据，统计所有订单的总销售金额，并将其填写在“统计报告”工作表的 B3 单元格中。

(6) 根据“订单明细”工作表中的销售数据，统计《MS Office 高级应用》图书在 2012 年的总销售额，并将其填写在“统计报告”工作表的 B4 单元格中。

(7) 根据“订单明细”工作表中的销售数据，统计隆华书店在 2011 年第 3 季度的总销售额，并将其填写在“统计报告”工作表的 B5 单元格中。

(8) 根据“订单明细”工作表中的销售数据，统计隆华书店在 2011 年的每月平均销售额（保留 2 位小数），并将其填写在“统计报告”工作表的 B6 单元格中。

(9) 保存“Excel. xlsx”文件。

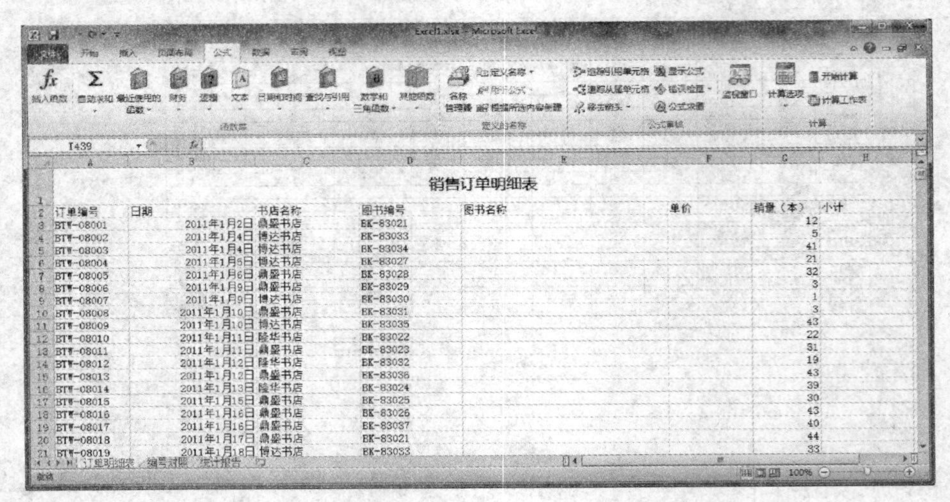

销售订单明细表

订单编号	日期	书店名称	图书编号	图书名称	单价	销量（本）	小计
BTW-08001	2011年1月2日	鼎盛书店	BK-83021			12	
BTW-08002	2011年1月4日	博达书店	BK-83033			5	
BTW-08003	2011年1月4日	博达书店	BK-83034			41	
BTW-08004	2011年1月5日	博达书店	BK-83027			21	
BTW-08005	2011年1月6日	鼎盛书店	BK-83028			32	
BTW-08006	2011年1月9日	鼎盛书店	BK-83029			3	
BTW-08007	2011年1月9日	博达书店	BK-83030			1	
BTW-08008	2011年1月10日	鼎盛书店	BK-83031			3	
BTW-08009	2011年1月10日	博达书店	BK-83035			43	
BTW-08010	2011年1月11日	隆华书店	BK-83022			22	
BTW-08011	2011年1月11日	鼎盛书店	BK-83023			31	
BTW-08012	2011年1月12日	隆华书店	BK-83032			19	
BTW-08013	2011年1月12日	鼎盛书店	BK-83036			43	
BTW-08014	2011年1月13日	隆华书店	BK-83024			39	
BTW-08015	2011年1月15日	鼎盛书店	BK-83025			30	
BTW-08016	2011年1月16日	鼎盛书店	BK-83026			43	
BTW-08017	2011年1月16日	鼎盛书店	BK-83037			40	
BTW-08018	2011年1月17日	鼎盛书店	BK-83021			44	
BTW-08019	2011年1月18日	博达书店	BK-83033			33	

图 3.88　订单明细工作表

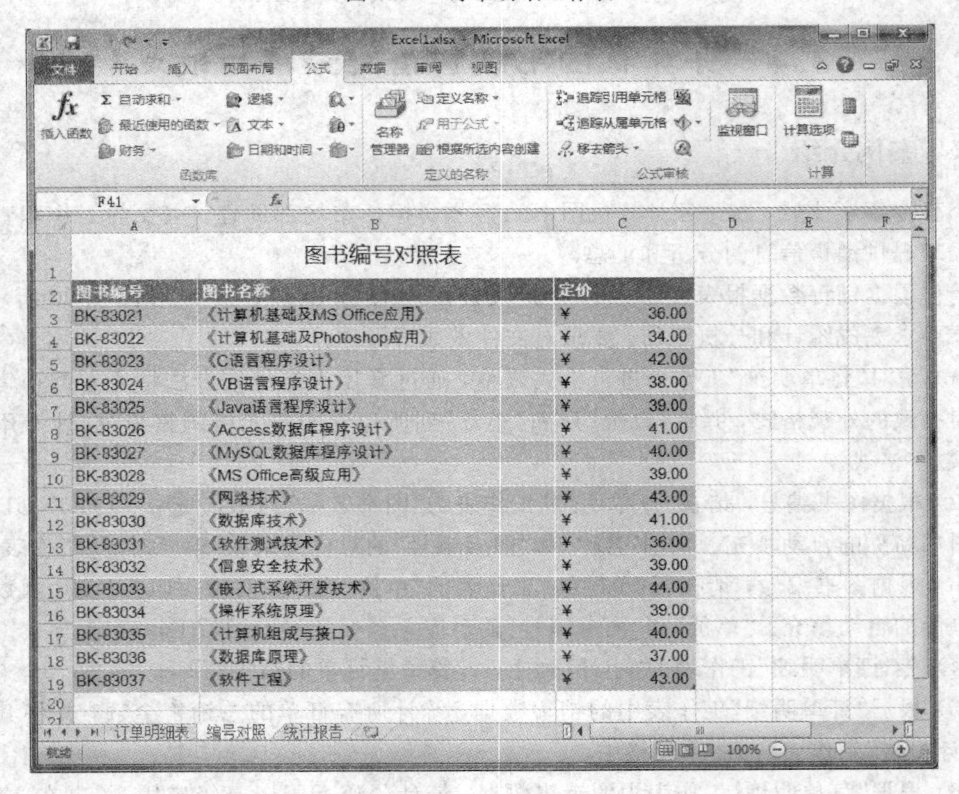

图书编号对照表

图书编号	图书名称	定价
BK-83021	《计算机基础及MS Office应用》	¥ 36.00
BK-83022	《计算机基础及Photoshop应用》	¥ 34.00
BK-83023	《C语言程序设计》	¥ 42.00
BK-83024	《VB语言程序设计》	¥ 38.00
BK-83025	《Java语言程序设计》	¥ 39.00
BK-83026	《Access数据库程序设计》	¥ 41.00
BK-83027	《MySQL数据库程序设计》	¥ 40.00
BK-83028	《MS Office高级应用》	¥ 39.00
BK-83029	《网络技术》	¥ 43.00
BK-83030	《数据库技术》	¥ 41.00
BK-83031	《软件测试技术》	¥ 36.00
BK-83032	《信息安全技术》	¥ 39.00
BK-83033	《嵌入式系统开发技术》	¥ 44.00
BK-83034	《操作系统原理》	¥ 39.00
BK-83035	《计算机组成与接口》	¥ 40.00
BK-83036	《数据库原理》	¥ 37.00
BK-83037	《软件工程》	¥ 43.00

图 3.89　编号对照工作表

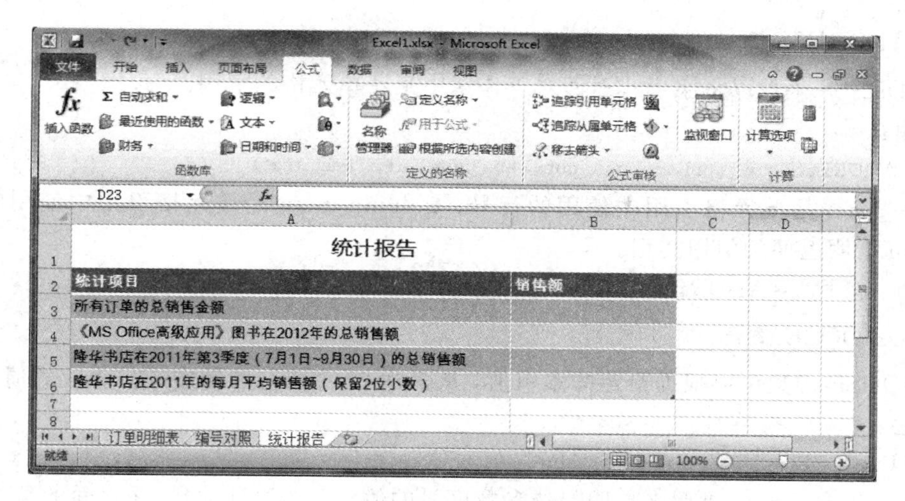

图 3.90　统计报告工作表

3.4.2　相关知识点

1. 数学函数

SUMPRODUCT 函数：

在给定的几组数组中，将数组间对应的元素相乘，并返回乘积之和。

语法：

SUMPRODUCT(array1，[array2]，[array3]，...)

SUMPRODUCT 函数语法具有下列参数：

Array1 必需，其相应元素需要进行相乘并求和的第一个数组参数。

Array2，array3，... 可选，其相应元素需要进行相乘并求和。

2. 查找与引用函数

1）VLOOKUP 函数

VLOOKUP 是按列查找，最终返回该列所需查询列序所对应的值。

语法：

VLOOKUP(lookup_value，table_array，col_index_num，[range_lookup])

VLOOKUP 函数语法具有下列参数：

lookup_value 必需。要在表格或区域的第一列中搜索的值。lookup_value 参数可以是值或引用。如果为 lookup_value 参数提供的值小于 table_array 参数第一列中的最小值，则 VLOOKUP 将返回错误值 #N/A。

table_array 必需。包含数据的单元格区域。可以使用对区域(例如，A2:D8)或区域名称的引用。table_array 第一列中的值是由 lookup_value 搜索的值。这些值可以是文本、数字或逻辑值。文本不区分大小写。

col_index_num 必需。table_array 参数中必须返回的匹配值的列号。col_index_num 参数为 1 时，返回 table_array 第一列中的值；col_index_num 为 2 时，返回 table_array 第二列中的值，依此类推。

2）ADDRESS 函数

ADDRESS 函数以文字形式返回对工作簿中某一单元格的引用。

语法：

ADDRESS(row_num，column_num，abs_num，a1，sheet_text)

Row_num 是单元格引用中使用的行号；Column_num 是单元格引用中使用的列标；Abs_num 指明返回的引用类型。

实例：公式“＝ADDRESS(1,4,4,1)”返回 D1。

3）CHOOSE 函数

CHOOSE 函数可以根据给定的索引值，从多达 29 个待选参数中选出相应的值或操作。

语法：

CHOOSE(index_num,value1,value2,...)

参数：Index_num 是用来指明待选参数序号的值，它必须是 1 到 29 之间的数字、或者是包含字、或者是包含数字 1 到 29 的公式或单元格引用；value1，value2，...为 1 到 29 个数值参数，可以是数字、字、单元格，已定义的名称、公式、函数或文本。

实例：公式“＝CHOOSE”(2，“电脑”，“爱好者”)返回“爱好者”。

公式“＝SUM(A1:CHOOSE(3，A10，A20，A30))”与公式“＝SUM(A1:A30)”等价(因为 CHOOSE(3，A10，A20，A30)返回 A30)。

4）INDEX 函数

INDEX 函数返回表格或区域中的数值或对数值的引用。

函数 INDEX 有两种形式：数组和引用。数组形式通常返回数值。引用形式通常返回引用。

语法：

INDEX(array，row_num，column_num...)

返回数组中指定的单元格或单元格数组的数值。INDEX(reference，row_num，column_num，area_num)返回引用中指定单元格或单元格区域的引用。

参数：Array 为单元格区域或数组常数；Row_num 为数组中某行的行序号，函数从该行返回数值。如果省略 row_num，则必须有 column_num；Column_num 是数组中某列的列序号，函数从该列返回数值。如果省略 column_num，则必须有 row_num。Reference 是对一个或多个单元格区域的引用，如果为引用输入一个不连续的选定区域，必须用括号括起来。Area_num 是选择引用中的一个区域，并返回该区域中 row_num 和 column_num 的交叉区域。选中或输入的第一个区域序号为 1，第二个为 2，以此类推。如果省略 area_num，则 INDEX 函数使用区域 1。

3.4.3 案例实现

本项目主要讲解计算机图书销售信息的分析和汇总，使用 VLOOKUP 函数完成图书名称、图书单价的自动填充，使用 SUM 函数计算季度的总销售额并使用 SUMPRODUCT 函数按书店统计某年的每月平均销售额。

步骤 1：打开“Excel. xlsx”文件，选择“订单明细”工作表，选中工作表中的 A2:H636

单击格区域，单击“开始”选项卡下“样式”组中的“套用表格格式”按钮，在弹出的下拉列表中选择一种表样式，此处选择“表样式浅色 10”。弹出“套用表格格式”对话框，保留默认设置后单击“确定”按钮即可，如图 3.91 所示。

套用表格式
表数据的来源(W):
=$A$2:$H$636
表包含标题(M)
确定
取消

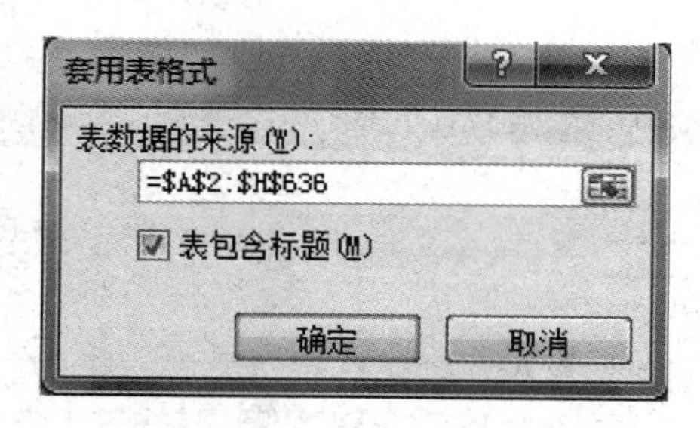

图 3.91　套用表格式

步骤 2：选中“单价”列和“小计”列，单击鼠标右键，在弹出的快捷菜单中选择“设置单元格格式”命令，继而弹出“设置单元格格式”对话框。在“数字”选项卡下的“分类”组中选择“会计专用”选项，然后单击“货币符号(国家地区)”下拉列表选择“￥”，如图 3.92 所示。

设置单元格格式
数字
对齐
字体
边框
填充
保护
分类(C):
常规
数值
货币
会计专用
日期
时间
百分比
分数
科学记数
文本
特殊
自定义
示例
小计
小数位数(D): 2
货币符号(国家/地区)(S): ¥
负数(N):
货币格式用于表示一般货币数值。会计格式可以对一列数值进行小数点对齐。
确定
取消

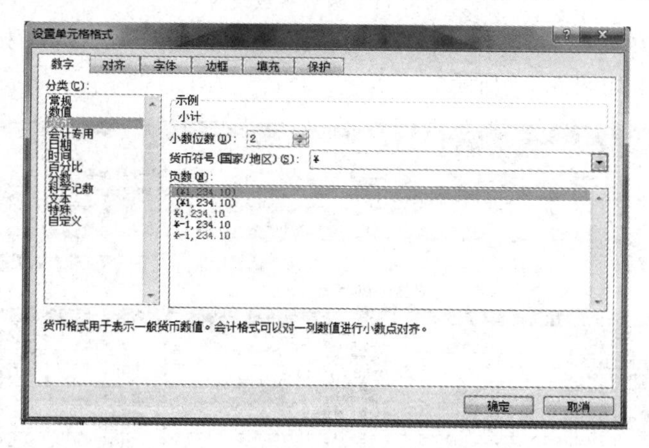

图 3.92　设置单元格格式

步骤 3：单击“订单明细表”工作表中 E3 单元格，单击“公式”选项卡下“函数库”组中的“查找与引用”按钮，在下拉列表中选择 VLOOKUP，弹出“函数参数”对话框，进行相应的设置，如图 3.93 所示，或在 E3 单元格中输入“＝VLOOKUP(D3，表 2，2，FALSE)”，按 Enter键完成自动填充。

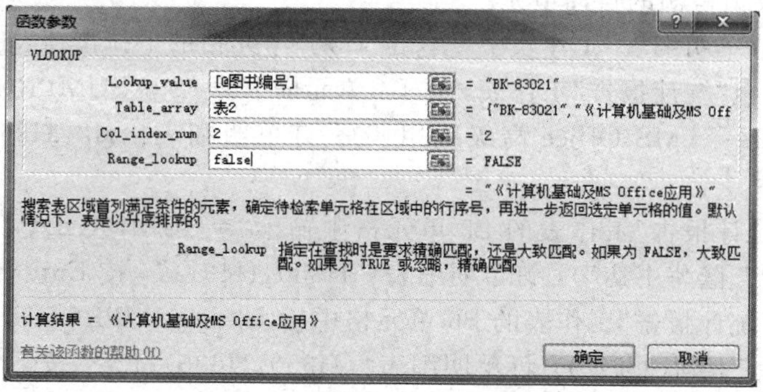

函数参数
VLOOKUP
Lookup_value [@图书编号] = "BK-83021"
Table_array 表2 = {"BK-83021","《计算机基础及MS Off
Col_index_num 2 = 2
Range_lookup false = FALSE
= "《计算机基础及MS Office应用》"
搜索表区域首列满足条件的元素，确定待检索单元格在区域中的行序号，再进一步返回选定单元格的值。默认情况下，表是以升序排序的
Range_lookup 指定在查找时是要求精确匹配，还是大致匹配。如果为 FALSE，大致匹配。如果为 TRUE 或忽略，精确匹配
计算结果 = 《计算机基础及MS Office应用》
有关该函数的帮助(H)
确定
取消

图 3.93　函数参数设置

步骤 4：单击“订单明细表”工作表中 F3 单元格，单击“公式”选项卡下“函数库”组中的“查找与引用”按钮，在下拉列表中选择 VLOOKUP，弹出函数参数对话框，进行相应的设置，如图 3.94 所示，或在 F3 单元格中输入“=VLOOKUP(D3，表 2，3，FALSE)”，按 Enter键完成自动填充。

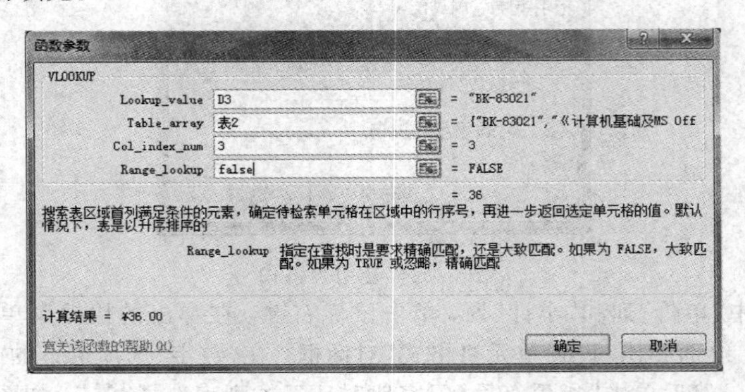

图 3.94　函数参数设置

步骤 5：在“订单明细表”工作表的 H3 单元格中输入“=F3 * G3”，按“Enter”键完成小计的自动填充，效果如图 3.95 所示。

销售订单明细表

日期	书店名称	图书编号	图书名称	单价	销量（本）	小计
2012年10月31日	鼎盛书店	BK-83024	《VB语言程序设计》	¥ 38.00	36	¥ 1,368.00
2012年10月30日	博达书店	BK-83036	《数据库原理》	¥ 37.00	49	¥ 1,813.00
2012年10月29日	博达书店	BK-83032	《信息安全技术》	¥ 39.00	20	¥ 780.00
2012年10月26日	鼎盛书店	BK-83023	《C语言程序设计》	¥ 42.00	7	¥ 294.00
2012年10月25日	博达书店	BK-83022	《计算机基础及Photoshop应用》	¥ 34.00	16	¥ 544.00
2012年10月24日	鼎盛书店	BK-83031	《软件测试技术》	¥ 36.00	33	¥ 1,188.00
2012年10月24日	隆华书店	BK-83035	《计算机组成与接口》	¥ 40.00	38	¥ 1,520.00
2012年10月23日	隆华书店	BK-83030	《数据库技术》	¥ 41.00	19	¥ 779.00
2012年10月22日	鼎盛书店	BK-83037	《软件工程》	¥ 43.00	8	¥ 344.00
2012年10月20日	隆华书店	BK-83026	《Access数据库程序设计》	¥ 41.00	11	¥ 451.00
2012年10月19日	鼎盛书店	BK-83025	《Java语言程序设计》	¥ 39.00	20	¥ 780.00
2012年10月18日	鼎盛书店	BK-83036	《数据库原理》	¥ 37.00	1	¥ 37.00

图 3.95　“订单明细”工作表的“小计”

步骤 6：在“统计报告”工作表中的 B3 单元格输入“=SUM(订单明细表！H3:H636)”，按 Enter 键后完成销售额的自动填充。

步骤 7：在“订单明细表”工作表中，单击“日期”单元格的下拉按钮，选择“降序”命令。

步骤 8：切换至“统计报告”工作表，在 B4 单元格中输入“=SUMPRODUCT(1 *(订单明细表！E3:E262="《MS Office 高级应用》")，订单明细表！H3:H262)”，按 Enter 键确认。

步骤 9：在“统计报告”工作表的 B5 单元格中输入“=SUMPRODUCT(1 *(订单明细表！C350:C461=" 隆华书店")，订单明细表！H350:H461)”，按 Enter 键确认。

步骤 10：在“统计报告”工作表的 B6 单元格中输入“=SUMPRODUCT(1 *(订单明细表！C350:C636=" 隆华书店")，订单明细表！H350:H636)/12”，按 Enter 键确认，然后设置该单元格格式保留 2 位小数，效果如图 3.96 所示。

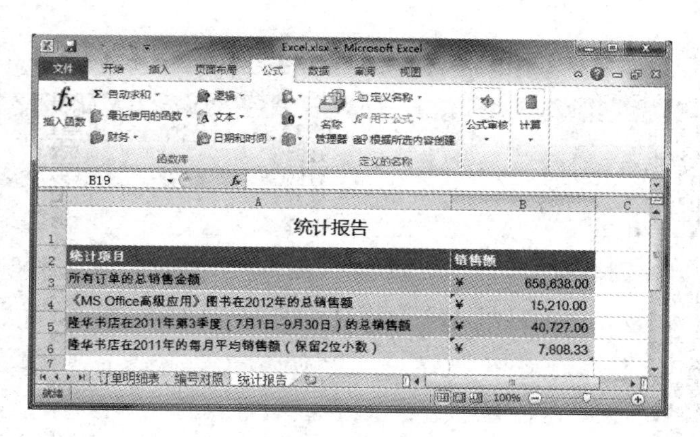

图 3.96　平均销售额

步骤 11：单击“保存”按钮，即可完成“Excel. xlsx”文件的保存。

注意：此题也可用 SUMIF 函数替代 SUMPRODUCT 函数。

3.5　处理第五次普查相关数据

3.5.1　案例介绍

中国的人口发展形势非常严峻，为此国家统计局每 10 年进行一次全国人口普查（如图 3.97 和图 3.98 所示），以掌握全国人口的增长速度及规模。按照下列要求完成对第五次、第六次人口普查数据的统计分析。

2000年第五次全国人口普查主要数据（大陆）

地区	2000年人口数（万人）	2000年比重
安徽省	5986	4.73%
北京市	1382	1.09%
福建省	3471	2.74%
甘肃省	2562	2.02%
广东省	8642	6.83%
广西壮族自治区	4489	3.55%
贵州省	3525	2.78%
海南省	787	0.62%
河北省	6744	5.33%
河南省	9256	7.31%
黑龙江省	3689	2.91%
湖北省	6028	4.76%
湖南省	6440	5.09%
吉林省	2728	2.16%
江苏省	7438	5.88%
江西省	4140	3.27%
辽宁省	4238	3.35%
难以确定常住地	105	0.08%
内蒙古自治区	2376	1.88%
宁夏回族自治区	562	0.44%
青海省	518	0.41%
山东省	9079	7.17%
山西省	3297	2.60%
陕西省	3605	2.85%
上海市	1674	1.32%
四川省	8329	6.58%
天津市	1001	0.79%
西藏自治区	262	0.21%
新疆维吾尔自治区	1925	1.52%
云南省	4288	3.39%
浙江省	4677	3.69%
中国人民解放军现役军人	250	0.20%
重庆市	3090	2.44%

图 3.97　第五次全国人口普查公报

2010年第六次全国人口普查主要数据（大陆）

地区	2010年人口数（万人）	2010年比重
北京市	1961	1.46%
天津市	1294	0.97%
河北省	7185	5.36%
山西省	3571	2.67%
内蒙古自治区	2471	1.84%
辽宁省	4375	3.27%
吉林省	2746	2.05%
黑龙江省	3831	2.86%
上海市	2302	1.72%
江苏省	7866	5.87%
浙江省	5443	4.06%
安徽省	5950	4.44%
福建省	3689	2.75%
江西省	4457	3.33%
山东省	9579	7.15%
河南省	9402	7.02%
湖北省	5724	4.27%
湖南省	6568	4.90%
广东省	10430	7.79%
广西壮族自治区	4603	3.44%
海南省	867	0.65%
重庆市	2885	2.15%
四川省	8042	6.00%
贵州省	3475	2.59%
云南省	4597	3.43%
西藏自治区	300	0.22%
陕西省	3733	2.79%
甘肃省	2558	1.91%
青海省	563	0.42%
宁夏回族自治区	630	0.47%
新疆维吾尔自治区	2181	1.63%
中国人民解放军现役军人	230	0.17%
难以确定常住地	465	0.35%

图 3.98　第六次全国人口普查公报

（1）新建一个空白 Excel 文档，将工作表 Sheetl 更名为“第五次普查数据”，将 Sheet2 更名为“第六次普查数据”，将该文档以“全国人口普查数据分析. xlsx”为文件名进行保存。

（2）浏览网页“第五次全国人口普查公报. htm”，将其中的“2000 年第五次全国人口普查主要数据”表格导入到工作表“第五次普查数据”中；浏览网页“第六次全国人口普查公报. htm”，将其中的“2010 年第六次全国人口普查主要数据”表格导入到工作表“第六次普查数据”中(要求均从 A1 单元格开始导入，不得对两个工作表中的数据进行排序)。

（3）对两个工作表中的数据区域套用合适的表格样式，要求至少四周有边框，且偶数行有底纹，并将所有人口数列的数字格式设为带千分位分隔符的整数。

（4）将两个工作表内容合并，合并后的工作表放置在新工作表“比较数据”中(自 A1 单元格开始)，且保持最左列仍为地区名称、A1 单元格中的列标题为“地区”，对合并后的工作表适当的调整行高列宽、字体字号、边框底纹等，使其便于阅读。以“地区”为关键字对工作表“比较数据”进行升序排列。

（5）在合并后的工作表“比较数据”中的数据区域最右边依次增加“人口增长数”和“比重变化”两列，计算这两列的值，并设置合适的格式。其中：人口增长数＝2010 年人口数－2000 年人口数；比重变化＝2010 年比重－2000 年比重。

（6）打开工作簿“统计指标. xlsx”，将工作表“统计数据”插入到正在编辑的文档“全国人口普查数据分析. xlsx”中工作表“比较数据”的右侧。

(7) 在工作簿“全国人口普查数据分析. xlsx”的工作表“比较数据”中的相应单元格内填入统计结果。

(8) 基于工作表“比较数据”创建一个数据透视表，将其单独存放在一个名为“透视分析”的工作表中。透视表中要求筛选出 2010 年人口数超过 5000 万的地区及其人口数、2010 年所占比重、人口增长数，并按人口数从多到少排序。最后适当调整透视表中的数字格式。(提示：行标签为“地区”，数值项依次为 2010 年人口数、2010 年比重、人口增长数)。

3.5.2　相关知识点

1. Excel 中直接导入网页上的表格

(1) 我们举例进行讲解该知识点，以商丘工学院官方网站上的本科国际班介绍方案表格为例进行讲解，如图 3.99 所示。

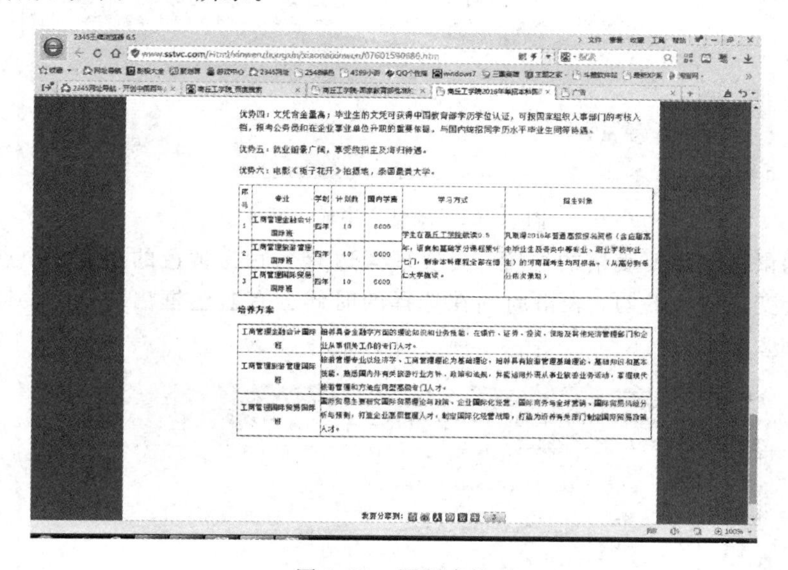

图 3.99　网页表格

(2) 打开 Excel，选中数据选项，找到“自网站”这个选项，如图 3.100 所示。

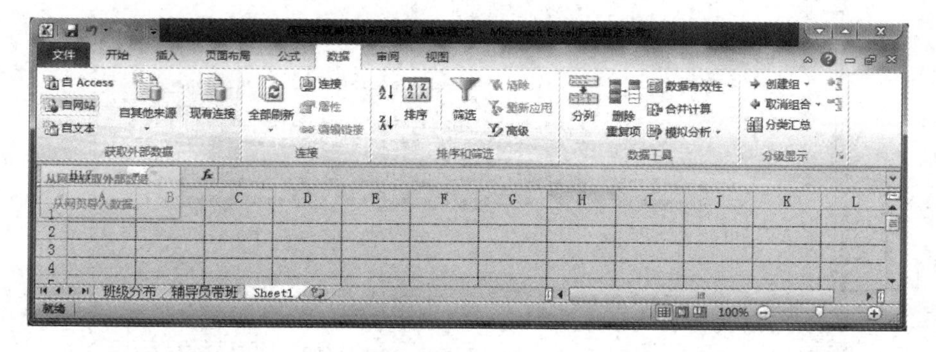

图 3.100　数据选项—“自网站”

(3) 找到后点击，出现一个对话框，将需要表格的网址复制到地址栏中，然后点击转到，转到之后的页面效果，如图 3.101 所示。

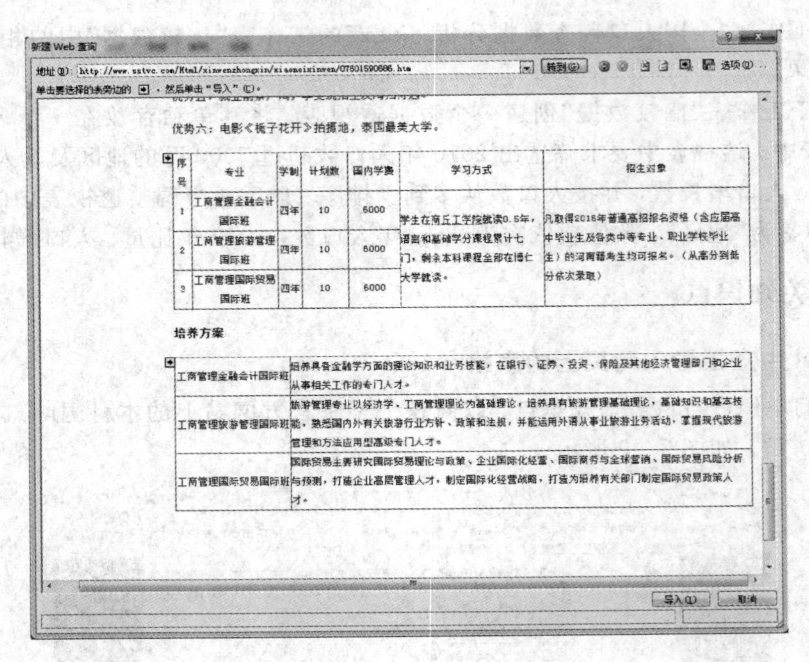

图 3.101　地址栏中输入网址

(4) 拉动鼠标到想要表格的位置，会发现旁边有个底为黄色的小箭头。点击黄色的小箭头后，就会变成绿底的勾，表格周围在选择的时候会有蓝色框出现，代表你要选择的区域，如图 3.102 所示。

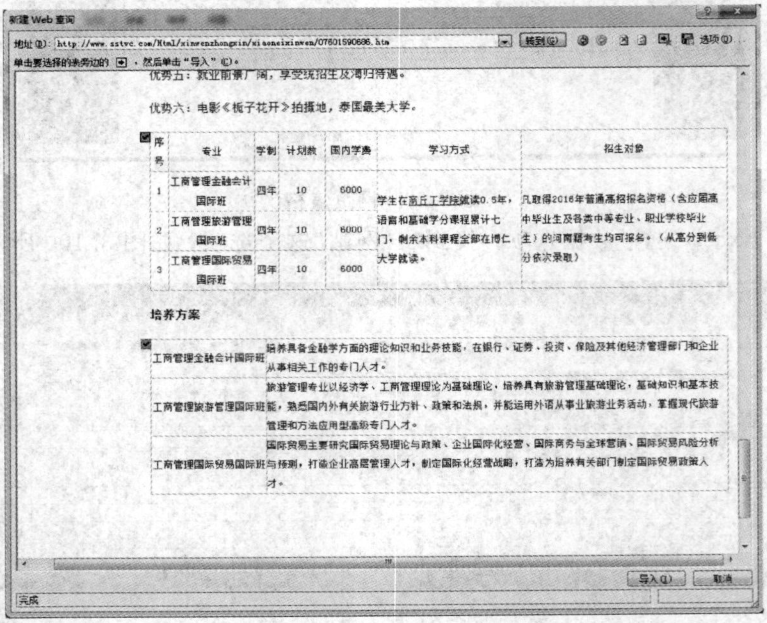

图 3.102　选中导入的页面表格区域

(5) 对准表格后，然后点击导入。会出现“导入数据”的对话框，如图 3.103 所示，然后选择你想要输出的地方，在此选择的是 A1 单元格，点击确定。

图 3.103　选择导入数据的位置

(6) 选择导入数据后的效果如图 3.104 所示，所有数据都准确的转移到了 Excel 中。

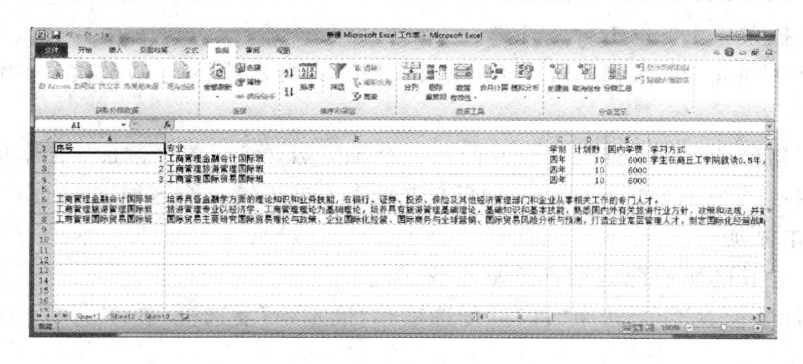

图 3.104　选择导入数据后的效果

2. 合并工作表

通过合并数据并创建合并表，可以从一个或多个源区域中汇总数据。这些源区域可以位于合并表所在的同一工作表中，同一工作簿的不同工作表中或不同的工作簿中。在合并源数据时，可以使用汇总函数(如 SUM 函数)创建汇总数据。

有两种方法可以合并数据：按类别或按位置。

按位置合并：适用于源区域中的数据按相同顺序排列并使用相同标签时。使用此方法可以从一系列工作表(如使用同一模板创建的部门预算工作表)中合并数据。

按类别合并：适用于源区域中的数据未按相同顺序排列但使用相同标签时。使用此方法可以从一系列布局不同，但有相同数据标签的工作表中合并数据。

注意：按类别合并数据与创建数据透视表类似。不过，用数据透视表可以更容易地重组类别。如果要更灵活地按类别进行合并，应考虑创建数据透视表。

1) 位置合并数据

要按位置合并数据，请按照下列的步骤(1)～(9)操作：

(1) 在 Sheet1 中键入以下数据。

A1：字母 B1：　代码编号　C1：其他编号

A2:A　B2:50　C2:62

A3:H　B3:99　C3:11

A4:G　B4:86　C4:68

A5:K　　B5:18　　C5:31

A6:K　　B6:67　　C6:9

(2) 在 Sheet2 中键入以下数据。

A1：字母 B1：　　代码编号　　C1：其他编号

A2:M　　B2:38　　C2:17

A3:H　　B3:53　　C3:25

A4:G　　B4:48　　C4:18

A5:C　　B5:59　　C5:53

A6:K　　B6:78　　C6:97

(3) 单击用于合并数据的目标区域的左上单元格。在本例中，单击 Sheet3 上的单元格 A1。

(4) 在数据菜单上，单击合并计算。

(5) 在函数列表中，选择 Microsoft Excel 用于合并数据的汇总函数。在本例中，使用"求和"。

(6) 在引用位置框中，键入要合并的每一个源区域，然后单击添加。在本例中，键入第一个区域 Sheet1！$A$1:$C$6，然后单击添加。键入第二个区域 Sheet2！$A$1:$C$6，然后单击添加。

(7) 对要合并的所有源区域都重复步骤(6)。

(8) 在"标签位置"下，选中"首行"复选框和"最左列"复选框(在本例中，首行和最左列中都有标签)。

(9) 单击确定。

2) 按类别合并数据

要按类别合并数据，请按照下列的步骤操作：

(1) 在 Sheet1 中键入以下数据：

A2:A　　B2:50　　C2:62

A3:H　　B3:99　　C3:11

A4:G　　B4:86　　C4:68

A5:K　　B5:18　　C5:31

A6:K　　B6:67　　C6: 9

A12:M　　B12:38　　C12:17

A13:H　　B13:53　　C13:25

A14:G　　B14:48　　C14:18

A15:C　　B15:59　　C15:53

A16:K　　B16:78　　C16:97

(2) 单击用于合并数据的目标区域的左上单元格，即 Sheet2 上的单元格 A1。

(3) 在数据菜单上，单击合并计算。

(4) 在函数列表中，选择 Microsoft Excel 用于合并数据的汇总函数。在本例中，使用"求和"。

(5) 在引用位置框中，键入要合并的每一个源区域，然后单击添加。键入第一个区域 Sheet1！＄A＄2：＄C＄6，然后单击添加；键入第二个区域 Sheet1！＄A＄12：＄C＄16，然后单击添加。

(6) 对要合并的所有源区域都重复步骤(5)。

(7) 在“标签位置”下，单击以选中“最左列”复选框(在本例中，最左列中有标签)。

(8) 单击确定。

注意：如果希望 Microsoft Excel 在源数据更改时自动更新合并表，请选中“创建连至源数据的链接”复选框。源和目标区域位于同一工作表时，不能创建链接。

3) 选择用于合并表的源区域

在合并对话框的引用位置框中指定要汇总数据的源区域。在定义源区域时请遵循以下准则：

当源和目标位于同一工作表时，使用单元格引用。

当源和目标位于不同的工作表时，使用工作表和单元格引用。

当源和目标位于不同的工作簿中时，使用工作簿、工作表和单元格引用。

当源和目标位于磁盘上不同位置的不同工作簿中时，使用完整路径、工作簿、工作表和单元格引用。也可以键入源区域的完整路径、工作簿名称和工作表名称。在工作表名称之后键入叹号，然后键入单元格引用或源区域名称。

当源区域是一个命名范围时，使用其名称。

提示：要不通过键入就输入源定义，请单击引用位置框，然后选择源区域即可。

3. 数据透视表

数据透视表是一种对大量数据快速汇总和建立交叉列表的交互式动态表格，能帮助用户分析、组织数据。例如，计算平均数、标准差，建立列联表，计算百分比，建立新的数据子集等。建好数据透视表后，可以对数据透视表重新安排，以便从不同的角度查看数据。数据透视表可以从大量看似无关的数据中寻找背后的联系，从而将纷繁的数据转化为有价值的信息，以供研究和决策所用。

(1) 创建数据透视表。

选择创建数据透视表所依据的源数据，在“插入”选项卡上的“表格”组中单击“数据透视表”按钮，打开“创建数据透视表”对话框，如图 3.105 所示，指定数据来源和数据透视表存放的位置。

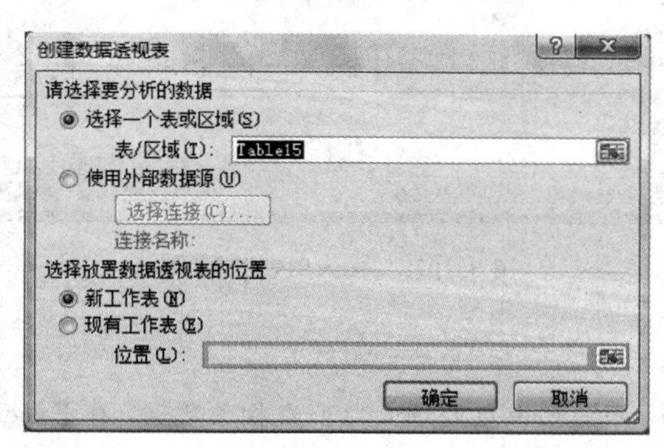

图 3.105　“创建数据透视表”对话框

现在就出现了我们建立的数据透视表，向数据透视表添加字段即可，如图 3.106 所示。

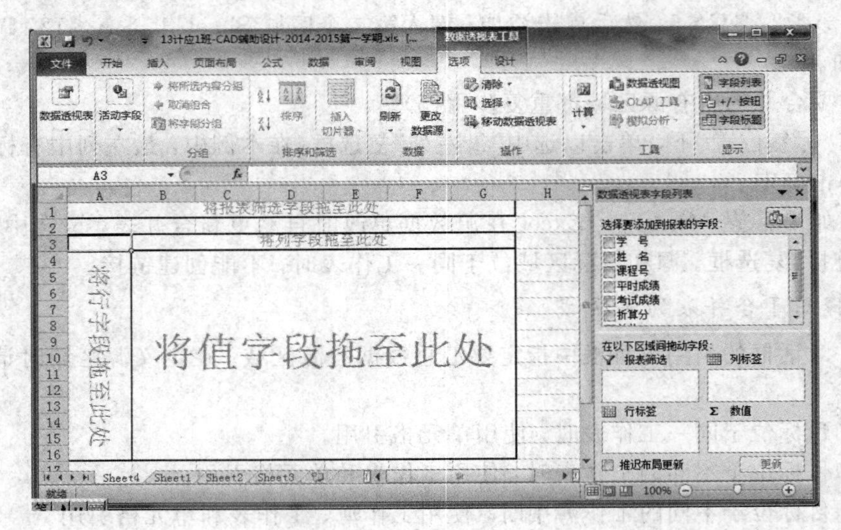

图 3.106 数据透视表

(2) 删除数据透视表。

在要删除的数据透视表的任意位置单击，在"选项"选项卡的"操作"组中单击"选择"按钮，从下拉列表中单击选择"整个数据透视表"命令，按"Delete"键。

4. 数据透视图的使用

我们可以根据数据透视表直接生成数据透视图：单击"选项"选项卡的"工具"组中的"数据透视图"按钮，在弹出的"插入图表"对话框中选择图表的样式后，单击"确定"就可以直接创建出数据透视图，如图 3.107 所示。

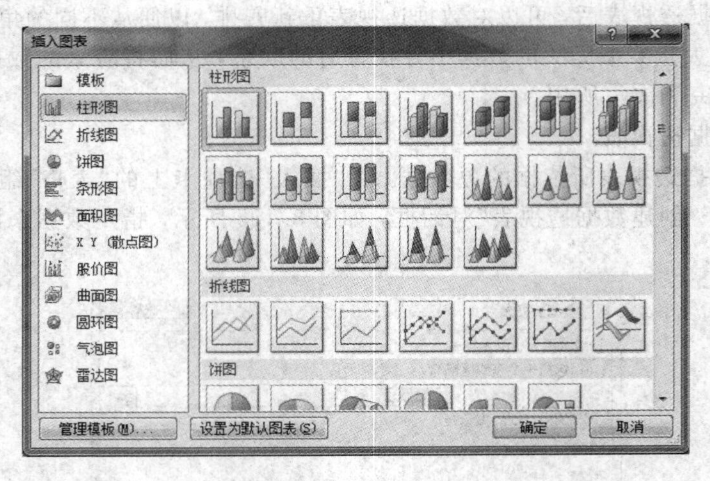

图 3.107 "插入图表"对话框

3.5.3 案例实现

本节中，应用 Excel 相关知识点处理人口普查相关数据，在 Excel 中导入网页上的第五次和第六次人口普查表格，按类别或按位置合并工作表，使用 INDEX 函数比较数据。

步骤 1：新建一个空白 Excel 文档，在工作表 Sheet1 标签上右键选择“重命名”，使标签进入编辑状态，将工作表名称更改为“第五次普查数据”，依照同样方法，将 Sheet2 标签的名称更改为“第六次普查数据”。

步骤 2：单击快速访问工具栏上的保存按钮，将文档保存到考生文件夹下，文件名为“全国人口普查数据分析”，如图 3.108 所示。

图 3.108　全国人口普查数据分析

步骤 3：打开考生文件夹下的网页文件“第五次全国人口普查公报. htm”。

步骤 4：将鼠标移动到“第五次普查数据”工作表的 A1 单元格中，选择“数据”选项卡；在“获取外部数据”组中，单击“由其他来源”在下拉列表中选择“来自 XML 数据导入”；在弹出的“选取数据源”对话框中文件类型处选择“所有文件”，然后选择网页文件“第五次全国人口普查公报. htm”中的表格，单击“确定”即可。效果如图 3.109 所示。

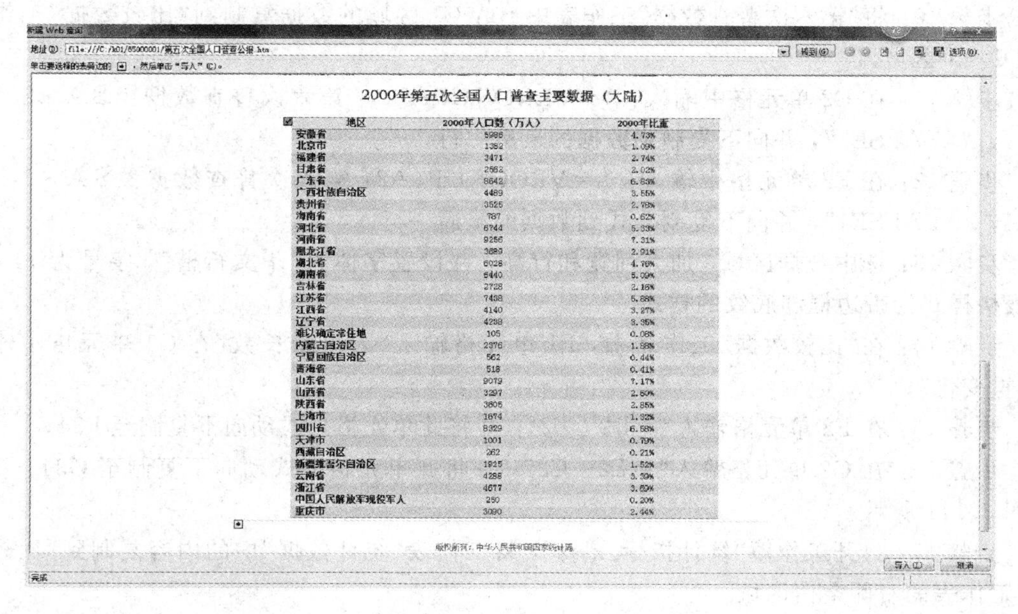

2000年第五次全国人口普查主要数据（大陆）

地区	2000年人口数（万人）	2000年比重
安徽省	5986	4.73%
北京市	1382	1.09%
福建省	3471	2.74%
甘肃省	2562	2.02%
广东省	8642	6.83%
广西壮族自治区	4489	3.55%
贵州省	3525	2.78%
海南省	787	0.62%
河北省	6744	5.33%
河南省	9256	7.31%
黑龙江省	3689	2.91%
湖北省	6028	4.76%
湖南省	6440	5.09%
吉林省	2728	2.16%
江苏省	7438	5.88%
江西省	4140	3.27%
辽宁省	4238	3.35%
难以确定常住地	105	0.08%
内蒙古自治区	2376	1.88%
宁夏回族自治区	562	0.44%
青海省	518	0.41%
山东省	9079	7.17%
山西省	3297	2.60%
陕西省	3605	2.85%
上海市	1674	1.32%
四川省	8329	6.58%
天津市	1001	0.79%
西藏自治区	262	0.21%
新疆维吾尔自治区	1925	1.52%
云南省	4288	3.39%
浙江省	4677	3.69%
中国人民解放军现役军人	250	0.20%
重庆市	3090	2.44%

图 3.109　全国人口第五次普查数据

步骤 5：与步骤 4 相同，将“第六次全国人口普查公报. htm”中的表格导入到工作表“第六次普查数据”中。效果如图 3.110 所示。

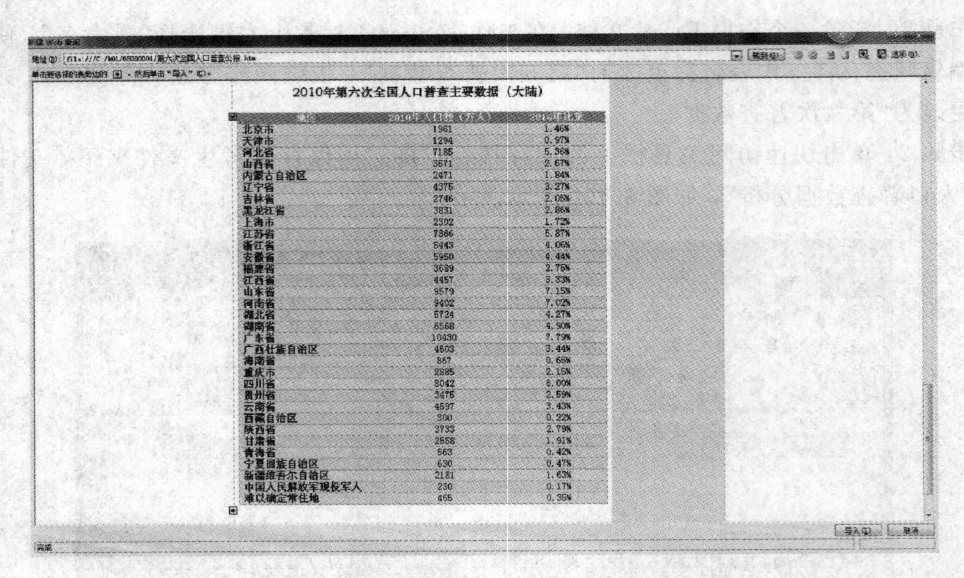

2010年第六次全国人口普查主要数据（大陆）

地区	2010年人口数（万人）	2010年比重
北京市	1961	1.46%
天津市	1294	0.97%
河北省	7185	5.36%
山西省	3571	2.67%
内蒙古自治区	2471	1.84%
辽宁省	4375	3.27%
吉林省	2746	2.05%
黑龙江省	3831	2.86%
上海市	2302	1.72%
江苏省	7866	5.87%
浙江省	5443	4.06%
安徽省	5950	4.44%
福建省	3689	2.75%
江西省	4457	3.33%
山东省	9579	7.15%
河南省	9402	7.02%
湖北省	5724	4.27%
湖南省	6568	4.90%
广东省	10430	7.79%
广西壮族自治区	4603	3.44%
海南省	867	0.65%
重庆市	2885	2.15%
四川省	8042	6.00%
贵州省	3475	2.59%
云南省	4597	3.43%
西藏自治区	300	0.22%
陕西省	3733	2.79%
甘肃省	2558	1.91%
青海省	563	0.42%
宁夏回族自治区	630	0.47%
新疆维吾尔自治区	2181	1.63%
中国人民解放军现役军人	230	0.17%
难以确定常住地	465	0.35%

图 3.110　全国人口第六次普查数据

步骤 6：选中“第五次普查数据”工作表的 A1:C34 区域。

步骤 7：单击“开始”选项卡下“样式”组中的“套用表格格式”按钮，选择一个符合题目要求的表格样式，单击“确定”按钮即可。

步骤 8：依据上述步骤，设置“第六次普查数据”工作表数据区域的样式表格。

步骤 9：将“第五次普查数据”工作表的内容复制到 Sheet3 工作表，并将工作表名更改为“比较数据”。

步骤 10：将“第六次普查数据”工作表中 B1：C1 区域的数据复制到“比较数据”工作表的 D1:E1 区域。

步骤 11：在 D2 单元格中输入：“＝VLOOKUP(A13，第六次普查数据！＄A＄2：＄B＄34，2，FALSE)”，并向下复制到数据的最后一行。

步骤 12：在 E2 单元格中输入：“＝VLOOKUP(A2，第六次普查数据！＄A＄2：＄C＄34，3，FALSE)”，并向下复制公式到数据的最后一行。

步骤 13：选中数据区域，加大列宽和行高，并设置字体为“华文行楷”，字号为 14，套用表格样式为带边框和底纹的样式。

步骤 14：在“比较数据”工作表中，F1 单元格输入“人口增长数”在 G1 单元格中输入“比重变化”。

步骤 15：在 F2 单元格输入“＝D2－B2”，并将此单元格公式动向下复制至 F34。

步骤 16：在 G2 单元格输入“＝E2－C2”，并将此单元格公式动向下复制至 G34。效果如图 3.111 所示。

步骤 17：打开工作簿“统计指标. xlsx”，将工作表“统计数据”中的内容复制到“比较数据”工作表的右侧空白区域。

步骤 18：打开工作“统计指标. xlsx”。在工作表标签“统计数据”上右键选择“移动或复制”在弹出的对话框中，工作簿选择“全国人口普查数据分析”，然后在“下列选定工作表之前”列表中选择“移至最后”，单击“确定”按钮。

地区	2010年人口数（万人）	2010年比重	2000年人口数（万人）	2000年比重	人口增长数	比重变化
北京市	1,961	1.46%	1,382	1.09%	579	0.37%
安徽省	1,294	0.97%	1,001	0.79%	293	0.18%
福建省	7,185	5.36%	6,744	5.33%	441	0.03%
甘肃省	3,571	2.67%	3,297	2.60%	274	0.07%
广东省	2,471	1.84%	2,376	1.88%	95	-0.04%
广西壮族自治区	4,375	3.27%	4,238	3.35%	137	-0.08%
贵州省	2,746	2.05%	2,728	2.16%	18	-0.11%
海南省	3,831	2.86%	3,689	2.91%	142	-0.05%
河北省	2,302	1.72%	1,674	1.32%	628	0.40%
河南省	7,866	5.87%	7,438	5.88%	428	-0.01%
黑龙江省	5,443	4.06%	4,677	3.69%	766	0.37%
湖北省	5,950	4.44%	5,986	4.73%	-36	-0.29%
湖南省	3,689	2.75%	3,471	2.74%	218	0.01%
吉林省	4,457	3.33%	4,140	3.27%	317	0.06%
江苏省	9,579	7.15%	9,079	7.17%	500	-0.02%
江西省	9,402	7.02%	9,256	7.31%	146	-0.29%
辽宁省	5,724	4.27%	6,028	4.76%	-304	-0.49%
难以确定常住地	6,568	4.90%	6,440	5.09%	128	-0.19%
内蒙古自治区	10,430	7.79%	8,642	6.83%	1788	0.96%
宁夏回族自治区	4,603	3.44%	4,489	3.55%	114	-0.11%
青海省	867	0.65%	787	0.62%	80	0.03%
山东省	2,885	2.15%	3,090	2.44%	-205	-0.29%

图 3.111　应用条件格式、统计函数后效果

步骤 19：在“全国人口普查数据分析”工作簿的“统计数据”工作表中，按如下公式填写。

C3=SUM(比较数据！B2:B34)

D3=SUM(比较数据！D2:D34)

D4=SUM(比较数据！F2:F34)

C5=INDEX(比较数据！A2:A34，MATCH(MAX(比较数据！B2:B34)，比较数据！B2:B34，))

D5=INDEX(比较数据！A2:A34，MATCH(MAX(比较数据！D2:D34)，比较数据！D2:D34，))

C6= INDEX(比较数据！A2:A34，MATCH(MIN(IF((比较数据！A2:A34=”中国人民解放军现役军人”)+(比较数据！A2:A34=”难以确定常住地”)，FALSE，比较数据！B2:B34))，比较数据！B2:B34，))

D6= INDEX(比较数据！A2:A34，MATCH(MIN(IF((比较数据！A2:A34=”中国人民解放军现役军人”)+(比较数据！A2:A34=”难以确定常住地”)，FALSE，比较数据！D2:D34))，比较数据！D2:D34，))

D7= INDEX(比较数据！A2:A34，MATCH(MAX(比较数据！F2:F34)，比较数据！F2:F34，))

D8= INDEX(比较数据！A1:A34，MATCH(MIN(IF((比较数据！A1:A34=”中国人民解放军现役军人”)+(比较数据！A1:A34=”难以确定常住地”)，FALSE，比较数据！F1:F34))，比较数据！F1:F34，))

D9=COUNTIFS(比较数据！A2:A34，”<>中国人民解放军现役军人”，比较数据！A2:A34，”<>难以确定常住地”，比较数据！F2:F34，”<0”)

注意：C6 和 D6 单元格涉及数组公式，编辑公式后，按“CRTL+SHIFT+ENTER”组合键结束输入。统计指标如图 3.112 所示。

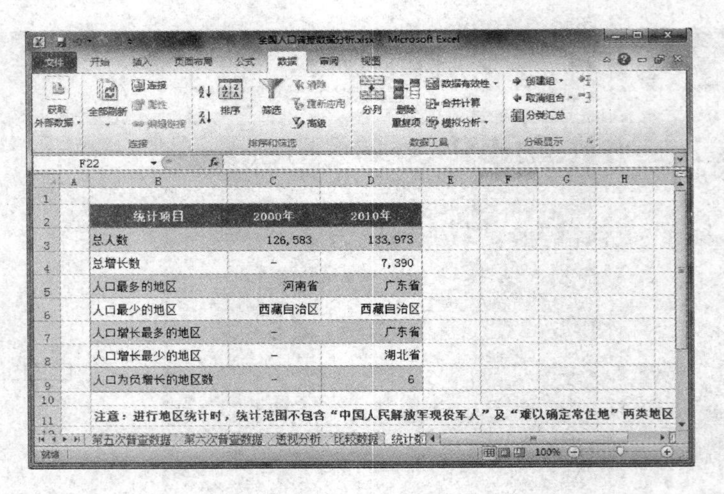

统计项目	2000年	2010年
总人数	126,583	133,973
总增长数	–	7,390
人口最多的地区	河南省	广东省
人口最少的地区	西藏自治区	西藏自治区
人口增长最多的地区	–	广东省
人口增长最少的地区	–	湖北省
人口为负增长的地区数	–	6

注意：进行地区统计时，统计范围不包含“中国人民解放军现役军人”及“难以确定常住地”两类地区

图 3.112　统计指标

步骤 20：单击题面中要求为起点的单元格，在“插入”选项卡中，单击“表格”组的“数据透视表”命令，在弹出的对话框中选中“选择一个表或区域”，“表/区域”选中数据表，“选择放置数据透视表的位置”处选择“新工作表”，然后选择数据透视表的存放区域，单击“确定”按钮。

步骤 21：在“选择要添加到报表的字段”中，选择题面规定的字段，用鼠标左键拖入到“行标签”中，用同样的方法设置“列标签”和“数值”项，关闭数据透视表字段列表。

步骤 22：在数据透视表中选择“行标签”旁的“自动排序”按钮，点击“值筛选”→“大于”选项。

步骤 23：在弹出的对话框中，设置筛选条件，点“确定”按钮，完成筛选。

步骤 24：在数据透视表中选择“行标签”旁的“值筛选”按钮，点击“其他排序选项”，设置排序条件，点“确定”按钮完成排序。效果如图 3.113 所示。

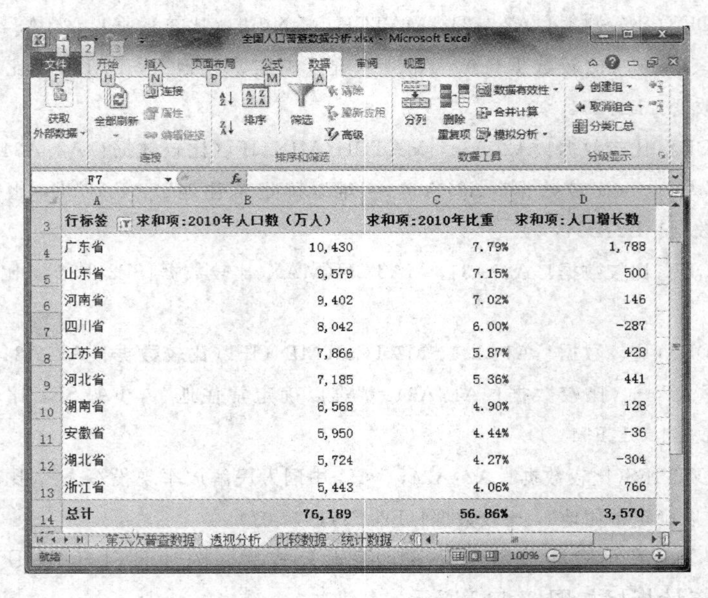

行标签	求和项:2010年人口数（万人）	求和项:2010年比重	求和项:人口增长数
广东省	10,430	7.79%	1,788
山东省	9,579	7.15%	500
河南省	9,402	7.02%	146
四川省	8,042	6.00%	-287
江苏省	7,866	5.87%	428
河北省	7,185	5.36%	441
湖南省	6,568	4.90%	128
安徽省	5,950	4.44%	-36
湖北省	5,724	4.27%	-304
浙江省	5,443	4.06%	766
总计	76,189	56.86%	3,570

图 3.113　排序、筛选、透视分析数据

课后练习

小赵是一名参加工作不久的大学生。他习惯使用 Excel 表格来记录每月的个人开支情况。在 2013 年底，小赵将每个月各类支出的明细数据录入了文件名为“开支明细表.xlsx”的 Excel 工作簿文档中。请你根据下列要求帮助小赵对明细表进行整理和分析：

1. 在工作表“小赵的美好生活”的第一行添加表标题“小赵 2013 年开支明细表”，并通过合并单元格，放于整个表的上端、居中。

2. 将工作表应用一种主题，并增大字号，适当加大行高列宽，设置居中对齐方式，除表标题“小赵 2013 年开支明细表”外为工作表分别增加恰当的边框和底纹以使工作表更加美观。

3. 将每月各类支出及总支出对应的单元格数据类型都设为“货币”类型，无小数、有人民币货币符号。

4. 通过函数计算每个月的总支出、各个类别月均支出、每月平均总支出；并按每个月总支出升序对工作表进行排序。

5. 利用“条件格式”功能：将月单项开支金额中大于 1000 元的数据所在单元格以不同的字体颜色与填充颜色突出显示；将月总支出额中大于月均总支出 110％的数据所在单元格以另一种颜色显示，所用颜色深浅以不遮挡数据为宜。

6. 在“年月”与“服装服饰”列之间插入新列“季度”，数据根据月份由函数生成，例如：1 至 3 月对应“1 季度”、4 至 6 月对应“2 季度”……

7. 复制工作表“小赵的美好生活”，将副本放置到原表右侧；改变该副本表标签的颜色，并重命名为“按季度汇总”；删除“月均开销”对应行。

8. 通过分类汇总功能，按季度升序求出每个季度各类开支的月均支出金额。

9. 在“按季度汇总”工作表后面新建名为“折线图”的工作表，在该工作表中以分类汇总结果为基础，创建一个带数据标记的折线图，水平轴标签为各类开支，对各类开支的季度平均支出进行比较，给每类开支的最高季度月均支出值添加数据标签。

第四章 演示文稿软件 PowerPoint 2010

PowerPoint 2010 提供了强大的新功能和工具，使用户能够创建可使用投影仪展示的材料。使用此材料公布报表或提案称为演示。使用 PowerPoint，用户可以创建有效整合了彩色文本的照片、插图、绘图、表格、图形和影片，并像放映幻灯片一样从一个画面过渡到另一个画面的屏幕。用户可以使用动画功能使屏幕上的文本和插图具有动画效果，还可添加声音效果和旁白。

本章介绍了演示文稿的创建、编辑，图形、图像的操作，图表、声音的操作，以及动画效果，切换效果和各交互效果等内容。

4.1 制作职业生涯规划分析

4.1.1 案例介绍

在如今这个对人才的竞争愈发激烈的时代，职业生涯规划开始成为人才争夺战中的另一个重要利器。对于企业而言，如何体现企业“以人为本”的人才理念，时刻关注员工的人才理念，注重员工成长的人才理念，职业生涯规划是一种有效的手段；而对于个人而言，职业生命是有限的，如果不进行有效的规划，势必会造成生命和时间的浪费。

本案例通过制作职业生涯规划 PPT，使读者了解职业生涯规划制作的相关内容，掌握演示文稿的创建、文本的输入、段落的设置以及保存方式等。

4.1.2 相关知识点

1. PowerPoint 概述

1）PowerPoint 的基本功能

Microsoft PowerPoint 是微软公司的办公软件 Microsoft Office 的组件之一，用户可以利用其在投影仪或者计算机上进行演示，也可以将演示文稿打印出来，制作成胶片，以便应用到更广泛的领域中。利用 Microsoft Office PowerPoint 不仅可以创建演示文稿，还可以在互联网上召开面对面会议、远程会议或在网上给观众展示演示文稿。

Microsoft Office PowerPoint 做出来的东西叫演示文稿，其格式后缀名为 ppt、pptx；或者也可以保存为 pdf、图片格式等文件。2010 及以上版本中可保存为视频格式。演示文稿中的每一页叫幻灯片，每张幻灯片都是演示文稿中既相互独立又相互联系的内容。

2）PowerPoint 的基本概念

（1）演示文稿。演示文稿是以.pptx 为扩展名的文件，文件由若干张幻灯片组成，按序号由小到大排列。

（2）窗口介绍。PowerPoint 2010 的窗口如图 4.1 所示。

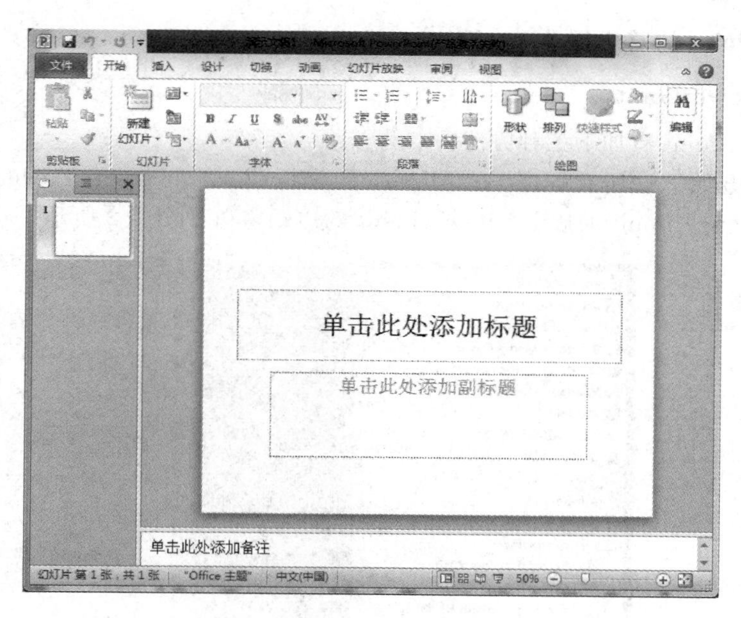

图 4.1　PowerPoint 2010 窗口

① 快速访问工具栏：包含最常用操作的快捷按钮，方便用户使用。单击快速访问工具栏中的按钮，可以执行相应的功能。

② 标题栏：位于窗口的最上方，用于显示正在使用的文档名称、程序名称及窗口控制按钮等。如果是刚打开的新演示文稿，用户所看到的文件名是“演示文稿 1 - Microsoft PowerPoint”，这是 PowerPoint 2010 默认建立的文件名。单击标题栏右端的相应按钮，可以最小化、最大化或关闭窗口。

③ 选项卡：位于标题栏的下面，通常有“文件”、“开始”、“插入”、“设计”、“切换”、“动画”、“幻灯片放映”、“审阅”、“视图”9 个不同类别的选项卡。选项卡下含有多个命令组，根据操作对象的不同，还会增加相应的选项卡。例如，只有在幻灯片插入某一图片，选择该图片的情况下才会显示“图片工具格式”选项卡。这些选项卡及其下面的命令组可以进行绝大多数 PowerPoint 操作。

④ 功能区：包含以前在 PowerPoint 2003 及更早版本中的菜单和工具栏上的命令和其他菜单项，位于选项卡的下面，当选中某选项卡时，其对应的多个命令组出现在其下方，每个命令组内含有若干命令。例如，单击“开始”选项卡，其功能区包含“剪贴板”、“幻灯片”、“字体”、“段落”、“绘图”、“编辑”等命令组。

⑤ 编辑区：位于功能区下方，包括左侧的幻灯片/大纲缩览窗口、右侧上方的幻灯片窗口和右侧下方的备注窗口。

⑥ 视图按钮：提供了当前演示文稿的不同显示方式，共有“普通视图”、“幻灯片浏览”、“阅读视图”和“幻灯片放映”等四个按钮，单击某个按钮就可以方便地切换到相应的视图。

⑦ 显示比例按钮：位于视图按钮的右侧，单击该按钮，可以在弹出的“显示比例”对话框中选择幻灯片的显示比例，拖动其右方的滑块，也可以调节显示比例。

⑧ 状态栏：位于窗口底部左侧，在不同的视图模式下显示的内容略有不同，它主要显示当前幻灯片的序号、当前显示文稿幻灯片的总张数、幻灯片主题和输入法等信息。

2．PowerPoint 的基本操作

1）*启动* PowerPoint

启动 PowerPoint 有如下三种方法：

(1) 单击“开始”→“所有程序”→“Microsoft Office”→“Microsoft PowerPoint 2010”命令，即可完成 PowerPoint 的启动。PowerPoint 的启动窗口如图 4.2 所示。

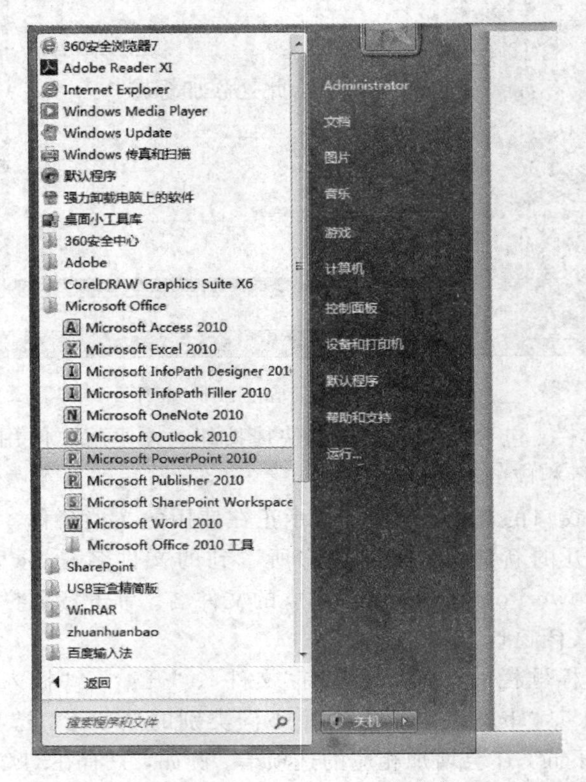

图 4.2　PowerPoint 2010 启动窗口

(2) 双击 PowerPoint 快捷键图标或应用程序图标。

(3) 双击文件夹中已经存在的 PowerPoint 演示文稿文件，启动 PowerPoint 并打开该演示文稿。

使用方法(1)和方法(2)，系统将启动 PowerPoint，并默认新建一个空白的演示文稿，待用户编辑。而方法(3)将打开已经存在的演示文稿，在此也可以新建空白演示文稿。

2）*退出* PowerPoint

退出 PowerPoint 2010 程序常见的方法有以下三种：

(1) 双击 PowerPoint 2010 工作界面标题栏中的“关闭”按钮“ X ”，即可关闭当前打开的文件并退出 PowerPoint。

(2) 单击 PowerPoint 2010 工作界面最顶端左侧的“文件”选项卡，在其中单击“退出”按钮，即可退出 PowerPoint 程序，如图 4.3 所示。

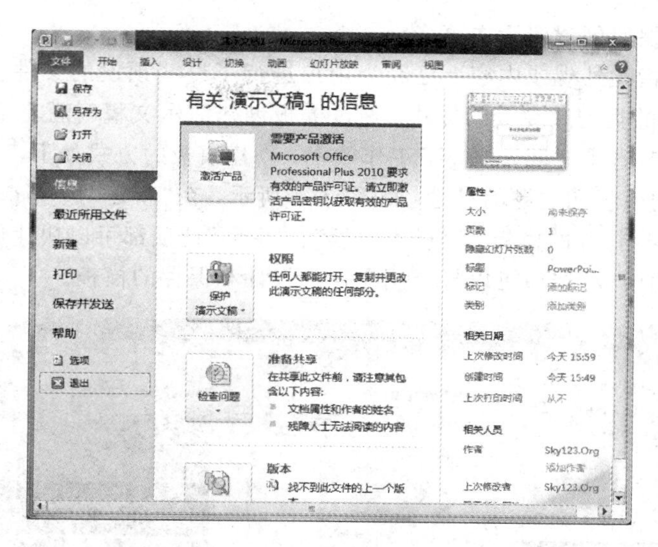

图 4.3　退出 PowerPoint 2010

(3) 利用快捷组合键 Alt+F4。

3) 演示文稿的创建

在 PowerPoint 2010 中，创建演示文稿的方法主要有两种：创建空白演示文稿和利用模板快速创建演示文稿。

(1) 创建空白演示文稿。

PowerPoint 2010 启动后会默认新建一个空白的演示文稿，在其中只包含一张幻灯片，不包括其他任何内容，以方便用户进行创作。

除此之外，可以单击“文件”选项卡，在其中单击“新建”选项卡，在“可用的模板和主题”栏中选择“空白演示文稿”选项，再单击“创建”按钮可手动创建空白演示文稿，如图 4.4 所示。

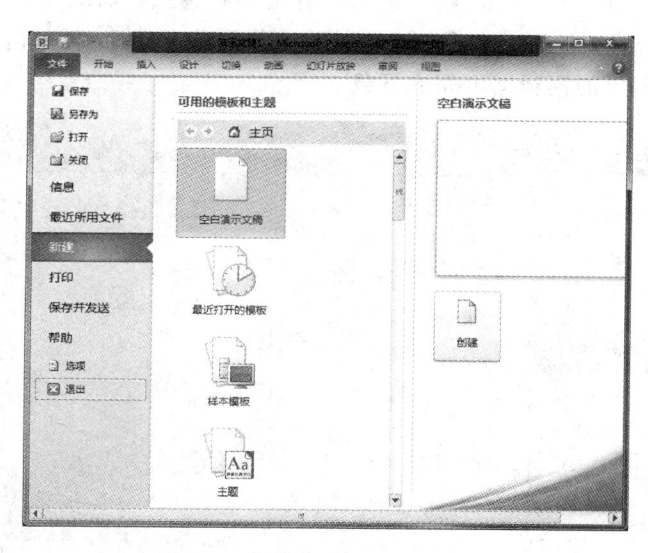

图 4.4　创建一个空白演示文稿

(2) 利用模板快速创建演示文稿。

所谓模板，是指在外观或内容上已经为用户进行了一些预设的文件。这些模板文件大都是用户经常使用的类型或专业的样式。通过模板创建演示文稿时就不需要用户完全地从头开始制作，从而节省了时间，提高了工作效率。创建模板的方式如下：

① 基于可用的模板和主题的创建。如图 4.5 所示，在“新建”选项卡中的“可用的模板和主题”栏选择“最近打开的模板”，“样本模板”、“主题”选项都可以快速创建带有样式的演示文稿。选择“我的模板”选项可以打开用户自己设计和保存的模板。

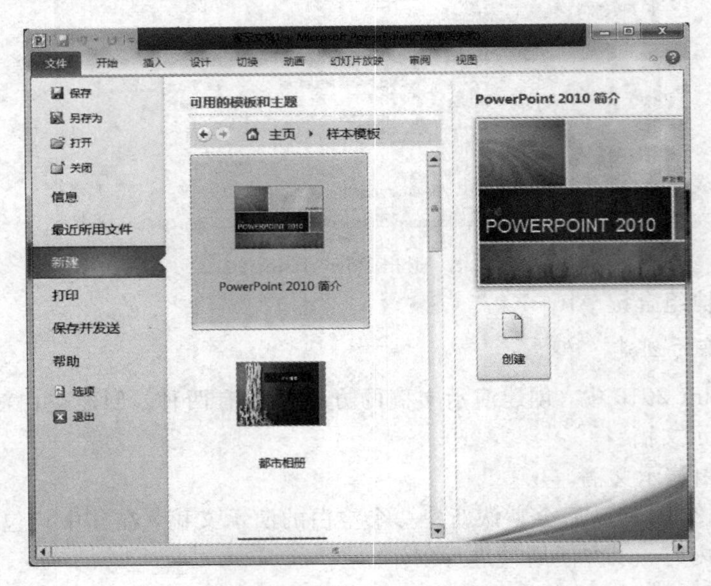

图 4.5　基于可用模板的创建

② 基于 Office. com 上提供的模板创建。当连接到 Internet 上时，还可以访问 Office . com上提供的模板。“Office. com 模板”区域中有很多种模板，如图 4.6 所示，在列表中选择需要的模板，单击模板类别，然后在该类别下单击需要的模板，再单击“下载”按钮，或在该类别下直接双击需要的模板即可完成下载。

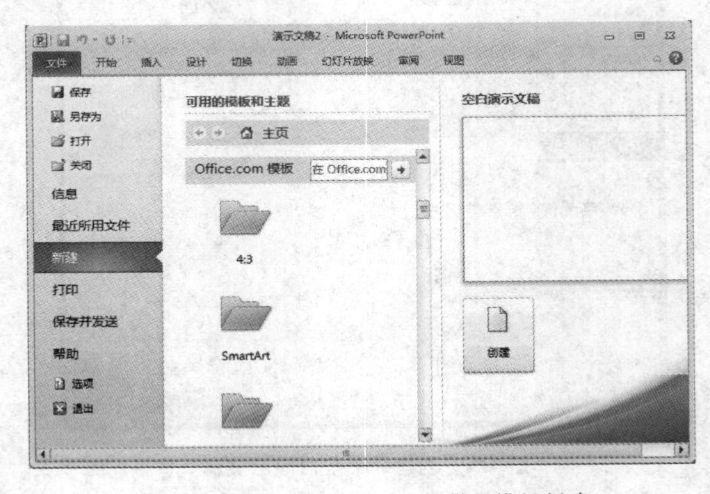

图 4.6　基于 Office. com 上提供的模板创建

4）保存演示文稿

（1）启动 PowerPoint 2010 程序，单击“文件”选项卡上的“保存”按钮，或按 Ctrl+S 组合键，弹出“另存为”对话框，如图 4.7 所示。选择演示文稿保存的位置，在“文件名”文本框中输入演示文稿的名称，单击“保存”按钮，即可完成保存演示文稿的操作。

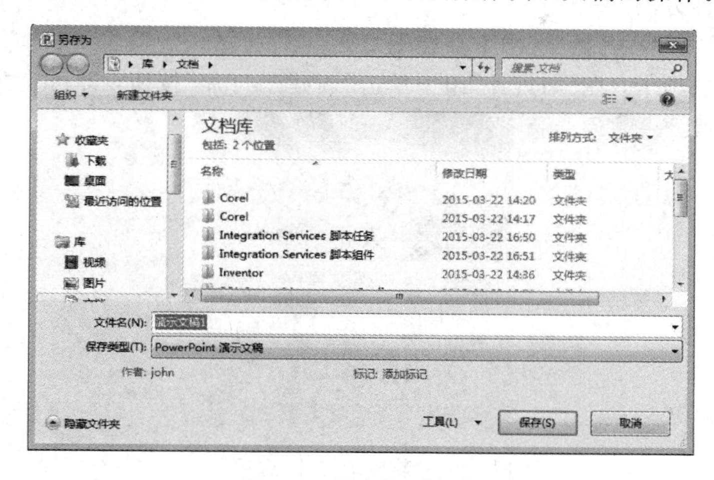

图 4.7　保存演示文稿

（2）通过快速访问工具栏保存。

单击快速访问工具栏中的“保存”按钮，保存时会弹出“另存为”对话框，然后在该对话框中选择保存位置，输入文件名，单击“保存”按钮即可保存。如果是在原有的基础上加以修改，则保存时不会弹出“另存为”对话框，直接用新文件的内容覆盖原文件的内容。

（3）自动定时保存。

单击“文件”选项卡上的“选项”按钮，在“PowerPoint 选项”界面对话框中，选择“保存”选项，在右侧“保存自动恢复信息时间间隔”中设置所需要的时间间隔，如图 4.8 所示。

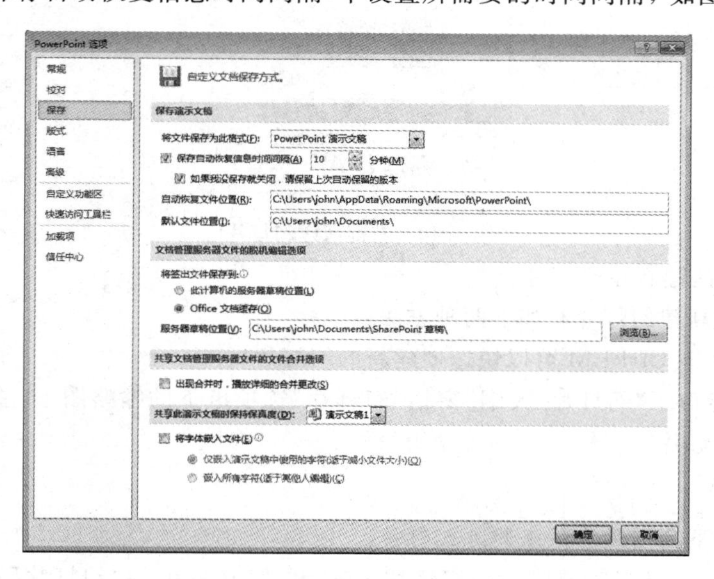

图 4.8　设置自动定时保存

3. 幻灯片的基本操作

1）新建幻灯片

创建的演示文稿中，默认的只有一张幻灯片，也可以根据需要，创建多张幻灯片。创建幻灯片有如下三种方法。

(1) 通过功能区的“开始”选项卡新建幻灯片。

单击“开始”选项卡，在“幻灯片”组中单击“新建幻灯片”按钮，即可直接新建一张幻灯片，如图 4.9 所示。

图 4.9 “新建幻灯片”选项卡

(2) 使用鼠标右键新建幻灯片。

在“幻灯片/大纲”窗格的“幻灯片”选项卡下的缩略图上或空白位置单击鼠标右键，在弹出的快捷菜单中选择“新建幻灯片”选项，如图 4.10 所示。

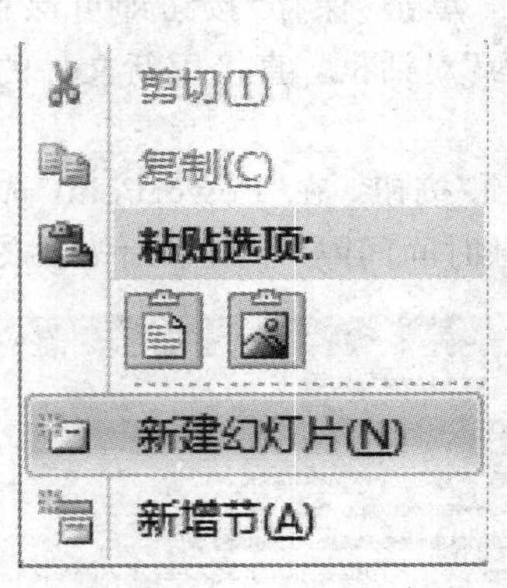

图 4.10 右键新建幻灯片

(3) 使用快捷键新建幻灯片。

使用快捷键新建幻灯片有如下两种方法：

① 使用快捷键 Ctrl＋M 可以快速创建新的幻灯片；

② 将鼠标定位于“幻灯片/大纲”窗格“幻灯片”选项卡下的缩略图下，按 Enter 键即可创建一张新的幻灯片。

2）删除幻灯片

用户可使用下列三种方法来删除幻灯片。

(1) 选项组法。选择需要删除的幻灯片，在“开始”选项卡的“幻灯片”选项组中，执行“删除”命令即可。

（2）右击法。选择需要删除的幻灯片，右击鼠标执行“删除幻灯片”命令即可。

（3）键盘法。选择需要删除的幻灯片，按 Delete 键即可。

3）复制幻灯片

用户可使用下列两种方法来复制幻灯片。

（1）选项组法。

在幻灯片窗格中，选择幻灯片，执行“开始”→“剪贴板”→“复制”命令。然后，将光标置于需要创建副本幻灯片的位置上，执行“开始”→“剪贴板”→“粘贴”命令即可。

（2）鼠标法。

选择幻灯片，右击执行“复制”命令，然后将光标置于需要创建副本幻灯片的位置上，右击鼠标，执行“粘贴”命令，如图 4.11 所示。另外，选择幻灯片，右击鼠标，执行“复制幻灯片”命令，即可在选择的该幻灯片之后创建一个幻灯片副本。

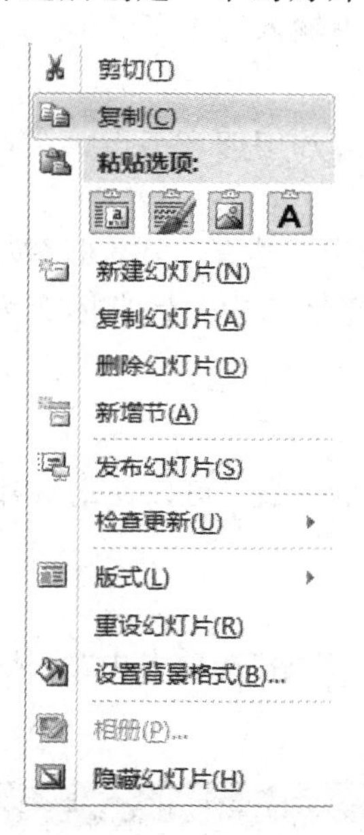

图 4.11　用鼠标复制幻灯片

4）移动幻灯片

（1）在同一篇演示文稿中移动幻灯片。

在幻灯片窗格中，选择要移动的幻灯片，拖动至合适位置后，松开鼠标即可；另外，用户还可以选择要移动的幻灯片，执行“开始”→“剪贴板”→“剪切”命令，然后，选择要移动幻灯片的新位置，执行“开始”→“剪贴板”→“粘贴”命令即可。

（2）在不同演示文稿中移动幻灯片。

将两篇演示文稿打开，执行“视图”→“窗口”→“全部重排”命令，将两个文稿显示在一个界面中，再选择要移动的幻灯片，拖动到另一个文稿中。

（3）同时移动多张幻灯片。

首先，单击某张要移动的幻灯片；然后，按住 Ctrl 键，在其他要移动的幻灯片上依次单击，选择多张幻灯片；最后，按住鼠标左键拖动即可。

5）为幻灯片应用布局

新建后的幻灯片，可能不是我们需要的幻灯片格式，这时，我们就可以对其进行应用布局。

（1）通过“开始”选项卡为幻灯片应用布局。

（2）使用鼠标右键为幻灯片应用布局。

在“幻灯片/大纲”窗格的“幻灯片”选项卡下的缩略图上单击鼠标右键，在弹出的快捷菜单中选择“版式”选项，从其弹出菜单中选择新布局。

4. 文本的操作

1）向文本框中输入文本

如果想改变输入文本的位置，可以通过绘制一个新的文本框来实现。首先向幻灯片中插入文本框，然后就可以向文本框中输入文本了。

（1）删除文本占位符。

新建一张幻灯片，然后选择幻灯片中的文本占位符，按下 Delete 键将其删除即可。

（2）插入文本框。

单击“插入”选项卡中“文本”选项组中的“文本框”按钮，在弹出的下拉菜单中选择“横排文本框”选项，然后将光标移至幻灯片中，当光标变为向下的箭头时，按鼠标左键并拖动，即可创建一个文本框。

2）文本的设置

对文字进行字号、大小和颜色的设置，可以让幻灯片的内容层次有别，而且更醒目。

（1）字体设置。

① 利用字体选项组设置字体。

选择要设置字体的文本，单击“开始”选项卡中“字体”选项组，即可设置中文字体类型、字号、字体样式等。如图 4.12 所示。

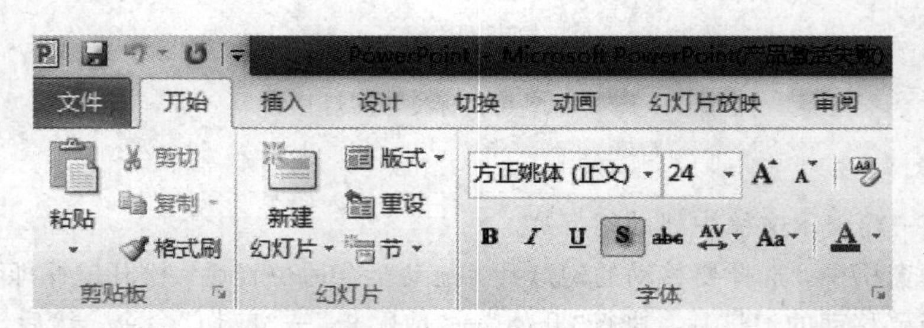

图 4.12　字体选项组设置字体

② 利用字体对话框设置字体。

选择要设置字体的文本，然后单击鼠标右键，在弹出的菜单中选择“字体”，打开“字体”对话框，设置中文字体类型、字号、字体样式，设置完成后单击“确定”按钮。

在“字体”对话框中，还可以设置文字的效果，包括对文字加粗、使文字倾斜、添加阴影、添加下划线、添加删除线、增加上标或下标、添加双删除线、等高字符等。“字体”对话框如图 4.13 所示。

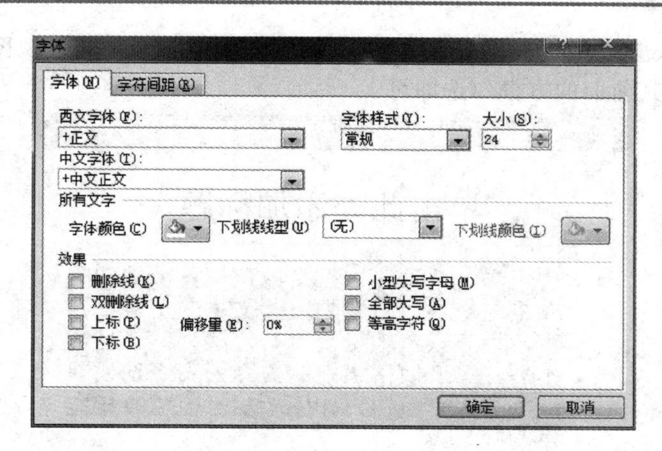

图 4.13　“字体”对话框

3）段落格式的设置

在 PowerPoint 2010 中除了可以对字体的格式进行设置，还可以对段落格式进行设置，设置段落格式包括调整文本的对齐方式、更改文字的排列方向、添加项目符号和编号、设置列表级别、调整行间距等。

(1) 设置段落对齐方式。

文本的对齐方式包括左对齐、居中对齐、右对齐、两端对齐和分散对齐五种基本类型，单击“段落”组中对应的按钮即可实现。另外单击“段落”组中“对话框启动器”按钮，打开“段落”对话框，如图 4.14 所示，在其中可以精确调整对齐的方式。

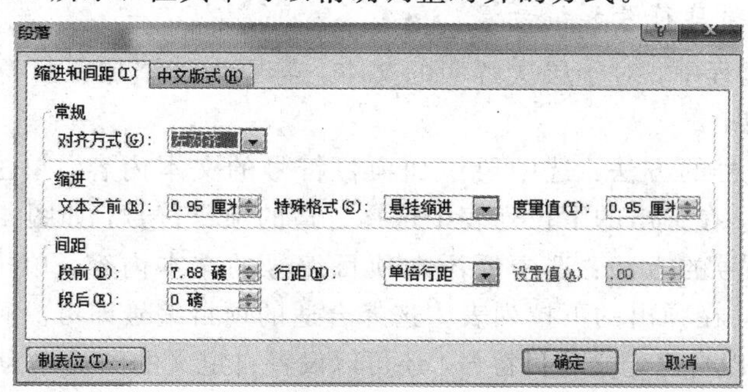

图 4.14　“段落”对话框

(2) 设置段落缩进方式。

段落缩进指的是段落中的行相对于页面左边界或右边界的位置。段落缩进方式包括左缩进、右缩进、悬挂缩进和首行缩进等。使用缩进标记，可以方便地设置段落缩进。将光标定位在要设置的段落中，单击“开始”选项卡“段落”组下右下角的按钮，在弹出的“段落”对话框中可以设定缩进的具体数值，如图 4.14 所示。

此外，在特殊格式中可以设置“悬挂缩进”和“首行缩进”。首行缩进是指将段落的第 1 行从左向右缩进一定的距离，除首行外的各行均保持不变。悬挂缩进是指将段落首行的左边界不变，其他各行的左边界相对于页面左边界向右缩进一段距离。

调整段落缩进的方法如下：

① 通过标尺调整段落缩进。选择目标文本后，通过拖动水平标尺中的对应按钮，即可

直接调整段落的缩进值，如图 4.15 所示。如果标尺没有显示，则通过视图选项卡下的显示找到标尺选项，将其前面的方框勾选即可。

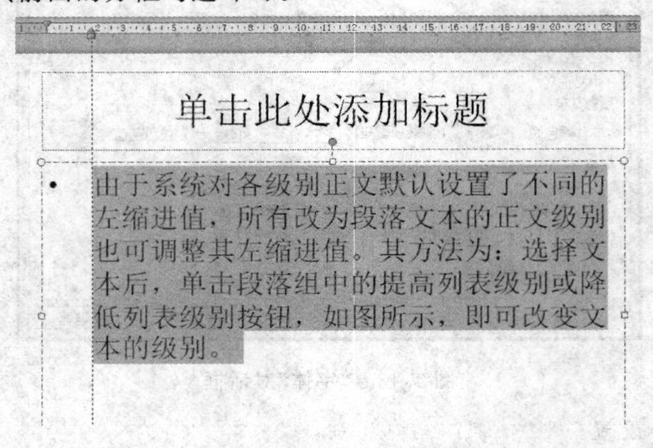

图 4.15　利用标尺调整段落缩进

② 通过列表级别调整段落缩进。由于系统对各级别正文默认设置了不同的左缩进值，所有改为段落文本的正文级别也可调整其左缩进值。其方法为：选择文本后，单击段落组中的提高列表级别或降低列表级别按钮，即可改变文本的级别。

③ 设置段落行距与段间距。段落行距包括段前距、段后距和行距。段前距和段后距指的是当前段与上一段或下一段之间的间距。行距指的是段内各行之间的距离。在“段落”对话框中可以对其精确设置。

4）为文本添加项目符号和编号

在幻灯片制作过程中，对于层次鲜明的文本，需要为其添加项目符号和编号，以便观众更有效地获取信息。

(1) 添加项目符号的方法：选中要添加项目符号的文本内容，单击段落组中“项目符号”按钮的下拉按钮，在弹出的下拉列表中选择合适的项目符号，如图 4.16(a)所示。

(2) 添加项目编号的方法：选中要添加项目编号的文本内容，单击段落组的“项目编号”按钮的下拉按钮，在弹出的下拉列表中选择合适的项目编号即可。

此外，用户也可以自己定义项目符号，还可以设置自定义的图片作为项目符号。单击“项目符号和编号”对话框中的“自定义”或“图片”按钮即可实现自定义操作，如图 4.16(b)所示。

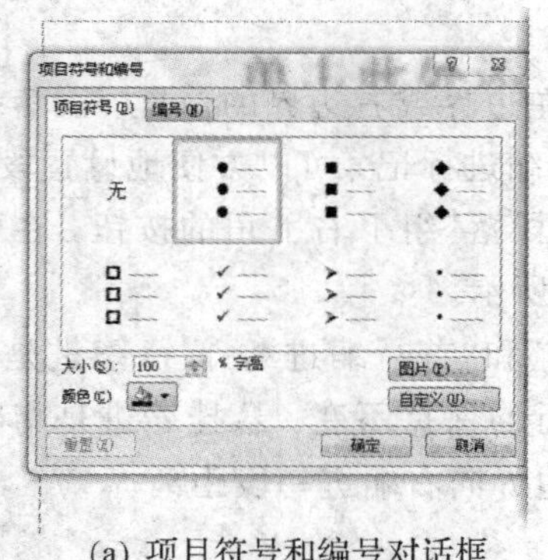

(a) 项目符号和编号对话框

(b) 自定义操作

图 4.16　为文本添加项目符号和编号

4.1.3　案例实现

在本节中，将应用 PowerPoint 的相关知识点来完成对职业生涯规划的制作，本项目主要讲述 PowerPoint 的基本操作，如演示文稿的创建、文本的输入、段落设置以及保存方式等。

步骤 1：启动 PowerPoint 2010，新建一个新的演示文稿，添加标题“大学生职业生涯规划”和副标题“有梦，就有未来”，如图 4.17 所示。

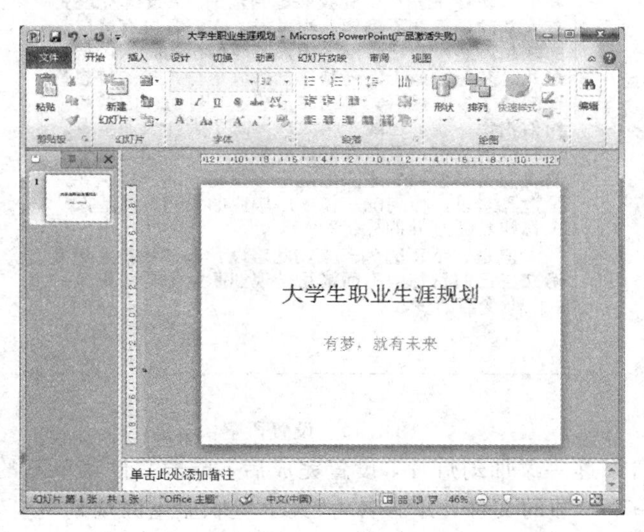

图 4.17　输入文本

步骤 2：新建一张新的幻灯片，插入文本框，输入文本“目录”；重复插入文本框，并输入目录内容，目录效果如图 4.18 所示。

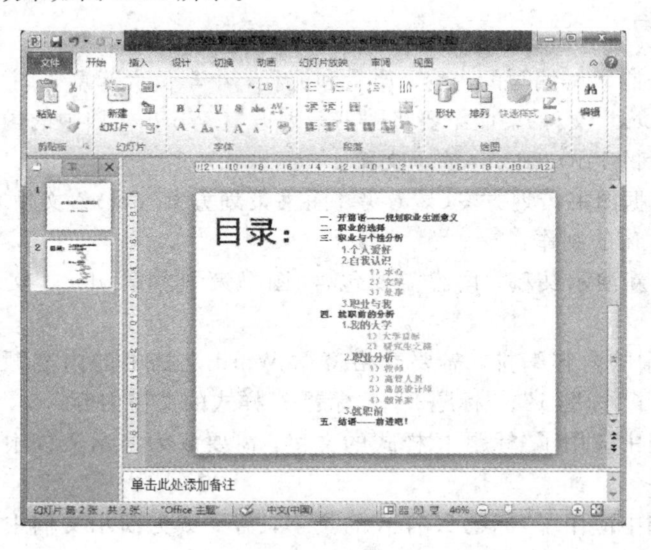

图 4.18　目录效果

步骤 3：选中标题“目录”，然后单击鼠标右键，在弹出的菜单中选择“字体”，打开“字体”对话框，设置中文字体类型为黑体，字号为 66，单击“确定”按钮。

步骤4：选择文本，设置字体为宋体，字号为18。

步骤5：选中“目录”，修改字体的颜色，用同样的方法设置其他字体的颜色。

步骤6：设置段落的对齐方式为“左对齐”，首行缩进1.5厘米，效果如图4.19所示。

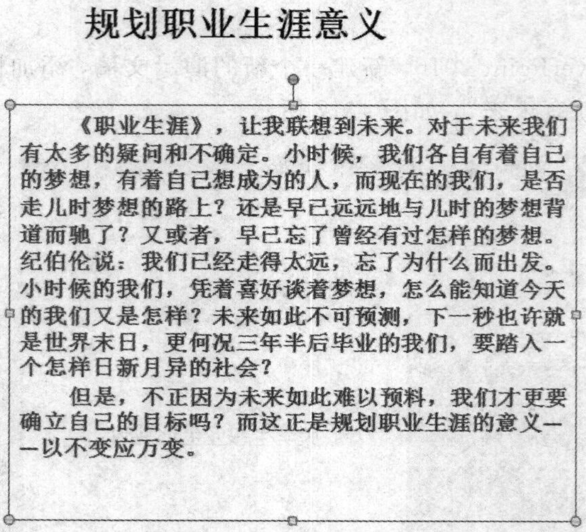

规划职业生涯意义

《职业生涯》，让我联想到未来。对于未来我们有太多的疑问和不确定。小时候，我们各自有着自己的梦想，有着自己想成为的人，而现在的我们，是否走儿时梦想的路上？还是早已远远地与儿时的梦想背道而驰了？又或者，早已忘了曾经有过怎样的梦想。纪伯伦说：我们已经走得太远，忘了为什么而出发。小时候的我们，凭着喜好谈着梦想，怎么能知道今天的我们又是怎样？未来如此不可预测，下一秒也许就是世界末日，更何况三年半后毕业的我们，要踏入一个怎样日新月异的社会？

但是，不正因为未来如此难以预料，我们才更要确立自己的目标吗？而这正是规划职业生涯的意义——以不变应万变。

图4.19　设置段落

步骤7：根据目录逐一添加幻灯片，设置完成后，单击文件菜单下的保存选项，将制作好的PPT保存成一个单独的文件，并命名为“大学生职业生涯规划”。

4.2　制作图书策划方案

4.2.1　案例介绍

为了更好地控制教材编写的内容、质量和流程，小李负责起草了图书策划方案(请参考“图书策划方案.docx”文件)。他需要将图书策划方案Word文档中的内容制作为可以向教材编委会进行展示的PowerPoint演示文稿。

现在，请你根据图书策划方案(请参考“图书策划方案.docx”文件)中的内容，按照如下要求完成演示文稿的制作：

(1) 创建一个新演示文稿，内容需要包含“图书策划方案.docx”文件中所有讲解的要点，包括：

① 演示文稿中的内容编排，需要严格遵循Word文档中的内容顺序，并仅需要包含Word文档中应用了“标题1”、“标题2”、“标题3”样式的文字内容。

② Word文档中应用了“标题1”样式的文字，需要成为演示文稿中每页幻灯片的标题文字。

③ Word文档中应用了“标题2”样式的文字，需要成为演示文稿中每页幻灯片的第一级文本内容。

④ Word文档中应用了“标题3”样式的文字，需要成为演示文稿中每页幻灯片的第二级文本内容。

(2) 将演示文稿中的第一页幻灯片，调整为“标题幻灯片”版式。

(3) 为演示文稿应用一个美观的主题样式。

(4) 在标题为“2012 年同类图书销量统计”的幻灯片页中，插入一个 6 行、5 列的表格，列标题分别为“图书名称”、“出版社”、“作者”、“定价”、“销量”。

(5) 在标题为“新版图书创作流程示意”的幻灯片页中，将文本框中包含的流程文字利用 SmartArt 图形展现。

(6) 保存制作完成的演示文稿，并将其命名为“PowerPoint. pptx”。

4.2.2　相关知识点

1. 插入艺术字

Office 多个组件中都有艺术字功能，在演示文稿中插入艺术字可以大大提高演示文稿的放映效果。

(1) 执行“插入”选项卡下的“艺术字”按钮，出现艺术字样式列表，如图 4.20 所示。

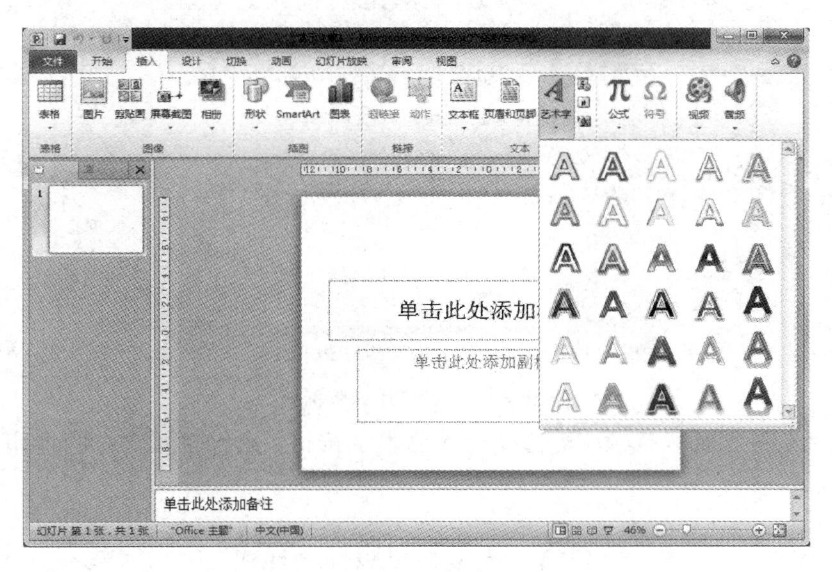

图 4.20　艺术字列表

(2) 选中一种艺术字样式后，在需要插入的位置单击，则出现如图 4.21 所示的该样式的默认效果。

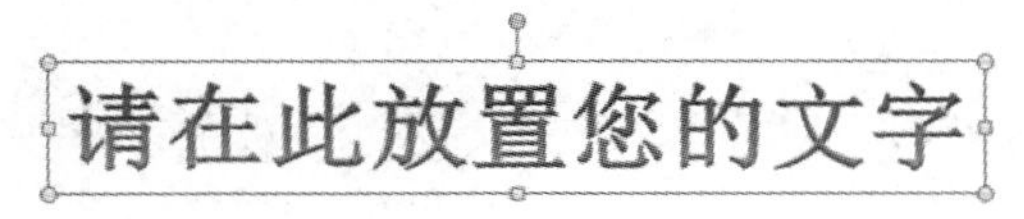

图 4.21　艺术字样式的默认效果

(3) 输入艺术字字符后，设置好字体、字号等要素，调整好艺术字大小，并将其定位在合适位置上即可。

注意：选中插入的艺术字，在其周围出现黄色的控制柄，拖动控制柄，可以调整艺术字的外形。

下面以制作水印效果来说明艺术字的应用。

(1) 首先打开 PowerPoint 2010。

(2) 将选项卡切换至视图按钮，点击母版视图组中的幻灯片母版按钮，如图 4.22 所示。

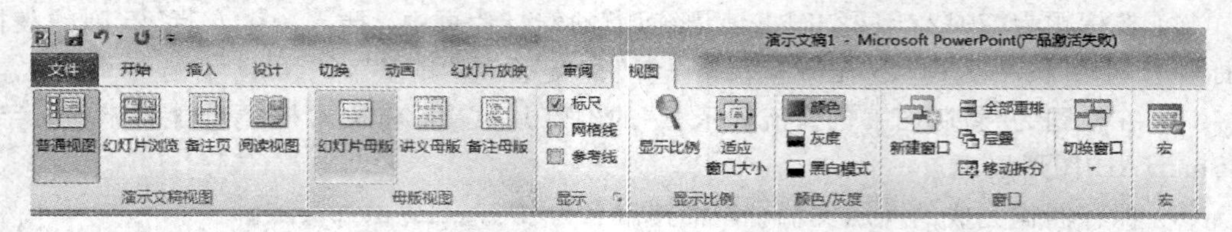

图 4.22 幻灯片母版按钮

(3) 进入幻灯片母版模式后，选中左边列表中最上面的第一张，母版标题如图 4.23 所示。

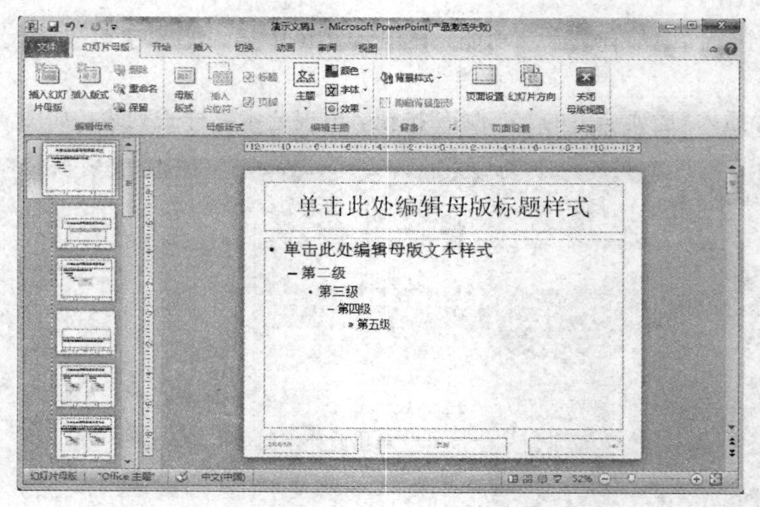

图 4.23 幻灯片母版标题

(4) 然后切换至插入选项卡，选择插入艺术字按钮，输入想要输入的水印文字，如图 4.24 所示。

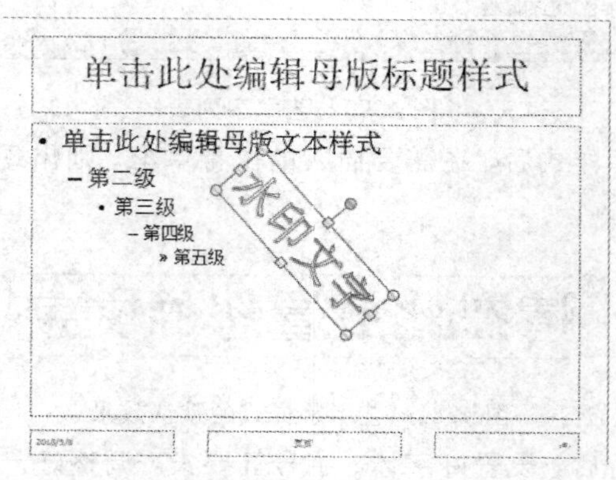

图 4.24 水印文字的输入

(5) 切换回幻灯片母版选项卡，点击右边的关闭幻灯片母版。

(6) 至此，水印就制作好了，重新插入一张新的幻灯片也有水印了，效果如图 4.25 所示。

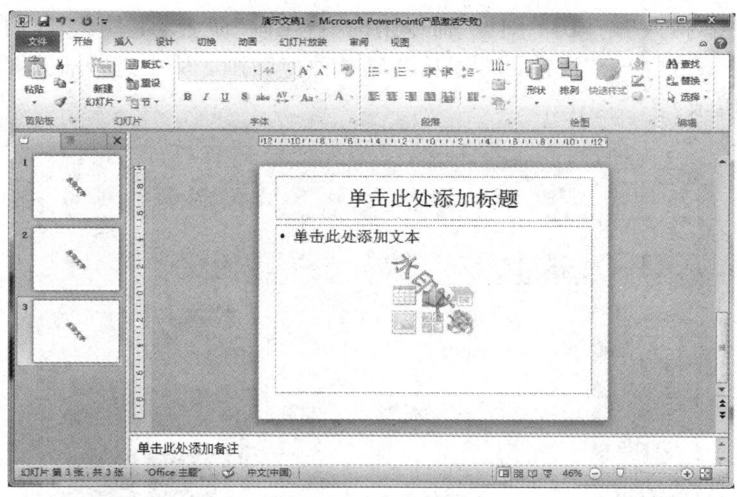

图 4.25　水印效果

2. 插入图片

为了增强文稿的可视性，向演示文稿中添加图片是一项基本的操作。可以插入的图片主要有两类，第一类是剪贴画，在 Office 套装软件中自带有各类剪贴画，供用户使用；第二类是以文件形式存在的图片，用户也可以在平时收集的图片文件中选择使用，以美化幻灯片。插入图片、剪贴画有两种方式，一种是采用功能区命令进行插入，另一种是单击幻灯片内容区占位符中剪贴画或图片的图标进行插入，这种方法还可以改变插入图片的样式。下面使用两种方法分别插入图片与剪贴画为例进行讲解。

方法 1：单击“插入”选项卡“图像”命令组的“图片”命令，弹出“插入图片”对话框，在对话框左侧选择存放目标图片文件的文件夹，在右侧该文件夹中选择满意的图片文件，然后单击“插入”按钮，将图片插入到当前幻灯片中。如图 4.26 所示。

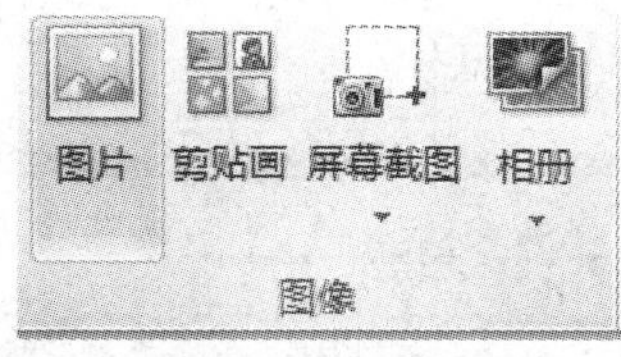

图 4.26　插入图片命令

方法 2：单击“插入”选项卡“图像”命令组的“剪贴画”命令，右侧出现“剪贴画”窗口，在“剪贴画”窗口中单击“搜索”按钮，下方会出现各种剪贴画，从中选择合适的剪贴画插入即可。如图 4.27 所示。

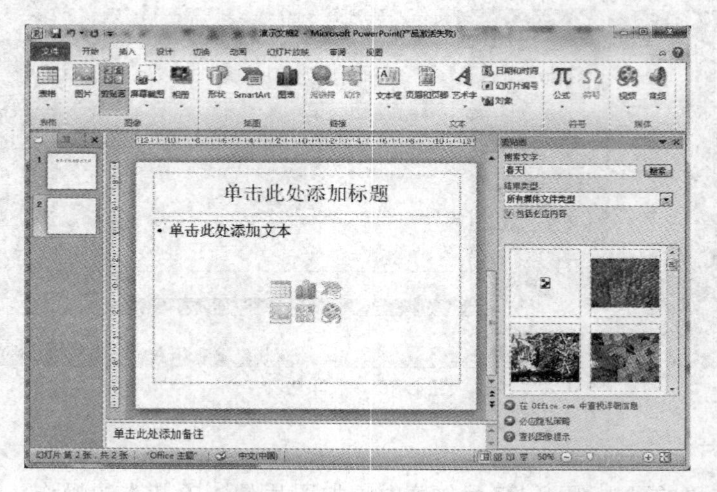

图 4.27　插入剪贴画

注意：定位图片位置时，按住 Ctrl 键，再按动箭头键，可以实现图片的微量移动，达到精确定位图片的目的。

3. 绘制形状图形

根据演示文稿的需要，经常要在其中绘制一些图形。利用“插入”选项卡下的“插图”命令组的“形状”命令，可以使用各种形状；通过组合多种形状，可以绘制出能更好表达思想和观点的图形。

绘制形状图形有两种方法，一种是利用“插入”选项卡下“插图”命令组中的“形状”命令；一种是在“开始”选项卡“绘图”命令组中单击“形状”列表右下角“其他”按钮，就会出现各类形状的列表，如图 4.28 所示。

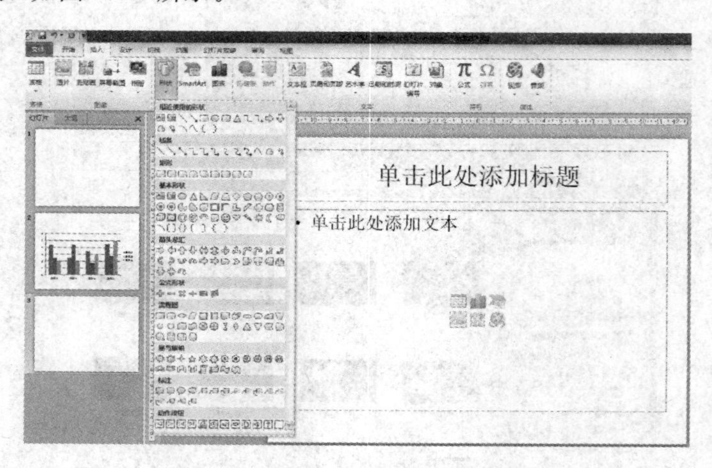

图 4.28　形状下拉列表

注意：如果选中相应的选项(如“矩形”)，然后在按住 Shift 键的同时，拖拉鼠标，即可绘制出正的图形(如“正方形”)。

4. SmartArt 图形

在我们制作的幻灯片中，常常会有数据统计分析、层次结构整理的文字，有时候它们之间的树状关系太复杂或太抽象，用文字描述既累赘又不甚清晰，这时候我们可以选择 SmartArt 图形的表现方式，让它们之间的关系看起来更加简单明了，也可以让整个版面更加生动美观。

SmartArt 图形是 PowerPoint 2010 提供的新功能，是一种智能化的矢量图形，它是已经组合好的文本框和形状、线条，利用 SmartArt 图形可以快速在幻灯片中插入功能性强的图形，表达用户的思想。PowerPoint 提供的 SmartArt 图形类型有：列表、流程、循环、层次结构、关系、矩阵、棱锥图、图片等。

1）插入 SmartArt 图形

（1）换到“插入”选项卡，在“插图”选项组中，单击“SmartArt”，如图 4.29 所示。

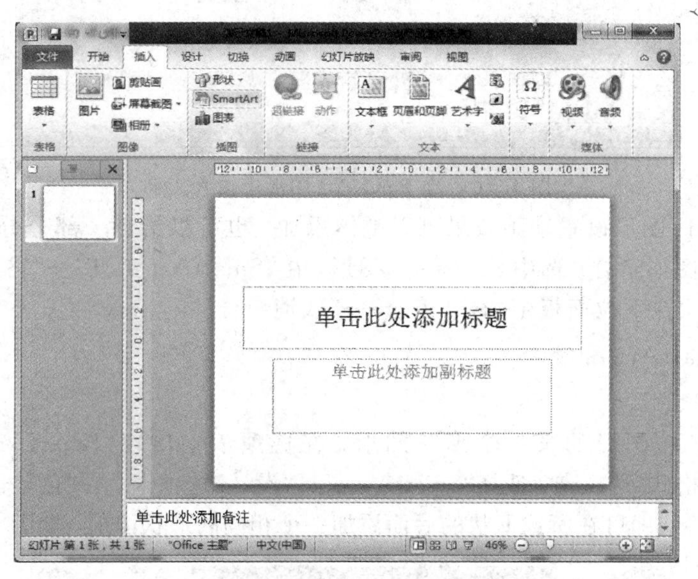

图 4.29　单击“SmartArt”

（2）在弹出的“选择 SmartArt 图形”对话框中选择一种图形，这里我选择了“关系”选项里的“射线群集”。选择完毕后单击“确定”，如图 4.30 所示。

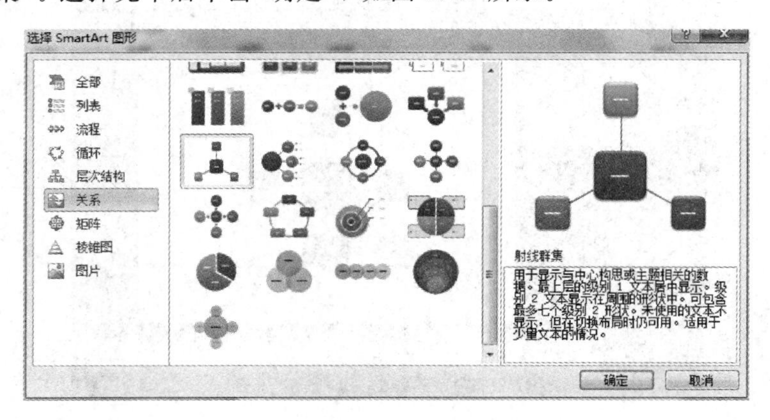

图 4.30　选择 SmartArt 图形

(3) 框内依次输入文字，如图 4.31 所示。

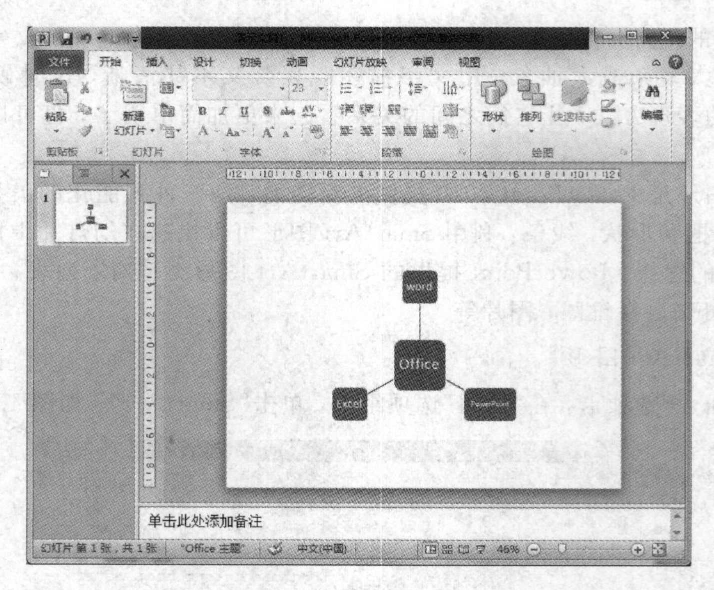

图 4.31　在 SmartArt 图形中输入文字

(4) SmartArt 图形设置动画效果可以整体添加，也可以给每一部分分别添加，要分别添加首先要取消图形组合。选中 SmartArt 图形，在“SmartArt 工具”→“格式”选项卡中，单击“排列”选项组，在下拉面板中选择“组合”→“取消组合”。

2) 编辑 SmartArt 图形

(1) 添加形状。

选中 SmartArt 图形的某一个形状图形，在选项卡上出现“SmartArt 工具/设计”和“SmartArt 工具/格式”选项卡，选择“SmartArt 工具/设计”选项卡，在“创建图形”命令组中单击“添加形状”命令，即可在所选形状的后面添加一个相同的形状图形，如图 4.32 所示。

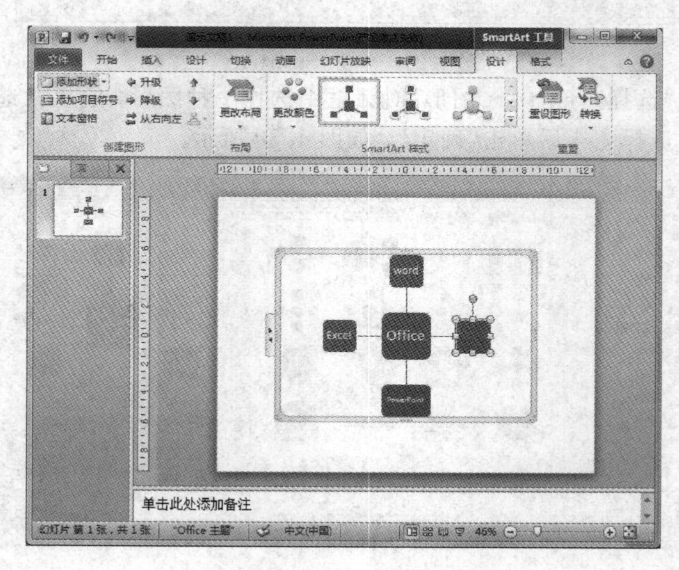

图 4.32　添加 SmartArt 图形

（2）编辑文本和图片。

选中幻灯片中的 SmartArt 图形，单击图形左侧的小三角，出现文本窗口，可为形状添加文本，或选中某一形状图形也可以进行文本编辑。

5. 使用表格

利用图表，可以更加直观地演示数据的变化情况。

1）插入表格

（1）选择要插入表格的幻灯片，单击“插入”选项卡下的“表格”命令组按钮，在弹出的下拉列表中单击“插入表格”命令，出现“插入表格”对话框。输入要插入表格的行数和列数，单击“确定”按钮，出现一个指定行列的表格。拖动表格的控点，可以改变表格的大小；拖动表格边框，可以定点表格。

（2）行列较少的小型表格可以快速生成，方法是单击“插入”选项卡“表格”命令组“表格”按钮，在弹出的下拉列表顶部的示意表格中拖动鼠标，顶部显示当前表格的行列数，与此同时幻灯片中也同步出现相应行列的表格，如图 4.33 所示。

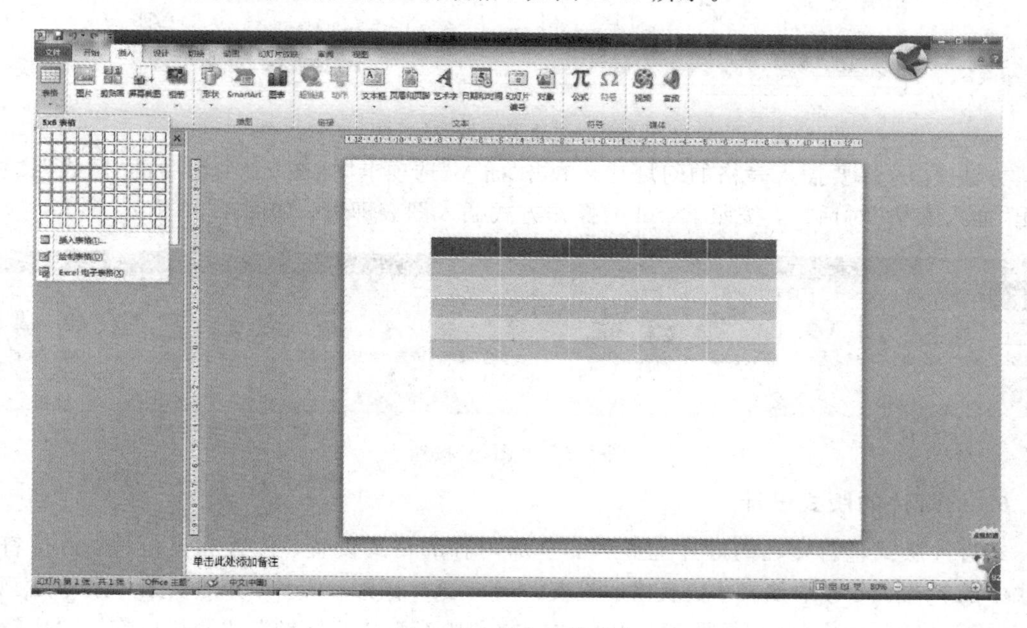

图 4.33　插入表格操作

创建表格后，就可以输入表格内容了。

2）使用图表

在幻灯片中还可以使用 Excel 提供的图表功能，在幻灯片中嵌入 Excel 图和相应的表格。

方法 1：插入新幻灯片并选择“标题和内容”版式，单击内容区“插入图表”图标，出现“插入图表”对话框，即可按照 Excel 的操作方式插入图表，如图 4.34 所示。

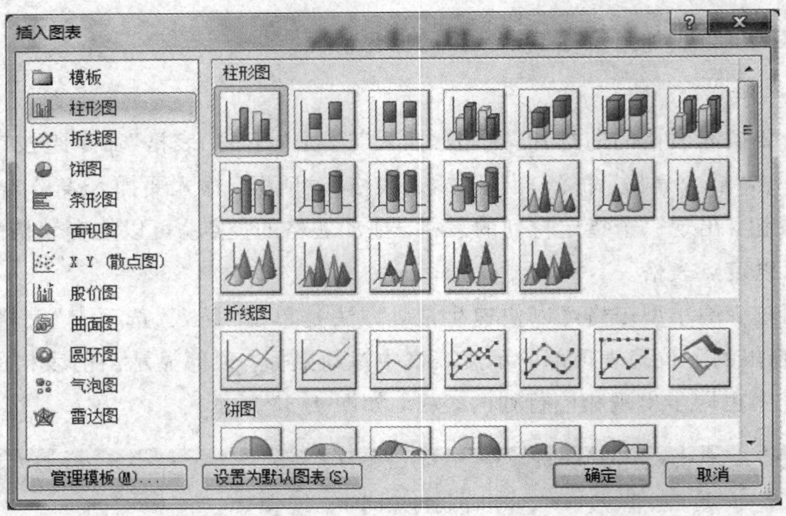

图 4.34 “插入图表”对话框

方法 2：选择要插入表格的幻灯片，单击“插入”选项卡“插图”命令组中的“图表”按钮，弹出“插入表格”对话框，按照 Excel 的操作方式插入图表即可，如图 4.35 所示。

图 4.35 “图表”按钮

6. 幻灯片的版式设计

幻灯片版式包含要在幻灯片上显示的全部内容的格式设置、位置和占位符。占位符是版式中的容器，可容纳如文本、表格、图表、SmartArt 图形、影片、声音、图片及剪贴画等内容。PowerPoint 中包含“标题幻灯片”、“标题和内容”、“节标题”、“两栏内容”、“比较”、“仅标题”、“空白”、“内容与标题”、“图片与标题”等 11 种内置幻灯片版式。用户也可以创建满足特定需求的自定义版式，并与使用 PowerPoint 创建演示文稿的其他人共享。

在标题幻灯片下面新建的幻灯片，默认情况下给出的是“标题和文本”版式，我们可以根据需要重新设置其版式。方法如下：

方法 1：单击“开始”选项卡“幻灯片”组中的“版式”按钮，选择需要的版式即可，如图 4.36 所示。

方法 2：通过右击需要设置版式的幻灯片，在弹出的快捷菜单中选择“版式”菜单，在弹出的子菜单中选择需要的版式即可，如图 4.37 所示。

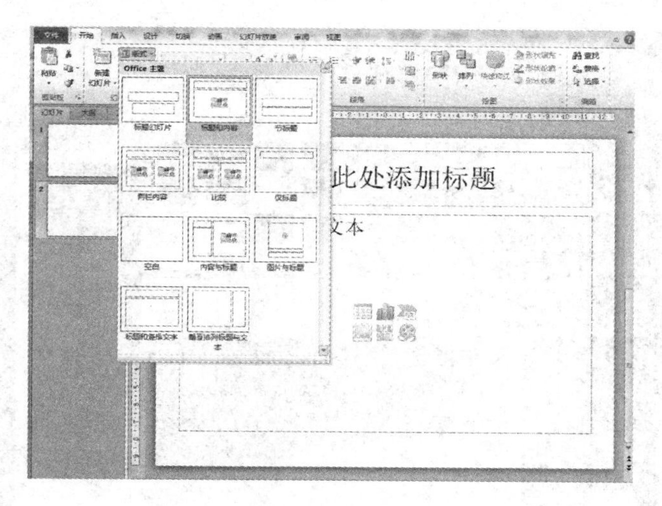

图 4.36　利用“版式”按钮设计版式

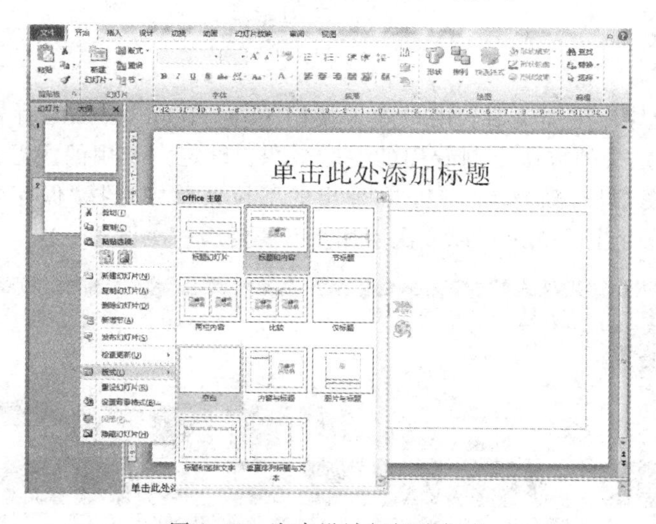

图 4.37　右击设计幻灯片版式

7. 幻灯片主题的设置

幻灯片是否美观，背景的设置十分重要。PowerPoint 2010 为用户提供了多种内置的主题样式，用户可以根据需要选择不同的主题样式来设计演示文稿。

1）使用模板

新建的所有幻灯片都会统一为 Office 主题，这样会使整体效果看起来简单明确。PowerPoint中自带的主题样式比较多，用户可以根据当前的需要选择其中的任一种。如果有一张幻灯片更换主题，其他的幻灯片也会自动更换为相应的主题。使用 PowerPoint 中自带的模板设置主题的具体步骤如下。

① 按组合键 Ctrl＋O，打开一个演示文稿。

② 切换至“设计”选项卡，在“主题”选项板中单击右侧的“其他”按钮，在弹出的下拉列表框中选择“波形”主题，如图 4.38 所示。

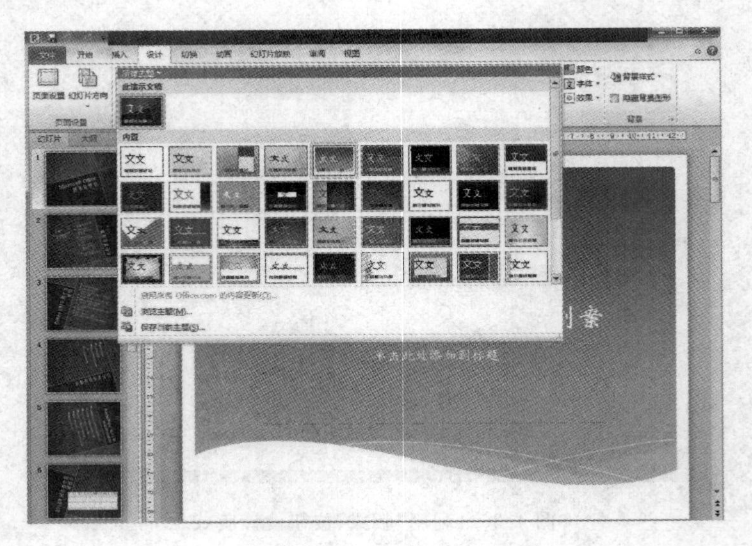

图 4.38　设计主题

2）自定义模板

为了使当前幻灯片更加美观，用户除了使用 PowerPoint 自带的背景样式和配色方案外，还可以通过自定义的方法定制专用的主题效果。设定完专用的主题效果后，可以单击“设计”选项卡“主题”组右侧的小按钮，在弹出的下拉菜单中选择“保存当前主题”菜单项。如图 4.39 所示。保存主题效果可以多次引用，不需要用一次设置一次。

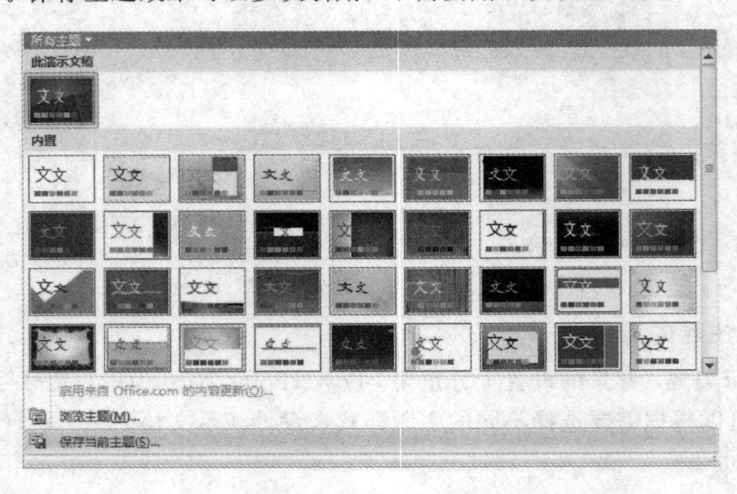

图 4.39　自定义模板

4.2.3　案例实现

在本节中，将应用 PowerPoint 的相关知识点来完成图书策划方案的制作，本项目主要讲述对幻灯片添加图形对象，如插入表格、SmartArt 图形等。

步骤 1：打开 Microsoft PowerPoint 2010，新建一个空白演示文稿。

步骤 2：新建第一张幻灯片。按照题意，在“开始”选项卡下的“幻灯片”组中单击“新建幻灯片”下三角按钮，在弹出的下拉列表中选择恰当的版式。此处我们选择“节标题”幻灯片，然后输入标题“Microsoft Office 图书策划案”。如图 4.40 所示。

图 4.40 版式选择

步骤 3：按照同样的方式新建第二张幻灯片为“比较”。

步骤 4：在标题中输入“推荐作者简介”，在两侧的上下文本区域中分别输入素材文件“推荐作者简介”对应的二级标题和三级标题的段落内容。

步骤 5：按照同样的方式新建第三张幻灯片为“标题和内容”。

步骤 6：在标题中输入“Office 2010 的十大优势”，在文本区域中输入素材中“Office 2010 的十大优势”对应的二级标题内容。

步骤 7：新建第四张幻灯片为“标题和竖排文字”。

步骤 8：在标题中输入“新版图书读者定位”，在文本区域中输入素材中“新版图书读者定位”对应的二级标题内容。

步骤 9：新建第五张幻灯片为“垂直排列标题与文本”。

步骤 10：在标题中输入“PowerPoint 2010 创新的功能体验”，在文本区域中输入素材中“PowerPoint 2010 创新的功能体验”对应的二级标题内容。

步骤 11：依据素材中对应的内容，新建第六张幻灯片为“仅标题”。

步骤 12：在标题中输入“2012 年同类图书销量统计”字样。

步骤 13：新建第七张幻灯片为“标题和内容”。输入标题“新版图书创作流程示意”字样，在文本区域中输入素材中“新版图书创作流程示意”对应的内容。

步骤 14：选中文本区域里在素材中应是三级标题的内容，右击鼠标，在弹出的下拉列表中选择项目符号以调整内容为三级格式。

步骤 15：将演示文稿中的第一页幻灯片，调整为“标题幻灯片”版式。在“开始”选项卡下的“幻灯片”组中单击“版式”下三角按钮，在弹出的下拉列表中选择“标题幻灯片”，即可将“节标题” 调整为“标题幻灯片”。

步骤 16：为演示文稿应用一个美观的主题样式。在“设计”选项卡下，选择一种合适的主题，此处我们选择“主题”组中的“平衡”，则“平衡”主题应用于所有幻灯片，如图 4.41 所示。

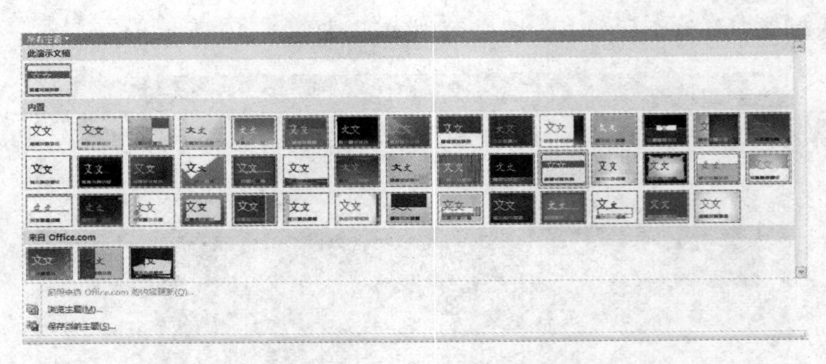

图 4.41　主题选择

步骤 17：依据题意选中第六张幻灯片，在“插入”选项卡下的“表格”组中单击“表格”下三角按钮，在弹出的下拉列表中选择“插入表格”命令，即可弹出“插入表格”对话框。

步骤 18：在“列数”微调框中输入“5”，在“行数”微调框中输入“6”，然后单击“确定”按钮即可在幻灯片中插入一个 6 行、5 列的表格。

步骤 19：在表格中分别依次输入列标题“图书名称”、“出版社”、“作者”、“定价”、“销量”。效果如图 4.42 所示。

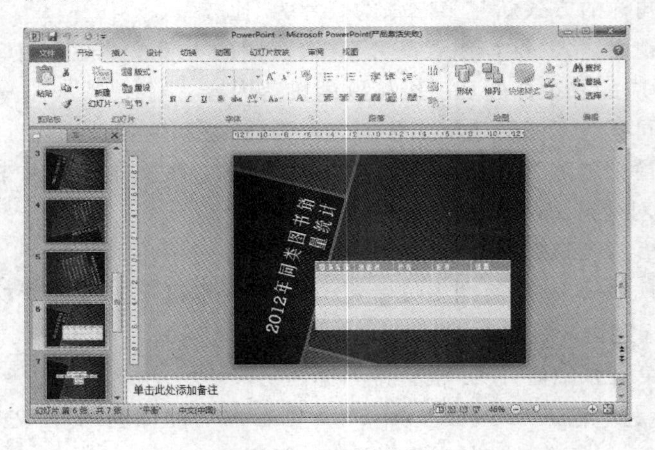

图 4.42　表格的效果图

步骤 20：依据题意选中第七张幻灯片，在“插入”选项卡下的“插图”组中单击“SmartArt”按钮，弹出“选择 SmartArt 图形”对话框，如图 4.43 所示。

步骤 21：选择一种与文本内容的格式相对应的图形。此处我们选择“组织结构图”命令。

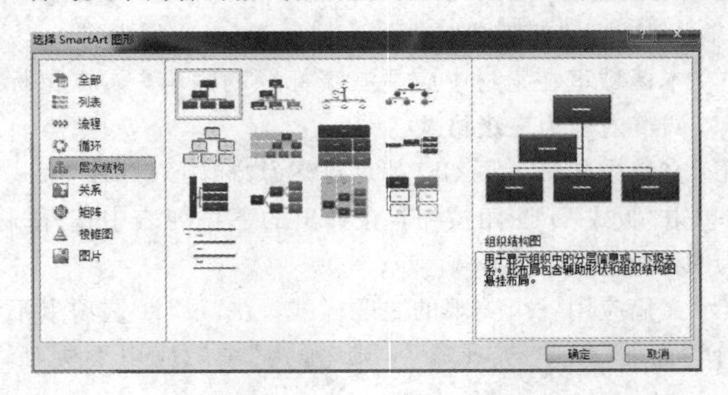

图 4.43　“选择 SmartArt 图形”对话框

步骤 22：单击“确定”按钮后即可插入 SmartArt 图形。依据文本对应的格式，还需要对插入的图形进行格式的调整。选中矩形，按“Backspace”键将其删除。

步骤 23：然后再选中矩形，在“SmartArt 工具”中的“设计”选项卡下，单击“创建图形”组中的“添加形状”按钮，在弹出的下拉列表中选择“在后面添加形状”。继续选中此矩形，采取同样的方式再进行一次“在后面添加形状”的操作。

步骤 24：依旧选中此矩形，在“创建图形”组中单击“添加形状”按钮，在弹出的下拉列表中进行两次“在下方添加形状”的操作(注意，每一次添加形状，都需要先选中此矩形)，即可得到与幻灯片文本区域相匹配的框架图。

步骤 25：按照样例中文字的填充方式把幻灯片内容区域中的文字分别剪贴到对应的矩形框中。效果如图 4.44 所示。

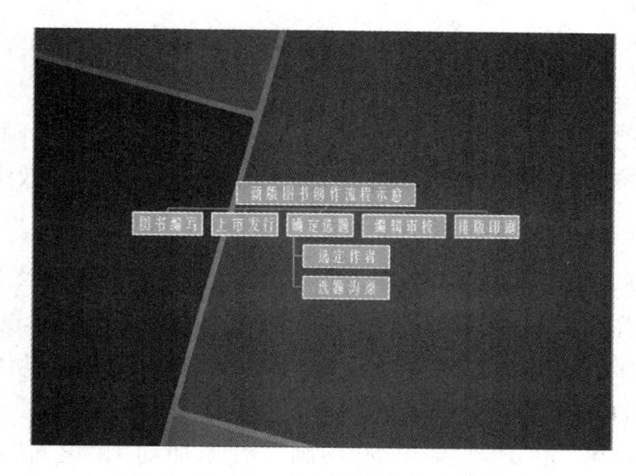

图 4.44 在 SmartArt 图形中插入对应文字

步骤 26：单击“文件”选项卡下的“另存为”按钮将制作完成的演示文稿保存为“PowerPoint. pptx”文件。

4.3 制作展示产品信息宣传

4.3.1 案例介绍

在某展会的产品展示区，公司计划在大屏幕投影上向来宾自动播放并展示产品信息，因此需要市场部助理小王完善产品宣传文稿的演示内容。按照如下需求，帮助小王在PowerPoint中完成制作工作：

(1) 打开素材文件“PowerPoint_素材. PPTX”，将其另存为“PowerPoint. pptx”，之后所有的操作均在“PowerPoint. pptx”文件中进行。

(2) 将演示文稿中的所有中文文字字体由“宋体”替换为“微软雅黑”。

(3) 为了布局美观，将第 2 张幻灯片中的内容区域文字转换为“基本维恩图”SmartArt 布局，更改 SmartArt 的颜色，并设置该 SmartArt 样式为“强烈效果”。

(4) 为上述 SmartArt 图形设置由幻灯片中心进行“缩放”的进入动画效果，并要求自上一动画开始之后自动、逐个展示 SmartArt 中的 3 点产品特性文字。

(5) 为演示文稿中的所有幻灯片设置不同的切换效果。

(6) 将文件夹中的声音文件“BackMusic. mid”作为该演示文稿的背景音乐，并要求在幻灯片放映时即开始播放，至演示结束后停止。

(7) 为演示文稿最后一页幻灯片右下角的图形添加指向网址“www. microsoft. com”的超链接。

(8) 为演示文稿创建 3 个节，其中“开始”节中包含第 1 张幻灯片，“更多信息”节中包含最后 1 张幻灯片，其余幻灯片均包含在“产品特性”节中。

(9) 为了实现幻灯片可以在展台自动放映，设置每张幻灯片的自动放映时间为 10 秒钟。

4.3.2 相关知识点

1. 动画效果的设置

制作幻灯片 PPT 时，我们不仅需要在 PPT 的内容上制作的精美，还需要在 PPT 的动画上下功夫。好的 PPT 动画能给我们的 PPT 演示带来一定的说服力，增加了产品对用户的吸引力。怎么制作幻灯片动画？最新版本的 PowerPoint 2010 动画效果更是主打绚丽，比起之前版本的 PPT 动画，PowerPoint 2010 展示出了强大的动画效果。

1) PowerPoin 2010 自定义动画

PowerPoint 2010 动画效果分为 PowerPoin 2010 自定义动画以及 PowerPoin 2010 切换效果两种动画效果，首先 PowerPoint 2010 自定义动画，该动画可以设置进入动画效果、添加强调动画效果、添加退出动画效果以及添加动作路径动画效果。具体方法如下：

具体有以下 4 种自定义动画效果。

第一种：“进入”效果。在 PPT 菜单的“动画”→“添加动画”里面“进入”或“更多进入效果”，都是自定义动画对象的出现动画形式，比如可以使对象逐渐淡入焦点、从边缘飞入幻灯片或者跳入视图中等。如图 4.45 所示。

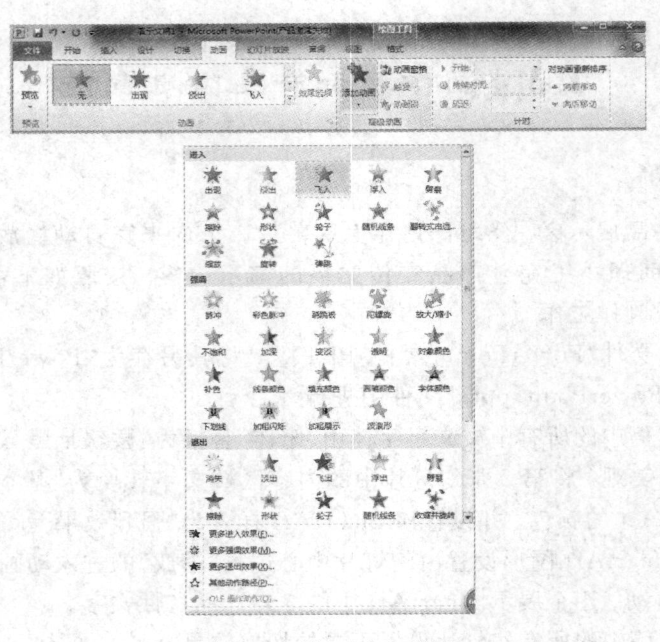

图 4.45 添加“进入”效果

第二种：“强调”效果。同样在 PPT 菜单的“动画”→“添加动画”里面“强调”或“更多强调效果”，有“基本型”“细微型”“温和型”以及“华丽型”四种特色动画效果，这些效果的示例包括使对象缩小或放大、更改颜色或沿着其中心旋转。如图 4.46 所示。

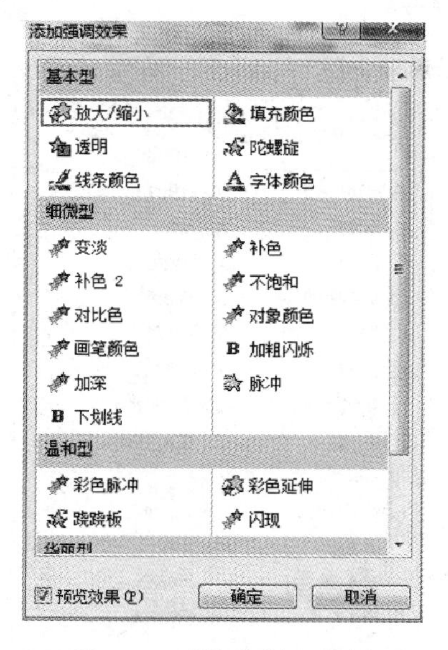

图 4.46　添加“强调”效果

第三种：“退出”效果。这个自定义动画效果的区别在于与“进入”效果类似但是相反，它是自定义对象退出时所表现的动画形式，如让对象飞出幻灯片、从视图中消失或者从幻灯片旋出。如图 4.47 所示。

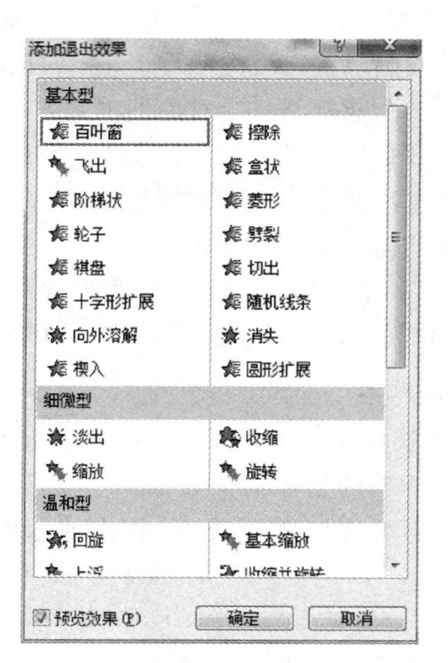

图 4.47　添加“退出”效果

第四种：“动作路径”效果。这一个动画效果是根据形状或者直线、曲线的路径来展示对象游走的路径，使用这些效果可以使对象上下移动、左右移动或者沿着星形或饼图案移动(与其他效果一起)。如图 4.48 所示。

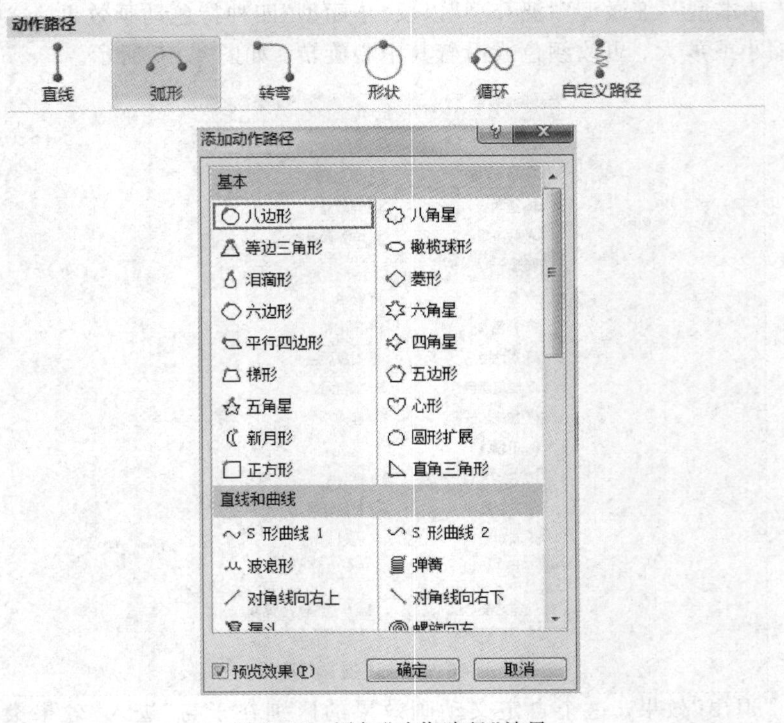

图 4.48 添加"动作路径"效果

以上四种自定义动画，可以单独使用任何一种动画，也可以将多种效果组合在一起。ppt 如何设置动画？例如，可以对一行文本应用"飞入"进入效果及"陀螺旋"强调效果，使它旋转起来。也可以对自定义动画设置出现的顺序、开始时间、延时或者持续动画时间等。

"复制动画"顾名思义，是一个能复制一个对象的动画，并应用到其他对象的动画工具。使用方法：选择一个带有动画效果的 PPT 幻灯片对象，点击 PPT 功能区动画标签下的高级动画中的"动画刷"按钮，或直接使用"动画刷"的快捷键 Alt＋Shift＋C。这时，鼠标指针会变成带有小刷子的样式，找到需要复制动画效果的页面，在其中的对象上单击鼠标，则动画效果已经复制下来了，在多个 PPT 之间复制动画效果也是这么操作。这样，通过 PPT2010 的"动画刷"工具，用户就可以快速地制作 PPT 动画了。

2) PowerPoint 2010 切换效果

PPT2010 动画效果中的切换效果，即是给幻灯片添加切换动画，具体是指演示文稿放映时幻灯片进入和离开播放画面时的整体视觉效果。PowerPoint 提供多种切换样式。幻灯片的切换效果可以使幻灯片的过渡衔接更为自然，提高演示度。幻灯片的切换包括幻灯片切换效果和切换属性。

(1) 设置幻灯片切换样式。

① 打开演示文稿，选择要设置幻灯片切换效果的一张或多张幻灯片，选择"切换"选项卡"切换到此幻灯片"命令组中下拉列表或"切换方案"命令，显示"细微型""华丽型"以及"动态内容"切换效果列表，如图 4.49 所示。

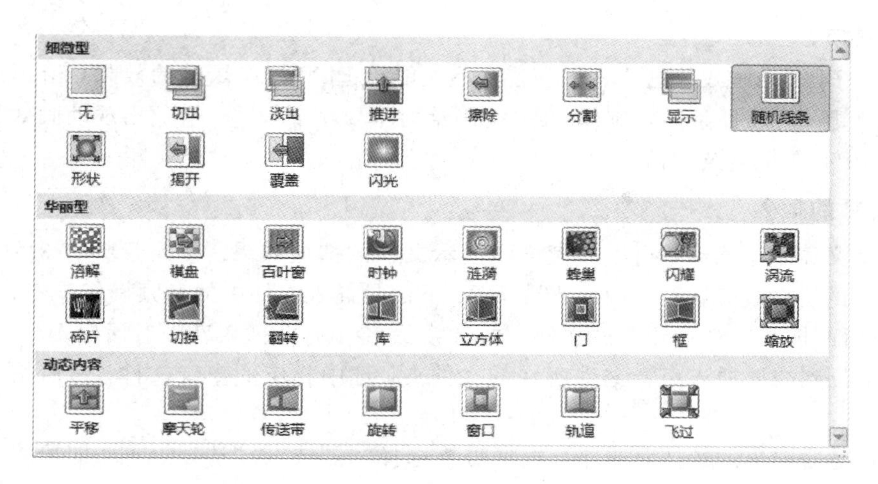

图 4.49　切换效果方案

② 在切换效果列表中选择一种切换样式，设置的切换效果应用于所选幻灯片，如需幻灯片均采用该切换效果，可单击“计时”命令组的“全部应用”命令。如图 4.50 所示。

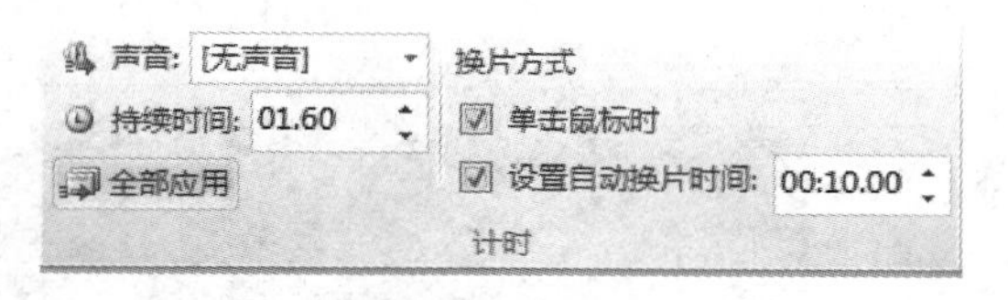

图 4.50　切换效果“全部应用”设置

(2) 设置幻灯片切换属性。

幻灯片切换属性包括效果选项、换片方式、持续时间和声音效果，如可设置“自左侧”效果、“单击鼠标时”换片、“打字机”声音等。

① 设置幻灯片切换效果时，如不另行设置，切换属性均采用默认设置，例如采用“库”切换效果，切换属性默认为：效果选项为“自右侧”，换片方式为“单击鼠标时”，持续时间为“1.06 秒”，声音效果为“无声音”。如果对默认切换属性不满意，可以自行设置。

② 在“切换”选项卡“切换到此幻灯片”组中单击“效果选项”命令，在出现的下拉列表中选择一种切换效果；在“计时”命令组右侧设置换片方式，如“设置自动换片时间”，表示经过该时间段后自动切换到下一张幻灯片；在“计时”组左侧设置切换声音，单击“声音”栏下拉按钮，在弹出的下拉列表中选择一种切换声音，如“打字机”；在“持续时间”栏输入切换持续时间。如图 4.51 所示。

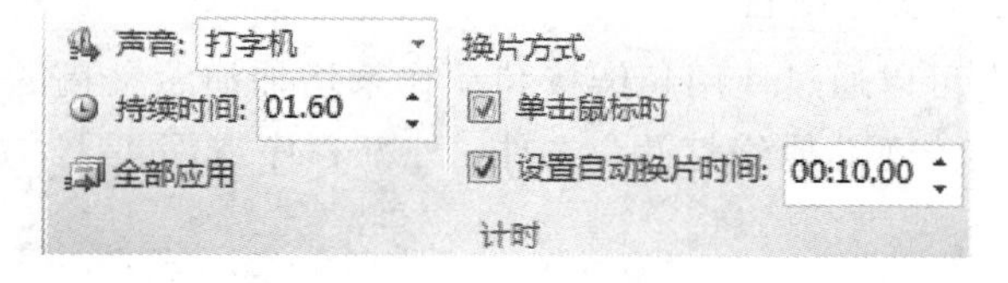

图 4.51　切换属性的设置

(3) 预览切换效果。

选择“切换”选项卡，单击“预览”命令组的“预览”命令，可预览幻灯片所设置的切换效果。

注意事项：

学会了 PPT 动画效果这个常用技能，不仅能给 PPT 带来炫酷的效果，给用户的感觉更是一种尊重，但前提条件是制作 PPT 动画绝对不要添加太多，避免出现动画效果过多而让自己的 PPT 变得复杂的情况。

2. 音频的插入

为演示文稿配上声音，可以大大增强演示文稿的播放效果。插入音频有 3 种方式，分别是文件中的音频、剪贴画音频、录制音频、下面是插入文件中的音频操作步骤。

(1) 执行"插入"→"音频"→"文件中的音频"命令，打开插入音频对话框。

(2) 定位到需要插入声音文件所在的文件夹，选中相应的声音文件，然后按下"确定"按钮。

(3) 在随后弹出的快捷菜单中，根据需要选择"是"或"否"选项返回，即可将声音文件插入到当前幻灯片中。如图 4.52 所示。

图 4.52　插入声音文件

特别提醒：

(1) 插入声音文件后，会在幻灯片中显示出一个小喇叭图片，在幻灯片放映时，其通常会显示在画面中。为了不影响播放效果，通常将该图标移到幻灯片边缘处。

(2) 演示文稿支援 avi、wmv、mpg 等格式视频档。

(3) 演示文稿支援 mp3、wma、wav、mid 等格式声音文件。

3. 超链接的创建与动作设置

幻灯片放映时用户可以通过使用超链接和动作来增加演示文稿的交互效果。超链接和动作可以在幻灯片上跳转到其他幻灯片、文件、外部程序或网页上，起到演示文稿放映过程的导航作用。

1) 设置超链接

(1) 选择要建立超链接的幻灯片。

在 PowerPoint 中我们可以使用以下方法来选择要建立超链接的幻灯片。鼠标选中需要超链接的对象，以目录中链接为例，单击工具栏"插入"→"超链接"按钮("地球"图标)；或者鼠标右击对象文字，在弹出的快捷菜单点击出现的“超链接”选项，如图 4.53 所示。

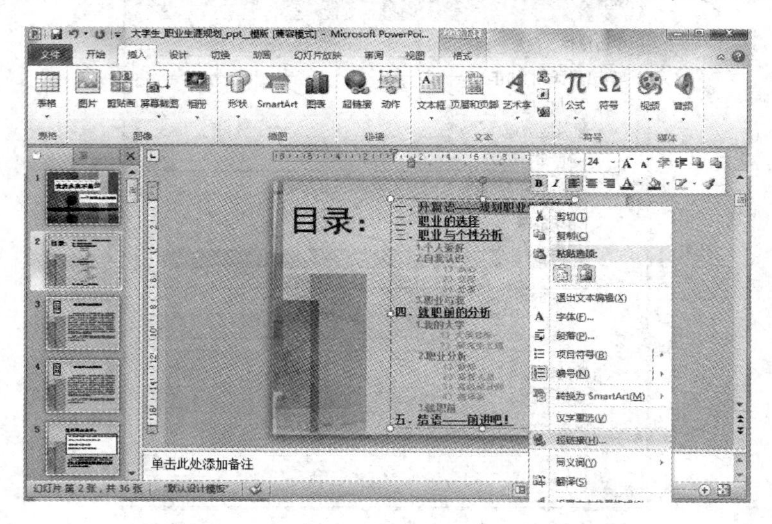

图 4.53 设置“超链接”

(2) 创建超链接。

在左侧可以选择链接到“现有文件或网页”、“本文档中的位置”、“新建文档”、“电子邮件地址”，而在本例中选择“本文档中的位置”。在中间选择“幻灯片标题”下的标号为 3 的幻灯片，如图 4.54 所示，单击“确定”即可。

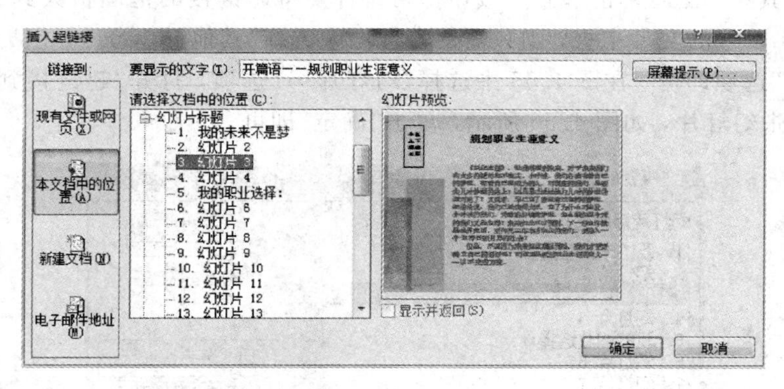

图 4.54 “插入超链接”对话框

设置了超链接的幻灯片，当幻灯片放映时，单击设置超链接的对象，放映会转到所设置的位置，比如单击“开篇语——规划职业生涯意义”，放映会转到第 3 张幻灯片。

如欲改变超链接设置，可选择已设置超链接的对象，单击鼠标右键，在弹出的快捷菜单中选择“编辑超链接”可对选择的超链接进行重新设置。

2) 设置动作

(1) 选择要建立动作的幻灯片。

选中要设置动作的对象(文字或图片)，选择“插入”选项卡下的“动作”按钮(动作按钮是为所选对象添加一个操作，以制定单击该对象时，或者鼠标在其上悬停时应执行的操作)，打开“动作设置”对话框，如图 4.55 所示。

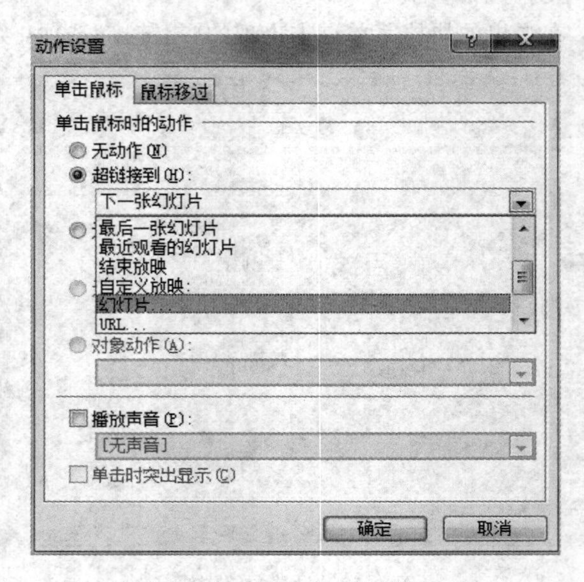

图 4.55 “动作设置”对话框

(2) 创建动作。

弹出“动作设置”对话框后，在对话框中有“单击鼠标”与“鼠标移过”两个选项卡，通常选择默认的“单击鼠标”选项卡。单击“超级链接到”选项，打开超链接选项下拉菜单，根据实际情况选择其一，然后单击“确定”按钮即可。若要将超链接的范围扩大到其他演示文稿或 PowerPoint 以外的文件中去，则只需要在选项中选择“其他 PowerPoint 演示文稿...”或“其他文件...”选项即可。在图 4.55 中选择“幻灯片…”选项，打开“超链接到幻灯片”对话框，选择第 3 张幻灯片，如图 4.56 所示，单击“确定”即可。

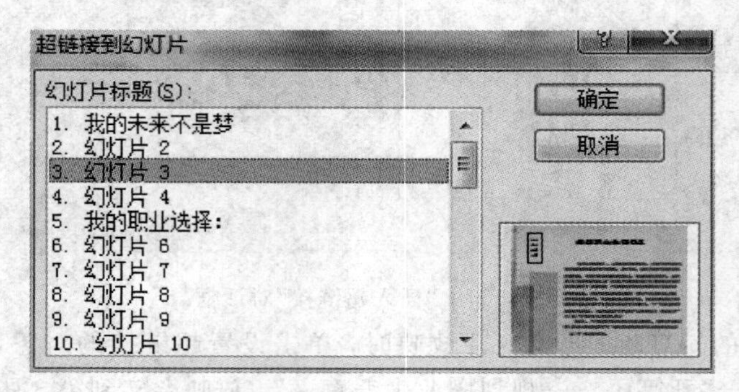

图 4.56 “超链接到幻灯片”对话框

4. 幻灯片的放映

使用 PowerPoint 2010 制作完成演示文稿后，就可以放映幻灯片了。这样不仅可以观看自己制作的幻灯片是否符合用户的需求，还可以检查幻灯片是否有瑕疵。

1) 选择演示文稿的放映途径

(1) 从第一张幻灯片开始放映。切换到“幻灯片放映”选项卡，单击“开始放映幻灯片”组中的“从头开始”按钮，如图 4.57 所示。或按 F5 键，亦可以整个演示文稿的第一张幻灯片为首张放映的幻灯片。

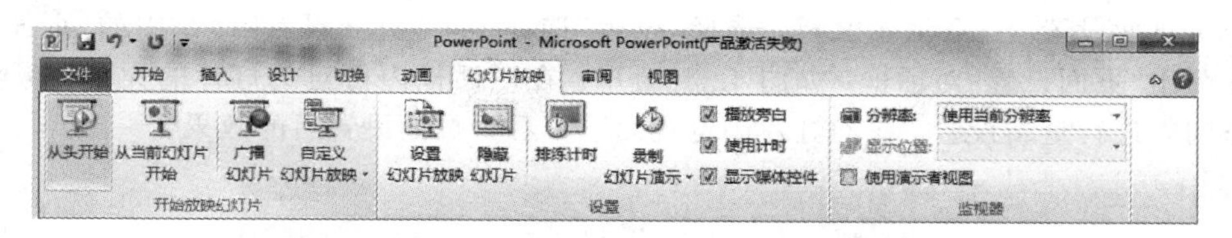

图 4.57　设计幻灯片放映

(2) 从当前幻灯片开始放映。切换到“幻灯片放映”选项卡，单击“开始放映幻灯片”组中的“从当前幻灯片开始”按钮，如图 4.58 所示。或按组合键 Shift+F5，亦可将当前幻灯片设为首张放映的幻灯片。

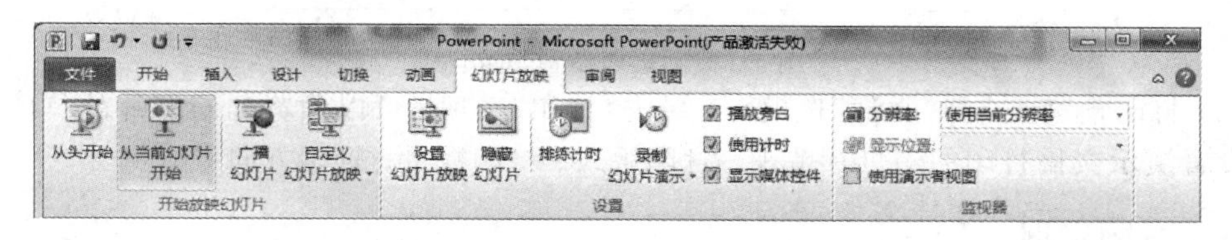

图 4.58　从当前幻灯片开始播放

(3) 自定义幻灯片放映。单击“开始放映幻灯片”组中的“自定义幻灯片放映”按钮，打开“自定义放映”对话框。根据不同的需要，用户可以在该对话框中选择放映该演示文稿的不同部分，以便针对目标观众群体定制最合适的演示文稿放映方案。

2) 将演示文稿保存为放映模式

如果用户需要将制作好的演示文稿带到其他地方进行放映，且不希望演示文稿收到任何修改和编辑，则可以将其保存为.ppsx 格式。

在 PowerPoint 2010 中，单击“文件”选项卡中的“另存为”按钮，打开“另存为”对话框，单击“保存类型”下拉按钮，在弹出的下拉列表中选择“PowerPoint 放映(* .ppsx)”选项即可，如图 4.59 所示。

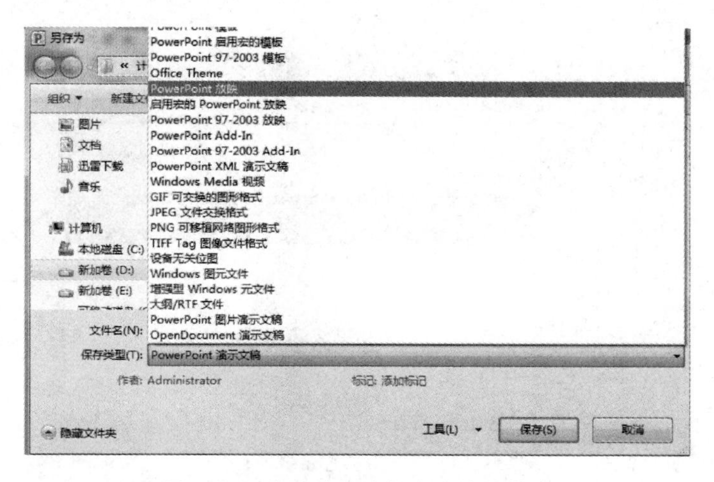

图 4.59　将演示文稿保存为放映模式

5. 演示文稿打印

演示文稿制作完成后也可以以打印的方式输出。

（1）页面设置。打开演示文稿，选择“设计”选项卡下“页面设置”命令组的“页面设置”命令，弹出“页面设置”对话框，如图 4.60 所示。在对话框内可对幻灯片的大小、跨度、高度、方向等进行重新设置，在幻灯片浏览视图下可看到页面设置后的效果。

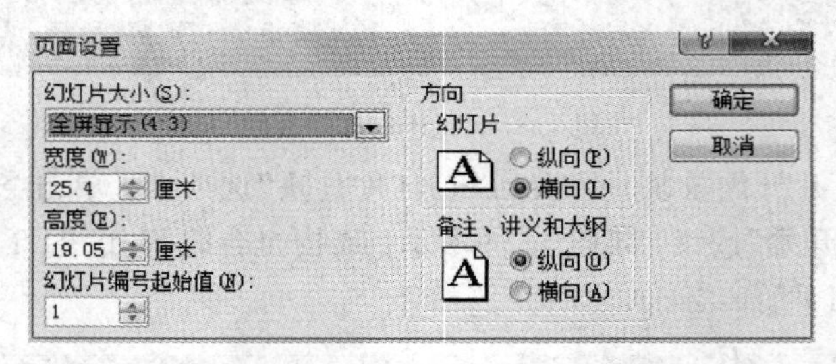

图 4.60 “页面设置”对话框

（2）打印预览。选择“文件”选项卡，单击“打印”选项，可以预览到幻灯片的打印效果，可以设置演示文稿打印的幻灯片范围、打印版式、打印数量、打印方向等。

4.3.3 案例实现

步骤 1：启动 Microsoft PowerPoint 2010 软件，打开文件夹下的“PowerPoint_素材.pptx”素材文件，将其另存为“PowerPoint.pptx”。

步骤 2：选中第 1 张幻灯片，按 CTRL＋A 组合键选中所有文字，切换至“开始”选项卡，将字体设置为“微软雅黑”，使用同样的方法为每张幻灯片修改字体。

步骤 3：切换到第 2 张幻灯片，选择内容文本框中的文字，切换至“开始”选项卡“段落”选项组中，单击转换为“SmartArt 图形”按钮，在弹出的下拉列表中选择“基本维恩图”。

步骤 4：切换至“SmartArt 工具”下的“设计”选项卡，单击“SmartArt 样式”选项组中的“更改颜色”按钮，选择一种颜色，在“SmartArt 样式”选项组中选择“强烈效果”样式，使其保持美观，如图 4.61 所示。

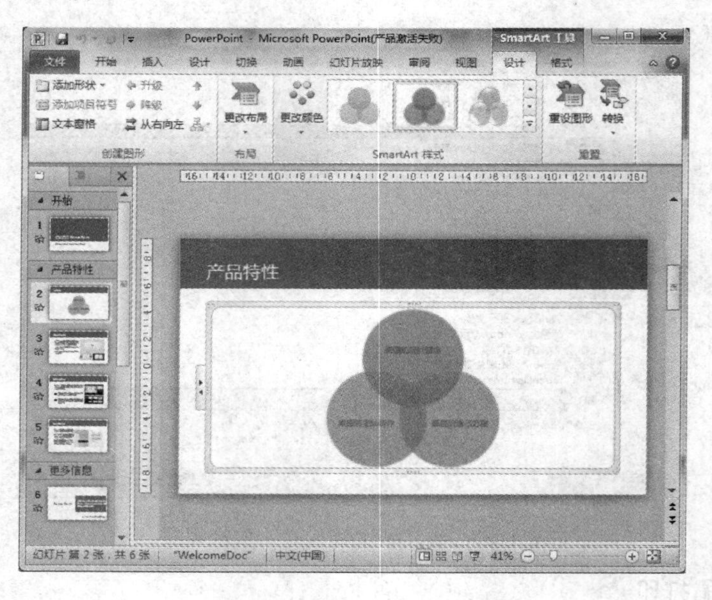

图 4.61 SmartArt 图形设置

在本节中，将应用 PowerPoint 的相关知识点完成展示产品信息宣传的制作，本项目主要讲述对幻灯片中各对象的动画效果的设置及声音的编辑，如自定义动画、切换效果、超链接设置等。

步骤 5：选中 SmartArt 图形，切换至“动画”选项卡，选择“动画”选项组中“进入”选项组中的“缩放”效果。

步骤 6：单击“效果选项”下拉按钮，在其下拉列表中，选择“消失点”将“序列”设为“逐个”。如图 4.62 所示。

步骤 7：单击“计时”组中“开始”右侧的下拉按钮，选择“上一动画之后”。

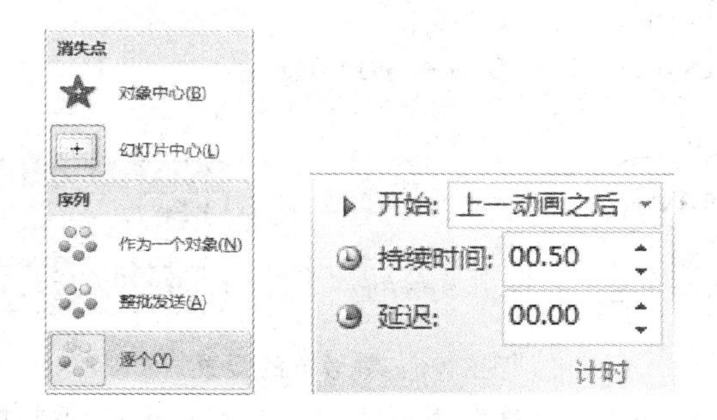

图 4.62　计时效果设置

步骤 8：选择第一张幻灯片，切换至“切换”选项卡，为幻灯片选择一种切换效果。

步骤 9：用相同方式设置其他幻灯片，保证切换效果不同即可。

步骤 10：选择第一张幻灯片，切换至“插入”选项卡，选择“媒体”选项组的“音频”下拉按钮，在其下拉列表中选择“文件中的音频”选项，选择素材文件夹下的 BackMusic. MID 音频文件。

步骤 11：选中音频按钮，切换至“音频工具”下的“播放”选项卡，在“音频选项”选项组中，将开始设置为“跨幻灯片播放”，勾选“循环播放直到停止”、“播完返回开头”和“放映时隐藏”复选框，最后，适当调整位置。

步骤 12：选择最后一张幻灯片的箭头图片，单击鼠标右键，在弹出的快捷菜单中选择“超链接”命令。在弹出的“插入超链接”对话框中选择“现有文件或网页”选项，在“地址”后的输入栏中输入“www. microsoft. com” 并单击“确定”按钮，如图 4.63 所示。

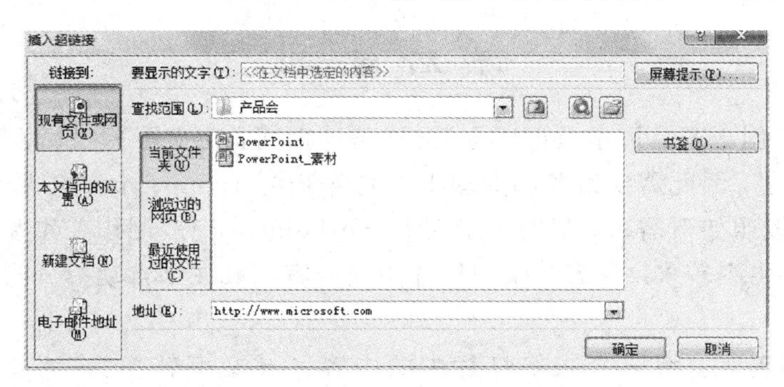

图 4.63　“插入超链接”对话框

步骤 13：选中第 1 张幻灯片，单击鼠标右键，在弹出的快捷菜单中选择“新增节”，这时就会出现一个无标题节，选中节名，单击鼠标右键，在弹出的快捷菜单中选择“重命名节”，将节重命名为“开始”，单击“重命名”即可，如图 4.64 所示。

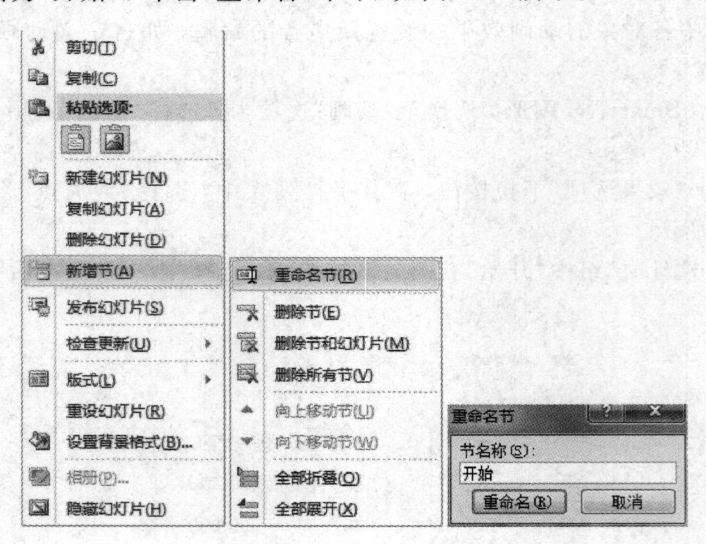

图 4.64　新增节的设置

步骤 14：选中第 2 张幻灯片，单击鼠标右键，在弹出的快捷菜单中选择“新增节”命令，这时就会出现一个无标题节，单击鼠标右键，在弹出的快捷菜单中选择“重命名节”，将节重命名为“产品特性”，单击“重命名”即可。

步骤 15：选中第 6 张幻灯片，按同样的方式设置第 3 节为“更多信息”。

步骤 16：切换至“切换”选项卡，选择“计时”选项组，勾选“设置自动换片时间”，并将自动换片时间设置为 10 秒，单击“全部应用”按钮，如图 4.65 所示。

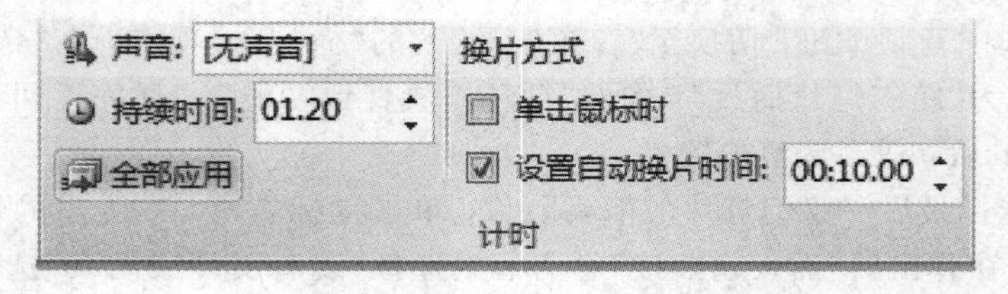

图 4.65　切换幻灯片设置

课后练习

公司计划在“创新产品展示及说明会”会议茶歇期间，在大屏幕投影上向来宾自动播放会议的日程和主题，因此需要市场部助理小王完善 Powerpoint.pptx 文件中的演示内容。

现在，请你按照如下需求，帮助小王在 PowerPoint 中完成制作工作并保存。

1. 由于文字内容较多，将第 7 张幻灯片中的内容区域文字自动拆分为 2 张幻灯片进行展示。

2. 为了布局美观，将第 6 张幻灯片中的内容区域文字转换为“水平项目符号列表”SmartArt 布局，并设置该 SmartArt 样式为“中等效果”。

3. 在第 5 张幻灯片中插入一个标准折线图，并按照如下数据信息调整 PowerPoint 中的图表内容。

	笔记本电脑	平板电脑	智能手机
2010 年	7.6	1.4	1.0
2011 年	6.1	1.7	2.2
2012 年	5.3	2.1	2.6
2013 年	4.5	2.5	3
2014 年	2.9	3.2	3.9

4. 为该折线图设置“擦除”进入动画效果，效果选项为“自左侧”，按照“系列”逐次单击显示“笔记本电脑”、“平板电脑”和“智能手机”的使用趋势。最终，仅在该幻灯片中保留这 3 个系列的动画效果。

5. 为演示文档中的所有幻灯片设置不同的切换效果。

6. 为演示文档创建 3 个节，其中“议程”节中包含第 1 张和第 2 张幻灯片，“结束”节中包含最后 1 张幻灯片，其余幻灯片包含在“内容”节中。

7. 为了实现幻灯片可以自动放映，设置每张幻灯片的自动放映时间不少于 2 秒钟。

8. 删除演示文档中每张幻灯片的备注文字信息。